浙江省高职高专综合实训系列教材

绿色食品生产与检验综合实训

王亮　主编　　泮琇　郑晓杰　　副主编

化学工业出版社
·北京·

本书设立了食品加工生产技能综合实训和食品检验技能综合实训两个模块，模块一涵盖了焙烤食品、肉制产品、果蔬产品、水产食品、发酵食品和蛋制品加工，在具体内容选择上尽可能考虑到实用性和反映食品生产的新成果。模块二包括大米、水果罐头、食用植物油、啤酒、黄酒、果蔬汁饮料、酱腌菜等具有代表性的检验任务，选取的检验参数主要为食品企业出厂检验项目和容易出现食品质量安全问题的检验项目。本书选取的内容以食品加工生产企业、食品农产品质量检测机构岗位要求为准则，以最新颁布的国家现行有效的国家、行业标准及相关法规制度为依据。根据高职高专绿色食品生产与检验专业学生的学习特点，本着"以岗位为基础、以能力为本位"的原则，将培养"应用型、技能型、技术型"人才作为目标。

本书可作为高职高专绿色食品生产与检验及相关专业教学用书，也可作为食品工业企业培训教材和技能鉴定培训教材，还可作为食品工业生产、食品质量与安全、食品质量监督与检验类的技术人员及管理人员参考用书。

图书在版编目（CIP）数据

绿色食品生产与检验综合实训/王亮主编. —北京：化学工业出版社，2018.4

浙江省高职高专综合实训系列教材

ISBN 978-7-122-31689-9

Ⅰ.①绿… Ⅱ.①王… Ⅲ.①绿色食品-食品加工-高等职业教育-教材②绿色食品-食品检验-高等职业教育-教材 Ⅳ.①TS2

中国版本图书馆 CIP 数据核字（2018）第 045096 号

责任编辑：张　艳　刘　军　　　　　文字编辑：陈　雨
责任校对：边　涛　　　　　　　　　装帧设计：王晓宇

出版发行：化学工业出版社（北京市东城区青年湖南街 13 号　邮政编码 100011）
印　　装：北京市白帆印务有限公司
787mm×1092mm　1/16　印张 15¼　字数 388 千字　2018 年 7 月北京第 1 版第 1 次印刷

购书咨询：010-64518888（传真：010-64519686）　售后服务：010-64518899
网　　址：http://www.cip.com.cn
凡购买本书，如有缺损质量问题，本社销售中心负责调换。

定　　价：39.00 元

本书编写人员名单

主　　编：王　亮

副 主 编：泮　琇　郑晓杰

参编人员：王晓峨　张维一　张　辉　谢拾冰

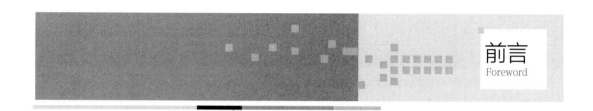

前言
Foreword

本书是浙江省高职高专综合实训系列教材之一，根据高等职业教育的特点，按照"理论联系实际，理论够用为度，强化实用"的原则进行编写。作为一本综合实训教材，本书具有系统性、实用性和新颖性等特点。

本书根据绿色食品生产与检验专业特点，分为两个模块：一是食品加工生产技能综合实训模块，内容涵盖了焙烤食品、肉制产品、果蔬产品、水产食品、发酵食品和蛋制品加工。在具体内容选择上尽可能考虑到实用性和反映食品生产的新成果。二是食品检验技能综合实训模块，内容包括大米、水果罐头、食用植物油、啤酒、黄酒、果蔬汁饮料、酱腌菜等具有代表性的检验任务。选取的检验参数包括食品企业出厂检验项目和容易出现食品质量安全问题的检验项目。本书选用的检测方法尽量以现阶段有效的国家标准、行业标准为依据，同时兼顾不同类型的仪器、检测方法，旨在培养学生在今后的工作岗位中熟悉标准、执行标准、应用标准的能力，同时适应不同层次的企业需要。书中不同的模块涉及二氧化硫、氨基酸态氮、水分等的测定，为保证每个模块操作的便捷性和图书内容的完整性，在各模块中都列出了完整的测定方法供参考。

本书由温州科技职业学院王亮主编，食品加工生产技能综合实训模块由郑晓杰组织编写，食品检验技能综合实训模块由泮琇组织编写，张维一负责色谱法检测参数内容和附录内容，张辉负责原子吸收分光光度计、原子荧光光度计的检测参数，王晓峨、谢拾冰参编。全书由王亮统稿。本书编者均为具有丰富教学经验的检测机构技术人员或科研、生产一线技术人员。

本书可作为高职高专绿色食品生产与检验及相关专业教学用书，也可作为食品工业企业培训教材和技能鉴定培训教材，还可作为食品工业生产、食品质量与安全、食品质量监督与检验类的技术人员及管理人员参考用书。

由于编者水平有限，加之食品行业标准更新较快，书中难免有不妥之处，恳请同行及读者指正。

编者

2018 年 5 月

目录
CONTENTS

模块一　食品加工生产技能综合实训 ······················ **001**

项目一　焙烤食品的开发与制作 ························· 001

　　任务一　小麦面筋制作及品质测定 ··················· 001

　　任务二　海绵蛋糕制作 ························· 005

　　任务三　戚风蛋糕制作 ························· 008

　　任务四　曲奇饼干制作 ························· 011

项目二　肉制产品的开发与制作 ························· 014

　　任务一　腊肉加工 ························· 014

　　任务二　即食卤制鸡腿加工 ··················· 017

　　任务三　热狗制作 ························· 020

　　任务四　猪肉脯制作 ························· 024

项目三　果蔬产品的开发与制作 ························· 027

　　任务一　四川泡菜加工 ························· 027

　　任务二　糖水梨罐头加工 ··················· 030

　　任务三　脱水蔬菜加工 ························· 034

　　任务四　饮料加工 ························· 036

项目四　水产食品的开发与制作 ························· 040

　　任务一　鱼松制作 ························· 040

　　任务二　香酥鱼制作 ························· 043

　　任务三　鱼糜制品制作 ························· 047

项目五　发酵食品的开发与制作 ························· 053

　　任　务　凝固型酸奶制作 ··················· 053

项目六　蛋制品的加工制作 ························· 058

　　任务一　皮蛋加工 ························· 058

任务二　咸蛋加工 ·· 062

任务三　五香茶叶鹌鹑蛋加工 ··· 065

模块二　食品检验技能综合实训 ·································· 068

项目一　大米检验 ··· 068

任务一　大米加工精度检验 ··· 069

任务二　大米糠粉、矿物质、杂质总量、带壳稗粒、稻谷粒、不完善粒检验 070

任务三　大米水分检验 ··· 072

任务四　大米色泽、气味、口味鉴定 ·· 073

任务五　大米中汞的测定 ·· 074

任务六　大米中六六六、滴滴涕的测定 ·· 076

任务七　大米中黄曲霉素 B_1 的测定 ··· 078

项目二　水果罐头检验 ··· 084

任务一　感官检验 ··· 085

任务二　净含量（净重量)检验 ··· 086

任务三　固形物（含量）的测定 ·· 086

任务四　糖水浓度（可溶性固形物)的测定 ···································· 087

任务五　总酸度（pH)的测定 ·· 088

任务六　铅的测定 ··· 089

任务七　二氧化硫的测定 ·· 091

任务八　商业无菌检验 ··· 093

项目三　食用植物油检验 ·· 097

任务一　色泽检验 ··· 098

任务二　气味、滋味的测定 ··· 098

任务三　酸价的测定 ··· 099

任务四　过氧化值的测定 ·· 099

项目四　啤酒检验 ··· 103

任务一　感官评价 ··· 104

任务二　净含量负偏差检验 ··· 106

任务三　色度检验 ··· 107

任务四　酒精度的测定（密度瓶法） ··· 108

任务五　原麦汁浓度的测定 ··· 109

任务六　总酸的测定 ··· 110

任务七　二氧化碳的测定 ·· 110

任务八　双乙酰的测定 ·· 112

任务九　食品微生物学检验　菌落总数测定 ·························· 113

任务十　食品微生物学检验　大肠菌群计数 ·························· 116

项目五　黄酒检验 ··· 124

任务一　净含量的测定 ·· 125

任务二　酒精度的测定 ·· 126

任务三　总糖的测定 ··· 127

任务四　非糖固形物的测定 ·· 129

任务五　氨基酸态氮的测定 ·· 129

任务六　总酸的测定（电位滴定法） ······································ 130

任务七　pH 值的测定 ··· 131

任务八　氧化钙含量的测定（高锰酸钾法） ······························ 132

项目六　果蔬汁饮料检验 ·· 133

任务一　感官检验 ··· 134

任务二　净含量的测定 ·· 134

任务三　总酸的测定（指示剂法） ·· 134

任务四　可溶性固形物的测定（折光计法） ······························ 136

任务五　果汁中防腐剂山梨酸和苯甲酸的测定（气相色谱法） ········· 136

任务六　果汁中甜味剂糖精钠和甜蜜素的测定 ·························· 138

项目七　酱腌菜检验 ··· 142

任务一　净含量检验 ··· 143

任务二　外观及感官检验 ··· 143

任务三　食盐含量的测定 ··· 143

任务四　亚硝酸盐的测定 ··· 145

任务五　水分含量的测定 ··· 146

任务六　总酸的测定 ··· 147

任务七　氨基酸态氮的测定 ·· 149

项目八　方便面检验 ··· 150

任务一　外观和感官检验方法 ·· 151

任务二　净含量偏差检验方法 ·· 151

任务三　水分的测定 ··· 151

任务四　脂肪含量的测定（索式提取法） ·································· 153

　　任务五　酸价的测定 ……………………………………………………………… 154

　　任务六　羰基价的测定 ……………………………………………………………… 155

　　任务七　过氧化值的测定 …………………………………………………………… 156

　　任务八　总砷含量的测定（氢化物原子荧光光度法） …………………………… 157

　　任务九　铅含量的测定 ……………………………………………………………… 159

　　任务十　碘呈色度的测定 …………………………………………………………… 161

　　任务十一　氯化钠的测定（铬酸钾指示剂法） …………………………………… 162

　　任务十二　复水时间的测定 ………………………………………………………… 163

　　任务十三　食品添加剂（山梨酸、苯甲酸)的测定（气相色谱法） …………… 163

项目九　中国腊肠检验 ………………………………………………………………… 166

　　任务一　感官检验 …………………………………………………………………… 167

　　任务二　食盐含量的测定 …………………………………………………………… 168

　　任务三　酸价的测定 ………………………………………………………………… 169

　　任务四　过氧化值的测定 …………………………………………………………… 170

　　任务五　亚硝酸盐含量的测定 ……………………………………………………… 171

　　任务六　胆固醇含量的测定 ………………………………………………………… 172

项目十　全脂乳粉检验 ………………………………………………………………… 175

　　任务一　感官检验和净含量的测定 ………………………………………………… 176

　　任务二　脂肪含量的测定（罗紫-哥特里法） …………………………………… 177

　　任务三　蛋白质的测定（凯式定氮法） …………………………………………… 178

　　任务四　复原乳酸度的测定 ………………………………………………………… 179

　　任务五　溶解度的测定 ……………………………………………………………… 180

　　任务六　蔗糖含量的测定 …………………………………………………………… 181

　　任务七　杂质度的测定 ……………………………………………………………… 182

　　任务八　黄曲霉毒素 M_1 的测定（柱色谱纯化-薄层测定简易法） …………… 184

　　任务九　乳糖的测定 ………………………………………………………………… 186

　　任务十　水分的测定 ………………………………………………………………… 186

项目十一　酸乳检验 …………………………………………………………………… 188

　　任务一　感官检验 …………………………………………………………………… 189

　　任务二　脂肪含量的测定（盖勃法） ……………………………………………… 189

　　任务三　酸度的测定 ………………………………………………………………… 190

　　任务四　黄曲霉毒素 M_1 的测定（柱色谱纯化-薄层测定简易法） …………… 190

　　任务五　铅含量的测定 ……………………………………………………………… 192

项目十二　　糕点检验 ·· 195

　　任务一　外观和感官、净含量检验 ······························· 196

　　任务二　水分的测定 ··· 197

　　任务三　脂肪含量的测定（索式提取法） ·························· 198

　　任务四　糕点中总糖的测定 ······································· 199

　　任务五　蛋白质的测定（凯式定氮法） ···························· 200

　　任务六　酸价的测定 ··· 202

　　任务七　过氧化值的测定 ··· 203

　　任务八　面包酸度的测定 ··· 204

　　任务九　面包比容的测定 ··· 205

　　任务十　糕点中丙酸钙、丙酸钠的测定 ···························· 206

　　任务十一　面制食品中铝的测定 ································· 207

项目十三　　蔬菜质量安全的检验 ································· 209

　　任务一　镉的测定（石墨炉原子吸收光谱法） ······················ 214

　　任务二　有机磷农药多残留检测方法 ······························ 217

　　任务三　有机氯类、拟除虫菊酯类农药多残留检测方法 ·············· 218

　　任务四　氨基甲酸酯类农药多残留检测方法 ························ 220

附录一　常见标准滴定溶液配制和标定 ························· 223

附录二　常用指示剂的配制 ···································· 227

附录三　观测锤度温度校正表（标准温度 20℃） ················· 228

参考文献 ··· 231

模块一 食品加工生产技能综合实训

项目一 焙烤食品的开发与制作

任务一 小麦面筋制作及品质测定

实训目标

① 掌握小麦面筋的制作过程。
② 测定不同筋度面粉的面筋含量。
③ 根据面筋的颜色、弹性及延展性评定其品质。

一、加工前的准备

(一)背景知识

面筋是小麦粉中所特有的一种胶体混合蛋白质，主要由麦醇溶蛋白和麦谷蛋白组成，并含有少量淀粉、脂肪和矿物质等，其中麦醇溶蛋白的含量为40%，麦谷蛋白的含量为35%，通常统称为面筋蛋白质，根据面筋含量的高低可以将小麦面筋分成三类：高筋粉，湿面筋含量不低于30%；低筋粉，湿面筋含量低于24%；中筋粉即为普通粉，湿面筋含量在24%~30%。

小麦粉中含有蛋白质约12%，其中一半以上是面筋性蛋白质。面筋不溶于水，但吸水力很强。吸水后即膨胀，从而形成紧密与橡胶相似的弹性物质，因此可加工制成松软可口的馒头、面包。小麦和小麦粉发生异常变化时，其面筋含量和性质均应有变化。因此测定小麦面筋含量和性质，是衡量其品质好坏的一项重要指标。

(二)原理与工艺流程

1. 原理

小麦粉、颗粒粉或全麦粉加入水或氯化钠溶液制成面团，静置一段时间以形成面筋网络结构。用水或氯化钠溶液手洗面团，去除面团中的淀粉物质及多余的水，使面筋分离出来。

2. 工艺流程

称样 → 和面 → 洗涤 → 排水

(三)常用材料和仪器

1. 材料和设备

面粉样品(高筋粉、低筋粉、普通粉)、天平(0.01 g)、金属筛(100 目)、玻璃棒、搪瓷碗(或 100 mL 小烧杯)、脸盆、玻璃板、表面皿(或滤纸)、铝盒、纱布或毛巾、米尺、干燥器、电热烘箱。

2. 所需试剂

(1)碘/碘化钾溶液:将 2.54 g 碘化钾(KI)溶解于水中,加入 1.27 g 碘(I_2),完全溶解后定容至 100 mL。

(2)2% 氯化钠溶液:20 g 氯化钠溶于 1 L 的水中。

二、面筋测定

(一)湿面筋的测定

1. 称样

从平均样品中称取定量试样,高筋粉 15.00 g,低筋粉 20.00 g,普通粉 25.00 g。

2. 和面

将试样放进洁净的搪瓷碗中,加入相当于试样一半的室温水(20~25℃),用玻璃棒搅和,再用手和成面团,直至不粘手为止。然后将面团放入盛有水的烧杯中,在室温下静置20 min。

3. 洗涤

将面团放在手上,再在放有圆孔筛的脸盆的水中轻轻揉搓,除去面团内的淀粉、麸皮等物质。在揉洗过程中必须注意更换脸盆中清水数次(换水时注意筛上是否有面筋散失)。反复揉洗至面筋挤出的水遇碘溶液无蓝色反应为止。

4. 排水

将洗净的面筋放在洁净的玻璃板上,用另一只玻璃板压挤面筋,排出面筋中的游离水,每压一次后取下并擦干玻璃板。反复挤压到稍感面筋有粘板为止(约压挤 15 次)。

5. 称重

排水后取出面筋在预先烘干称重的表面皿或滤纸上(W_0),称总重量(W_1)。

6. 计算

$$湿面筋(\%) = \frac{W_1 - W_0}{W} \times 100 \tag{1}$$

式中　　W_0——表面皿(或滤纸)重量,g;

$\qquad\quad$ W_1——湿面筋和表面皿(或滤纸)重量,g;

$\qquad\quad$ W——试样重量,g。

(二)干面筋的测定

1. 操作方法

将湿面筋在已称重的表面皿或滤纸上摊成一薄片状,一并放入 105℃电热烘箱内烘 2 h左右,取出冷却称重,再烘 30 min,冷却称重,直到两次重量差不超过 0.01 g,得干面筋和表面皿(滤纸)共重(W_2)。

2. 结果结算

$$干面筋(\%) = \frac{W_2 - W_0}{W} \times 100 \tag{2}$$

式中　　W_0——表面皿(或滤纸)重量,g;

W_2——干面筋和表面皿（或滤纸）重量，g；

W——试样重量，g。

(三)面筋的持水率计算

$$面筋持水率(\%) = \frac{W_1 - W_2}{W_2 - W_0} \times 100 \tag{3}$$

注：式（3）中 W_1、W_2、W_0 均取式（1）、式（2）中的值。

以上数据可填入记录表格 1 中。

(四)面筋性质的鉴定

本部分主要对面筋颜色、气味、弹性和延伸性进行鉴定。

1. 面筋颜色、气味鉴定

湿面筋有淡色、深灰色等，以淡灰色为好，煮熟的面筋为灰白色，品质正常的面筋略有小麦粉气味。

2. 面筋的弹性和延伸性鉴定

（1）湿面筋的弹性　指面筋被拉伸或按压后恢复到初始状态的能力。弹性分为强、中、弱三类。强弹性面筋不粘手，复原能力强；弱弹性面筋粘手，几乎无弹性，易断碎。

（2）湿面筋的延伸性　指面筋被拉伸时所表现的延伸能力。其简易测定方法如下：称取湿面筋 4 g，在 20～30℃ 清水中静置 15 min，取出后搓成 5 cm 长条，用双手的食指、中指和拇指拿住两端，左手放在米尺零点处，右手沿米尺拉伸至断裂为止。记录断裂时的长度，填入记录表格 2 内。

断裂时的长度在 15 cm 以上的为延伸性好，8～15 cm 的为延伸性中等，8 cm 以下的为延伸性差。洗后面筋的延伸长度与静置时间长短有密切联系：静置时间长，延伸长度随之增加。

按照弹性和延伸性，面筋分为三等。

① 上等面筋：弹性强，延伸性好或中等。

② 中等面筋：弹性强而延伸性差或弹性中等而延伸性好。

③ 下等面筋：无弹性，拉伸时易断裂或不易黏聚。

三、实操工作

① 以小组为单位，准备加工所需的原辅料。

② 以小组为单位进行测定工作，并将数据填入记录表格 1 和记录表格 2。

记录表格 1　数据记录表

品名	项目结果	样品重量 W/g	表面皿重量 W_0/g	湿面筋和表面皿重量 W_1/g	干面筋和表面皿重量 W_2/g	湿面筋 /%	干面筋 /%	持水率 /%
高筋粉	T1－1							
	T1－2							
	平均值							
低筋粉	T2－1							
	T2－2							
	平均值							

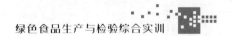

续表

项目结果 品名		样品重量 W/g	表面皿重量 W_0/g	湿面筋和表面 皿重量 W_1/g	干面筋和表面 皿重量 W_2/g	湿面筋 /%	干面筋 /%	持水率 /%
普通粉	T3—1							
	T3—2							
	平均值							

记录表格 2　面筋的性质

项目结果 品名	湿面筋			物理性质			面筋品质
	含量/%	颜色	气味	弹性	断裂时的长度/cm	延伸性	
高筋粉							
低筋粉							
普通粉							

四、评价与反馈

参照 GB/T 5506.1—2008《小麦和小麦粉　面筋含量　第 1 部分 手洗法测定湿面筋》、GB/T 5506.2—2008《小麦和小麦粉　面筋含量　第 2 部分 仪器法测定湿面筋》、GB/T 5506.3—2008《小麦和小麦粉　面筋含量　第 3 部分 烘箱干燥法测定干面筋》、GB/T 5506.4—2008《小麦和小麦粉　面筋含量　第 4 部分 快速干燥法测定干面筋》。

同一个样品要做两个实验，双试验允许误差不超过 1.0%，求其平均值，即为测定结果。测定结果准确至 0.1%。

面筋结构的完全形成需要将面团放置一定时间，手洗法和仪器法二者的结构通常会有差异。手洗法的测定结构一般高于仪器法，尤其是面筋含量较高的小麦样品，所以在试验报告中要给出试验方法。

五、总结与拓展

① 面团样品制备时间不能超过 3 min。
② 充分地静置才能形成面团。
③ 洗面筋的水无淀粉时，表示洗涤完成。
④ 面筋品质的优劣，以色泽和弹性为主要依据，拉力的大小只作参考。

知识链接 》》》

1. 小麦粉的化学组成

小麦粉有着其他谷物望尘莫及的营养优势。小麦粉所含蛋白质是大米的 2～3 倍，是玉米粉的 2 倍左右，尤其是其含钙量约为大米的 4 倍、玉米粉的 8 倍以上，维生素 B_1、维生素 B_2、尼克酸等含量都是大米的 3～4 倍。小麦粉的化学组成如下表所示，糖类是面粉中含量最高的化学成分，约占面粉量的 75%，而糖类中主要为淀粉。

品种	水分/%	蛋白质/%	脂肪/%	糖类/%	灰分/%	其他/%
标准粉	11～13	10～13	1.8～2	70～72	1.1～1.3	少量维生
精白粉	11～13	9～12	1.2～1.4	73～75	0.5～0.75	素和酶

2.淀粉遇碘变蓝

主要取决于淀粉本身的结构。淀粉是白色无定形粉末，由直链淀粉（占 10％～30％）和支链淀粉（占 70％～90％）组成。直链淀粉能溶于热水而不呈糊状；支链淀粉不溶于水，热水与之作用则膨胀而成糊状。其中溶于水中的直链淀粉呈弯曲形式，并借分子内氢键卷曲成螺旋状。这时加入碘酒，其中碘分子便钻入螺旋当中空隙，并借助范德华力与直链淀粉联系在一起，从而形成包合物。这种包合物能比较均匀地吸收除蓝光以外的其他可见光（波长范围为 400～750 nm），从而使淀粉变为深蓝色。

任务二　海绵蛋糕制作

实训目标

① 使学生理解和掌握海绵蛋糕的加工原理。
② 会加工海绵蛋糕，熟悉各操作要点及品质要求。

一、加工前的准备

（一）背景知识

海绵蛋糕是利用蛋白起泡性能，使蛋液中充入大量的空气，加入面粉烘烤而成的一类膨松点心。因为其结构类似于多孔的海绵而得名。国外又称为泡沫蛋糕，国内称为清蛋糕（Plain Cake）。

现在，海绵蛋糕面糊调制工艺有蛋白、蛋黄分开搅拌法，全蛋与糖搅打法，乳化法三种。

（二）原理与工艺流程

1.原理

利用蛋白起泡性能，使蛋液中充入大量的空气，在搅打蛋糕面糊时加入蛋糕油，可使面糊的密度降低，烘出的成品体积增加；同时还能够使面糊中的气泡分布均匀，大气泡减少，使成品的组织结构变得更加细腻、均匀。

2.工艺流程

原辅料准备 → 面糊调制 → 装模（装盘）→ 烘烤 → 冷却 → 成品

（三）常用材料和仪器

1.仪器

电子秤、面粉筛、打蛋机、油纸、量杯、6 吋蛋糕圈一个、烤箱、烤盘、防热手套、冷却网架等。

2.配方

序号	材料名称	用量/g	顺序
1	鸡蛋	125	I
2	糖	50	

续表

序号	材料名称	用量/g	顺序
3	蛋糕粉	48	
4	奶粉	7	Ⅱ
5	泡打粉	1.5	
6	玉米淀粉	8	
7	蛋糕乳化剂	9	Ⅲ
8	色拉油	10	
9	牛奶	7	Ⅳ
10	水	8	

(四)海绵蛋糕的制作工序

1. 原料预处理

称量好所有原料，鸡蛋清洗去壳，蛋糕粉等粉体过筛，模具涂油贴纸等。

2. 面糊调制

将（Ⅱ）混合过筛后，加入（Ⅰ），调成低速搅拌均匀。把（Ⅲ）加入（Ⅱ）中，高速搅拌4～5min，使蛋液充入空气至完全膨松，体积约为原来的2倍。把（Ⅳ）的混合物慢慢加入，开低速搅拌均匀。

3. 装模

卸下搅拌桶，用手再次搅拌均匀后，再装模（或装盘）约8分满，并顺势弄平表面。

4. 烘烤

预热烤箱到面火180℃，底火170℃，将烤盘送入烤箱约25～30 min，至完全熟透取出。

5. 冷却

烤好的蛋糕取出，应立即倒扣在冷却网架上冷却，冷却后再脱模。

二、实操工作

① 以小组为单位，准备加工所需的原辅料。

② 以小组为单位检查加工设备的完好性、清洁度。

③ 填写关键控制点如下表单。

记录表格 1　原料预处理情况记录单

序号	原料名称	重量/g	预处理情况
1			
2			
3			
4			
5			
6			
7			
8			
9			

序号	原料名称	重量/g	预处理情况
10			

记录表格 2　面糊调制过程记录单

序号	阶段	加料顺序	现象
1			
2			
3			

记录表格 3　烘烤过程记录单

序号	烘烤时间	现象（颜色、大小）	成熟情况
1			
2			
3			

三、评价与反馈

参照 GB/T 20977—2007《糕点通则》。

1. 感官指标

表 1　焙烤类糕点感官指标

项目	要求
形态	外形整齐，底部平整，无霉变，无变形，具有该品种应有的形态特征
色泽	表面色泽均匀，具有该品种应有的色泽特征
组织	无不规则大孔洞，无颗粒，无粉块，带馅类冰皮厚薄均匀，皮馅比例适当，馅料分布均匀，馅料细腻，具有该品种应有的组织特征
滋味与口感	味纯正，无异味，具有该品种应有的口味和口感特征
杂质	无可见杂质

2. 理化指标

表 2　焙烤类糕点理化指标

项目		要求	
		烤蛋糕	蒸蛋糕
干燥失重/%	≤	42.0	35.0
总糖/%	≤	42.0	46.0
蛋白质/%	≥	4.0	4.0

3. 卫生指标

按 GB 7099—2015《糕点、面包》规定执行。

4. 食品添加剂和食品营养强化剂要求

食品添加剂和加工助剂的使用应符合 GB 2760—2014《食品添加剂使用标准》的规定；

食品营养强化剂的使用应符合 GB 14880—2012《食品营养强化剂使用标准》的规定。

以组为单位对每组产品进行评价。

知识链接 》》

蛋糕中常用的乳化剂有以下几种：单硬脂酸甘油酯；脂肪酸丙二醇酯；脂肪酸山梨糖醇酐酯；卵磷脂；脂肪酸蔗糖酯；脂肪酸聚甘油酯等。一般复配使用。

乳化剂在海绵蛋糕中的作用机制是和鸡蛋中的蛋白质相互作用构成良好的气泡膜，提高蛋白质的发泡性，使蛋白质容易搅拌发泡，同时搅打后起泡具有良好的稳定性。在焙烤温度上升时，水相中乳化剂的液晶提高了浆料的黏度，抑制了对流，增大了蛋糕的体积；同时小麦淀粉粒表面的乳化剂形成复合体，抑制了小麦淀粉的胶体化，保持了淀粉粒的稳定，这样不但具有良好的口感，而且由于抑制了淀粉的老化，保持了蛋糕的新鲜度。

任务三　戚风蛋糕制作

实训目标

① 使学生理解和掌握戚风蛋糕的加工原理。
② 会加工戚风蛋糕，熟悉各操作要点及品质要求。

一、加工前的准备

(一)背景知识

由于口感和组织特别柔软绵滑，这种蛋糕被命名为戚风蛋糕。1927 年，由加利福尼亚的一位名叫哈里·贝克的保险经纪人发明，直到 1948 年，贝克把蛋糕店卖了，配方才公之于世。

戚风蛋糕组织蓬松，水分含量高，味道清淡不腻，口感滋润嫩爽，是目前最受欢迎的蛋糕之一。戚风蛋糕的质地异常松软，若是将同样重量的全蛋搅拌式海绵蛋糕面糊与戚风蛋糕的面糊同时烘烤，那么戚风蛋糕的体积可能是前者的两倍。虽然戚风蛋糕非常松软，但它却带有弹性，且无软烂的感觉，吃时淋各种酱汁很可口。另外，戚风蛋糕还可做成各种蛋糕卷、波士顿派等。戚风蛋糕口感绵软、香甜，是外出旅行和电影院必不可少的休闲美食。

(二)原理与工艺流程

1. 原理

利用了蛋黄的乳化性能，蛋黄中的卵磷脂具有亲水和亲油的双重性能，因此能使蛋糕坯的质感细腻、气泡均匀。而蛋白经机械搅打具有良好的起泡性，将蛋黄、蛋白分开搅打的方法，能让蛋黄、蛋白充分发挥各自的特性和作用，使戚风蛋糕比全蛋打得更细腻、润软、富有弹性。

2. 工艺流程

(三)常用材料和仪器

1. 仪器

电子秤、面粉筛、打蛋机、油纸、量杯、8吋蛋糕圈一个、烤箱、烤盘、打蛋盆、防热手套、冷却网架、橡皮刮刀等。

2. 基础配方

鸡蛋5个，糖75 g（蛋白），塔塔粉2 g，糖30 g（蛋黄），蛋糕粉100 g，泡打粉3 g，奶粉20 g，色拉油45 g，牛奶或水23 g。

(四)戚风蛋糕的制作工序

1. 准备材料

预热烤箱，面火180℃，底火170℃；称量，粉体过筛；鸡蛋清洗，蛋白、蛋黄分离，盛蛋白的盆要保证无油无水；模具刷油，铺上油纸。

2. 面糊调制

① 蛋黄糊调制：蛋黄加糖搅打至糖溶化，颜色变成淡黄色，体积增大一倍。

② 蛋白糊调制：蛋白加糖快速搅打到白沫状，呈挺拔的尖峰状时停止搅拌，蛋白糊形成。

③ 两种蛋糊混合匀：取1/3蛋白糊至蛋黄糊中，混合均匀；将混合的蛋糊放入剩下的2/3蛋白糊中，用手或橡皮刮刀混合均匀。加入混合过筛的粉体，用橡皮刮刀拌匀；再加入色拉油和水的混合物搅拌均匀，混合好后的状态应该是比较浓稠均匀的浅黄色面糊。

3. 装模

把混匀的蛋糊装入铺好模具纸的模具中，不宜太满，7～8分满即可；抹平，不宜剧烈震动。

4. 烘烤

烘烤30～35 min至全熟（判断蛋糕熟透）即可出炉，立即震动蛋糕模具，倒扣在冷却网架上。

5. 冷却

脱模，不要立即撕模具纸，约5 min后再撕，继续冷却。

二、实操工作

① 以小组为单位，准备加工所需的原辅料。

② 以小组为单位检查加工设备的完好性、清洁度。

③ 填写关键控制点如下表单。

记录表格1 原料预处理情况记录单

序号	原料名称	重量/g	预处理情况
1			
2			
3			
4			

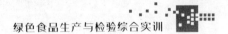

续表

序号	原料名称	重量/g	预处理情况
5			

记录表格 2　面糊调制过程记录单

序号	阶段	加料顺序	现象
1			
2			
3			

记录表格 3　烘烤过程记录单

序号	烘烤时间	现象（颜色、大小）	成熟情况
1			
2			
3			

三、评价与反馈

参照 GB/T 20977—2007《糕点通则》。

1. 感官指标

表 1　焙烤类糕点感官指标

项目	要求
形态	外形整齐，底部平整，无霉变，无变形，具有该品种应有的形态特征
色泽	表面色泽均匀，具有该品种应有的色泽特征
组织	无不规则大孔洞，无颗粒，无粉块，带馅类冰皮厚薄均匀，皮馅比例适当，馅料分布均匀，馅料细腻，具有该品种应有的组织特征
滋味与口感	味纯正，无异味，具有该品种应有的口味和口感特征
杂质	无可见杂质

2. 理化指标

表 2　蛋糕理化指标

项目		要求	
		烤蛋糕	蒸蛋糕
干燥失重/%	≤	42.0	35.0
总糖/%	≤	42.0	46.0
蛋白质/%	≥	4.0	4.0

3. 卫生指标

按 GB 7099—2015 规定执行，铝的残留量按 GB 2762—2017《食品中污染物限量》的规定执行。

4. 食品添加剂和食品营养强化剂要求

食品添加剂和加工助剂的使用应符合 GB 2760—2014 的规定；食品营养强化剂的使用应符合 GB 14880—2012 的规定。

任务四 曲奇饼干制作

实训目标

① 使学生理解和掌握曲奇饼干的加工原理。
② 会加工曲奇饼干，熟悉各操作要点及品质要求。

一、加工前的准备

(一)背景知识

真正成型的饼干，要追溯到公元 7 世纪的波斯，当时制糖技术刚刚开发出来，并因为饼干而被广泛使用。公元 10 世纪左右，饼干传到了欧洲。公元 14 世纪，饼干已经成了全欧洲人最喜欢的点心，从皇室的厨房到平民居住的大街，都弥漫着饼干的香味。现代饼干产业是从 19 世纪时因发达的航海技术进出于世界各国的英国开始的，在长期的航海中，面包因含有较高的水分（35%～40%）不适合作为储备粮食，所以发明了一种含水分量很低的面包——饼干。

饼干按照加工工艺可以分成 13 类：酥性饼干、韧性饼干、发酵饼干、压缩饼干、曲奇饼干、夹心饼干、威化饼干、蛋圆饼干、蛋卷、煎饼、装饰饼干、水泡饼干及其他。

曲奇饼干是一种近似于点心类食品的饼干，亦称甜酥饼干，是饼干中配料最好、档次最高的产品。饼干结构虽然比较紧密，疏松度小，但由于油脂用量高，故产品质地极为疏松，食用时有入口即化的感觉。它的花纹深，立体感强，图案似浮雕，块形一般不是很大，但较厚，可防止饼干破碎。

曲奇饼干分为普通型、花色型（在面团中加入椰丝、果仁、巧克力碎粒或不同谷物、葡萄干等糖渍果脯的曲奇饼干）、可可型（添加可可粉原料的曲奇饼干）和软型（添加糖浆原料、口感松软的曲奇饼干）4 种类型。

(二)原理与工艺流程

1. 原理

经机械搅拌，将空气拌入黄油中，使体积增大。然后加入蛋黄（利用蛋黄的乳化性能，蛋黄中的卵磷脂具有亲水和亲油的双重性能）拌入粉，再经成型、烘烤后成为酥化的饼干。

2. 工艺流程

原辅料准备 → 黄油打发 → 乳化 → 拌粉 → 挤注成型 → 烘烤 → 冷却 → 成品

(三)常用材料和仪器

1. 仪器设备

天平、裱花袋、裱花嘴、不粘油布、塑料刮刀、不锈钢盆、毛巾、烤盘、面粉筛、自动或手动搅拌器、油纸、不锈钢碗、电烤箱、烤箱专用纸等。

2. 基础配方

加入顺序	原料	数量
1	黄油	225g
	糖	110g
2	鸡蛋	75g
3	蛋糕粉	185g
	面包粉	75g
4	草莓果酱	适量

(四)操作要点

1. 材料准备

称量;黄油恢复至室温并且变软;烤箱专用纸铺垫称量;烤箱调节到预热温度;面粉类过筛。

2. 黄油的打发

黄油加糖开中速搅拌均匀,并且打发黄油使其颜色由黄变白,体积增加 2 倍左右。

3. 乳化

开中速把鸡蛋逐个加入,每加入 1 个都要充分搅拌均匀后方可再加入另外 1 个鸡蛋(顺着一个方向搅拌)。

4. 拌粉

加完鸡蛋后开慢速加入混过筛的蛋糕粉、面包粉的混合物。

5. 成型

搅拌均匀后停下机器,把面糊装入装有裱花嘴的裱花袋,装 6 分满即可。有间隔地裱在铺了不粘油皮或油纸的烤盘上,再把草莓果酱裱在顶部。

6. 烘烤

入炉烘烤面火 170℃,底火 140～150℃,烘烤 20～25 min。

7. 冷却包装

出炉冷却后再进行包装。

二、实操工作

① 以小组为单位,准备加工所需的原辅料。

② 以小组为单位检查加工设备的完好性、清洁度。

③ 填写过程记录单如下表单。

记录表格 1　原料预处理情况记录单

序号	原料名称	重量/g	预处理情况
1			
2			
3			
4			
5			

记录表格 2　加工过程记录单

序号	阶段	现象	问题	解决方式
1	黄油打发			
2	乳化			
3	拌粉			
4	成型			
5	烘烤			
6	冷却			

三、评价与反馈

参照国家标准 GB/T 20980—2007《饼干》评价饼干质量性质。

1. 感官指标

项目	要　求
形态	外形完整,花纹或波纹清楚,同一造型基本均匀,饼体摊散适度,无连边,花色曲奇饼干添加辅料应颗粒大小基本均匀
色泽	表面呈金黄色、棕黄色或品种应有的色泽,色泽基本均匀,花纹与饼体边缘允许有较深的颜色,但不应有过焦、过白的现象。花色曲奇饼干允许有添加辅料的色泽
组织	断面结构呈细密的多孔状,无较大孔洞。花色曲奇饼干应具有品种添加辅料的颗粒
滋味与口感	有明显的奶香味、无异味,口感酥松或松软

2. 理化指标

项目		要　求			
		普通型	花色型	软型	可可型
水分/%	≤	4.0	4.0	9.0	4.0
碱度(以碳酸钠计)/%	≤	0.3	0.3	—	—
pH	≤	—	—	8.8	8.8
脂肪/%	≥	16.0	16.0	16.0	16.0

3. 卫生指标

(1)酸价、过氧化值　配料中添加油脂的饼干,酸价和过氧化值应按 GB 7100—2015《饼干》的规定执行;配料中不添加油脂的饼干,酸价和过氧化值指标不作要求。

(2)总砷和铅　应符合 GB 7100—2015 的规定。

(3)微生物　压缩饼干、夹心(或注心)饼干、威化饼干和装饰饼干等采用二次加工的饼干应按 GB 7100—2015 中夹心饼干的要求执行,其他各类饼干应按 GB 7100—2015 中非夹心饼干的要求执行。

4. 食品添加剂和食品营养强化剂

食品添加剂的使用应符合 GB 2760—2014 的规定,食品营养强化剂的使用应符合 GB 14880—2012 的规定。

项目二　肉制产品的开发与制作

任务一　腊肉加工

腊肉是中国腌肉的一种，主要流行于四川、湖南和广东一带，但在南方其他地区也有制作，由于通常是在农历的腊月进行腌制，所以称作"腊肉"。

一、加工前的准备

(一)背景知识

腌腊制品是以鲜、冻肉为主要原料，经过选料修整，配以各种调味品，经腌制、酱制、晾晒或烘焙、保藏、成熟加工而成的一类肉制品，不能直接入口，需经烹饪熟制之后才能食用。如今，腌腊早已不仅是保藏防腐的一种方法，更是成为肉制品加工的一种独特工艺。

腌腊肉制品的种类繁多，可将其分为中式腌腊制品和西式腌腊制品两个大类。

中式腌腊肉制品主要有咸肉类、腊肉类、中国腊肉、腊肠类、中式火腿。

西式腌腊肉制品主要是培根和西式火腿。

(二)原理与工艺流程

1. 原理

腌制是借助盐或糖扩散渗透到组织内部，降低肉组织内部的水分活度，提高渗透压，借以有选择地控制微生物的活动和发酵，抑制腐败菌的生长，从而防止肉品腐败变质。

2. 工艺流程

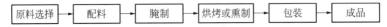

原料选择 → 配料 → 腌制 → 烘烤或熏制 → 包装 → 成品

(三)原辅料与设备

1. 原辅料

原料五花肉、食用盐、白砂糖、黄酒、酿造酱油、亚硝酸钠、香辛料。

2. 仪器及设备

热风循环烘箱、冷藏柜、电磁炉、台秤、电子天平、砧板、刀具、塑料盆、搪瓷托盘。

3. 配方

配方 A（温州腊肉）

原料肉 100 kg，精盐 2.5 kg，白砂糖 4 kg，黄酒 2 kg，酱油 4 kg，亚硝酸钠 10 g，八

角、茴香、生姜、大蒜各适量。

配方 B（广东腊肉）

原料肉肋骨条肉 100 kg，白砂糖 4 kg，食用盐 3 kg，白酒 2.5 kg，生抽酱油 3 kg，亚硝酸钠 30 g，八角、茴香、生姜、大蒜各适量。

配方 C（四川腊肉）

原料肉 100 kg，白砂糖 1 kg，盐 5 kg，白酒 0.5 kg，生抽酱油 1 kg，亚硝酸钠 30g，花椒 0.3 kg，八角、茴香、生姜、大蒜各适量。

(四)操作要点

1. 原料肉验收与冷藏

精选肥瘦层次分明的去骨五花肉或其他部位的肉，肥瘦适宜，过肥过瘦均不适于加工腊肉。将选好的肉放置冷藏柜冷藏，其目的是让肉变得更加鲜嫩，腌制后的口感更好。

2. 解冻

采用空气解冻或水解冻方法。注意：目前工厂中常用的为缓慢的空气解冻。

3. 切分、修整

切成指定的分量和修整成需要的形状。

4. 腌制

将辅料倒入拌料器内，使固体腌料和液体调料充分混合拌匀，用 10％清水溶解配料，待完全溶化后，再把切成条状的肋条肉放在 65～75℃的热水中清洗，以去掉脏污和提高肉温，加快配料向肉中渗入的速度。将清洗沥干后的腊肉坯与配料一起放入拌料器中，使已经完全溶化的腌液与腊肉坯均匀混合，使每根肉条均与腌液接触。腌制室温度保持在 0～10℃，腌制时每隔 1～2 h 要上下翻动一次，使腊肉能均匀地腌透。腌制时间视腌制方法、肉条大小、腌制温度不同而有所差别，一般在 4～7 h，夏天可适当缩短，冬天可适当延长，以腌透为准。

5. 低温烘烤或熏制

腊肉因肥膘肉较多，烘烤或熏制温度不宜过高，一般将温度控制在 45～55℃，烘烤时间 1～3 d，根据皮、肉颜色和快速水分测定仪进行判断，此时皮干、瘦肉呈玫瑰红色，肥肉透明或呈乳白色，使肉制品具有独特的腊香。

6. 包装

冷却后的肉条即为腊肉成品。采用真空包装，可在 20℃下保存 3～4 个月。

7. 检验和成品

进行真空包装的肉经出厂检验合格，方可成为产品。产品的储藏温度为 20℃。

二、实操工作

① 以小组为单位，准备加工所需的原辅料。

② 以小组为单位检查加工设备的完好性、清洁度。

③ 填写关键控制点如下表单。

记录表格 1　解冻、修整、清洗

日期	原料名称	产品重量/kg	解冻起始时间	解冻结束时间	解冻后感官是否正常	表面黏附的毛发、筋、血污等是否剔除干净	里面的脂肪是否剔除干净	负责人

续表

日期	原料名称	产品重量/kg	解冻起始时间	解冻结束时间	解冻后感官是否正常	表面黏附的毛发、筋、血污等是否剔除干净	里面的脂肪是否剔除干净	负责人

记录表格 2　腌制

日期	原料名称	产品重量/kg	腌制起始时间	腌制结束时间	腌制后色泽的变化	腌制后产品的重量	负责人

记录表格 3　干燥

日期	产品名称	产品重量kg	温度/℃	烘干起始时间	烘干结束时间	烘烤后产品的重量/kg	操作人

记录表格 4　配料

日期	产品名称	原料/kg	白糖/kg	食盐/kg	酱油/L	黄酒/L	味精/kg	桂皮/kg	八角/kg	操作人

记录表格 5　真空包装封口

生产日期	产品名称	感官是否正常	封口设定温度/℃	封口设定时间/s	抽真空设定时间/s	负责人

三、质量评价标准

参照 GB2730—2015《腌腊肉制品》。

表 1　感官指标

项目	要　求
外　观	外表光洁、无黏液、无霉点
色泽	具有该肉制品应有的光泽，切面的肌肉呈红色或暗红色，脂肪呈白色

续表

项　目	要　　求
组织状态	组织致密，有弹性，无汁液流出，无异物
滋味和气味	具有该产品固有的滋味和气味，无异味，无酸败味

表 2　理化指标

项目		要　　求
过氧化值（以脂肪计）/（g/100g）	≤	0.5
酸价（以脂肪计）/（g/100g）	≤	4.0
苯并芘/（μg/kg）	≤	5.0
无机砷/（mg/kg）	≤	0.05
镉（以 Cd 计）/（mg/kg）	≤	0.1
铅（以 Pb 计）/（mg/kg）	≤	0.2
总汞/（mg/kg）	≤	0.05
亚硝酸盐残留量（以 $NaNO_2$ 计）/（mg/kg）		按 GB 2760—2014 执行

四、关键控制点

① 原辅料质量：原料的验收和储存。
② 加工过程的温度控制：腌制和热风循环干燥烘箱的温度控制。
③ 添加剂：按照 GB 2760—2014 的添加量严格控制使用范围和使用方法。
④ 产品包装和储运：产品采用真空包装和低温储存。

任务二　即食卤制鸡腿加工

实训目标

① 熟悉鸡腿等酱卤肉制品的种类和产品特点。
② 掌握卤制鸡腿的加工技术。
③ 重点掌握调味和煮制的生产工艺。

　　酱卤制品是将原料肉加入调味料和香辛料，以水为加热介质煮制而成的熟肉类制品，是中国典型的传统熟肉制品。酱卤制品都是熟肉制品，产品酥软，风味浓郁，不适宜储藏。根据不同的地区和风土人情，形成了独特的地方特色传统酱卤制品。由于酱卤制品的独特风味，现做即食，深受消费者欢迎。本任务以卤制鸡腿为例。

一、加工前的准备

(一)背景知识

　　根据加工工艺不同可分为两大类，即酱制品类、卤制品类。
　　(1) 酱制品类　以鲜（冻）畜、禽肉为主要原料，经清洗、修选后，配以香辛料等，去骨（或不去骨）、成型（或不成型），经烧煮、酱制等工序制作的熟肉制品。

（2）卤制品类　以鲜（冻）畜、禽肉为主要原料，经清洗、修选后，配以香辛料等，去骨（或不去骨）、成型（或不成型），经烧煮、卤制等工序制作的熟肉制品。

（二）原理与工艺流程

1. 原理

鲜冻畜禽肉添加肉调味料和香辛料，以水为介质，通过调味和加热煮制而成熟肉类制品。

2. 工艺流程

（三）原辅料与设备

1. 原辅料

鸡腿、盐、味精、黄酒、酱油、白糖、鸡精、红曲米、天然色素、香辛料包、葱、姜、草果、桂皮、大茴香、丁香、砂仁。

2. 仪器及设备

电磁炉、电磁炉高压锅、漏网铲子、不锈钢夹层锅、真空包装机、真空滚揉设备、热风循环烘箱、高温杀菌锅、电子秤、纱布。

香辛料包的制作：陈皮、香叶、小茴香、肉蔻、八角、桂皮、草果按比例称取，纱布适量。

3. 配方

配方 A：

腌制基本配方：盐 1.5%，味精 0.4%，黄酒 2.5%，酱油 2%，白糖 2%，鸡精 0.5%。

卤制基本配方（配方以鸡腿 100 kg 的重量计）：盐 2.5%，味精 0.4%，黄酒 0.2%，白糖 2%，鸡精 0.5%，天然色素 0.85%，黄酒 2%，酱油 3%，香辛料包 1 个。

配方 B（单位：kg）：

鸡腿 50，白糖 2.5，精盐 1.5～1.7，桂皮 0.1，黄酒 2.0，八角 0.1，红曲米 0.6，姜 0.1，葱 1.0。

配方 C（单位：kg）：

鸡腿 50，酱油 1.7，食盐 2.5，白糖 1.7，桂皮 0.1，大茴香 0.1，陈皮 0.25，丁香 0.01，砂仁 0.007，红曲米 0.25，葱 1，生姜 0.1，黄酒 1.7。

（四）操作要点

1. 解冻

将鸡腿在流水中解冻 2～3 h，或空气中解冻至肉体稍微发软，将解冻清洗干净后的鸡腿用刀横划，有利于腌制液体渗入，称重。

2. 腌制

把物料放入真空滚揉设备中或者手工进行腌制，调解好真空度和转速，加入冰块。滚揉 20 min。

3. 卤制

把已经配制好的卤液和辅料倒入不锈钢夹层锅或者是预煮锅中。加入已称量好的生姜片、大蒜瓣各 2% 和其他的配料，文火煮制 30 min。

4. 干燥

放入热风循环烘箱中烘烤 65℃，80 min。

5. 包装

干燥稍微冷却后，进行真空包装，包装的压力为≥0.09 MPa。

6. 杀菌

杀菌温度为 121℃、时间为 10 min。

二、实操工作

① 以小组为单位，准备加工所需的原辅料。

② 以小组为单位检查加工设备的完好性、清洁度。

③ 填写关键控制点如下表单。

记录表格 1　卤制

日期	原料名称	产品重量/kg	卤制起始时间	卤制结束时间	卤制后色泽的变化	卤制后产品的重量/kg	操作人

记录表格 2　干燥

日期	产品名称	产品重量/kg	温度/℃	烘干起始时间	烘干结束时间	烘干后产品的重量/kg	操作人

记录表格 3　配料

日期	产品名称	原料/kg	白糖/kg	食盐/kg	酱油/L	黄酒/L	味精/kg	香辛料包	操作人

记录表格 4　杀菌

生产日期	产品名称	升温时间/min	恒定时间/min	降温时间/min	杀菌温度/℃	操作人

三、质量评价标准（引自 GB/T 23586—2009《酱卤肉制品国字标准》）

1. 感官指标

表 1　感官指标

项目	要　求
外观形态	外形整齐，无异物
色泽	酱制品表面为酱色或褐色，卤制品为该品种应有的正常色泽
组织形态	组织紧密

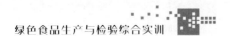

续表

项　目	要　　求
口感风味	咸淡适中，具有酱卤制品特有的风味
杂质	无肉眼可见的外来杂质

2. 理化指标

表 2　理化指标

项　目		要　　求
氯化钠/（g/100g）	≤	4
蛋白质/（g/100g）	≤	15
水分/（g/100g）	≤	70
无机砷/（mg/kg）	≤	0.05
镉（以 Cd 计）/（mg/kg）	≤	0.1
铅（以 Pb 计）/（mg/kg）	≤	0.2
总汞/（mg/kg）	≤	0.05
食品添加剂		应符合 GB 2760—2014 的规定

3. 微生物指标

应符合 GB 2726 的规定。罐头工艺生产的酱卤肉制品应符合罐头食品商业无菌的要求。

四、关键控制点

① 原辅料质量：选择适合加工的原料；原料要经过合格验收，否则会影响品质。

② 食品添加剂：按 GB 2760—2014 使用方法添加；不要超范围地添加和过量使用，否则是非法添加。

③ 卤制温度和时间：卤制的温度和时间影响产品的口感和风味，对产品的品质有影响。

④ 产品包装和储运：进行真空包装，在通风干燥的环境中储存。

　热狗制作　

实训目标

① 了解灌肠制品的一般种类和特点。

② 掌握灌肠加工的基本工艺。

③ 掌握肠类加工设备的使用方法。

一、加工前的准备

(一)背景知识

热狗（hot dog）是火腿肠的一种吃法。夹有热狗的整个面包三明治也可以直接称作热狗。热狗源自于德国，在德国热狗叫作法兰克福香肠，这个名称起源于德国的城市法兰克福，这种香肠最初是在此城市制造的。

热狗粗细均匀，肠体干爽，有均匀皱纹，具有弹性，切面光泽细腻；色泽枣红，有微微凸起的白色脂肪块；肠馅结构紧密，防腐、防冻性强，易于保存、携带，具有独特的芳香浓郁味道；蛋白质含量高，是高营养高热量的食品，易于人体消化和吸收，被誉为老少皆宜的佳品。

(二)原理与工艺流程

1. 原理

热狗是以畜禽肉为原料，经腌制（或不腌制），斩拌或绞碎使肉成为块状、丁状或肉糜状态，再配上其他辅料，经搅拌或滚揉后灌入天然肠衣或人造肠衣内，经烘烤、熟制和熏烟等工艺而制成的熟制灌肠制品，或不经腌制和熟制加工而成的需冷藏的生鲜肠。

2. 工艺流程

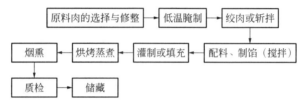

(三)原辅料与设备

1. 原辅料

主要原料：鸡胸肉、肥猪肉、瘦猪肉、食用盐、味精、生姜粉、大蒜粉、胡椒粉、白砂糖、白酒、木薯变性淀粉和组织蛋白、复合磷酸盐、红曲红色素、异维生素 C 钠、亚硝酸混合盐、肠衣。

2. 仪器及设备

不锈钢容器、绞肉机、斩拌机、灌肠机、热风循环烘箱、真空封口机、烟熏炉、冰箱、捆扎线。

3. 配方

配方 A：

鸡胸肉：肥猪肉：瘦猪肉＝5：3：2，按肉的总重量计，加入适量冰水（15％～20％），盐 2％，味精 1％，生姜粉 0.1％，大蒜粉 0.05％，胡椒粉 0.05％，白砂糖 3％，马铃薯淀粉和大豆蛋白 2 种共 15％，复合磷酸盐 0.05％，色素 0.08％～0.1％。

配方 B：

鸡胸肉 37 g，肥猪肉 23 g，鸡肉泥 6 g，食盐 2 g，异维生素 C 钠 0.05 g，亚硝酸混合盐 0.03 g，复合磷酸盐 0.3 g，组织蛋白 4 g，大豆分离蛋白 2.0 g，白砂糖 7 g，白酒 0.1 g，味精 0.15 g，红曲红 0.007 g，木薯变性淀粉 6 g，水 23 g。

(四)操作要点

1. 原料选择

鸡胸肉，瘦猪肉，肥猪肉（去皮）。

2．解冻清洗、绞肉

流水解冻后，分别对瘦猪肉、鸡胸肉、肥猪肉进行绞肉，要求尽可能在10℃以下的低温环境中进行。

3．洗肠衣

先将肠衣洗干净，再检查肠衣是否有漏洞。

4．斩拌

根据腌制配方配料混合后进行斩拌，先空斩0.5 min，然后加入盐和磷酸盐斩拌2 min，加入其他配料（用冰水控制温度，使物料控制在较低温度，以防止蛋白质变性）。斩拌时间一般为6～8 min，为了避免肉温升高，斩拌时需要向肉中加一定比例的冰屑混合水，冰屑数量包括在加水总量内。斩拌顺序：瘦猪肉、鸡胸肉、冰、调料和香辛料、淀粉、肥猪肉。

5．灌肠

将肠衣套在灌肠机的灌嘴上，使肉馅均匀地灌入肠衣中。要掌握松紧度，不能过紧或过松。用清水冲去表面的油污，然后送入烘箱进行烘制。

6．干燥

将灌好的香肠置于70℃左右的烟熏箱烘干1 h左右（视肠大小和烘箱的能力而定）。目的是使肠衣表面干燥，增加肠衣机械强度和稳定性，使肉馅色泽变红，驱除肠衣的异味。

7．蒸煮

95℃以下，烘干后蒸30 min（视肠大小而定）。

8．真空包装

烘干冷却后真空包装，冷冻保存，检验合格后即为成品。

二、实操工作

① 以小组为单位，准备加工所需的原辅料。

② 以小组为单位检查加工设备的完好性、清洁度。

③ 填写关键控制点如下表单。

记录表格1　肉的配比

日期	原料名称	鸡胸肉/kg	肥猪肉/kg	瘦猪肉/kg	操作人

记录表格2　斩拌

日期	原料名称	空擂	盐擂	淀粉擂	辅料擂	操作人

记录表格3　配料

日期	产品名称	原料/kg	白砂糖/kg	食盐/kg	大豆蛋白/kg	色素/kg	操作人

日期	产品名称	原料/kg	白砂糖/kg	食盐/kg	大豆蛋白/kg	色素/kg	操作人

记录表格 4　蒸煮

日期	产品名称	产品重量/kg	温度/℃	蒸煮起始时间	蒸煮结束时间	蒸煮后产品的重量/kg	操作人

三、质量评价标准（引自 GB 2726）

① 感官指标无腐臭，无酸败味，无异物。

② 理化指标。

表 1　理化指标

项目		要　　求
水分/（g/100g）	≤	20
复合磷酸盐（以 PO_4^{3-} 计）/（g/kg）	≤	5.0
亚硝酸盐（以 $NaNO_2$ 计）/（mg/kg）		按 GB 2760—2014 的规定
无机砷（As）/（mg/kg）	≤	0.5
铅（Pb）/（mg/kg）	≤	0.05
总汞（以 Hg 计）/（mg/kg）	≤	0.05

③ 微生物指标。

表 2　微生物指标

项目		要　　求
菌落总数/（cfu/g）	≤	50000
大肠菌群/（MPN/100g）	≤	30
致病菌		不得检出

四、关键控制点

① 斩拌：注意原辅料的加料顺序瘦猪肉、鸡胸肉、冰、调料和香辛料、肥猪肉。

② 灌肠：要适量，粗细合适。

③ 蒸煮：注意蒸煮的温度和时间。

任务四　猪肉脯制作

实训目标

① 使学生了解和熟悉猪肉脯分类。
② 会进行猪肉脯加工操作。
③ 会使用烘烤箱。

一、加工前的准备

(一)背景知识

猪肉脯是指瘦猪肉经切片（或绞碎）、调味、腌制、摊筛、烘干、烤制等工艺制成的干、熟薄片型的肉制品。猪肉脯色泽鲜艳、油润有光泽，且有透明感，产品呈现其应有的棕红色，猪肉脯不添加任何色素；猪肉脯滋味鲜美、醇厚，香味纯正、甜中微咸、咸而发鲜、回味悠长。

(二)原理与工艺流程

1. 原理

猪肉脯是经过直接烘干的干肉制品，脱去食品中的水分，抑制微生物的繁殖与生长，从而达到食品的保存作用。

2. 工艺流程

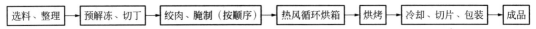

选料、整理 → 预解冻、切丁 → 绞肉、腌制（按顺序）→ 热风循环烘箱 → 烘烤 → 冷却、切片、包装 → 成品

(三)原辅料与设备

1. 原辅料

猪后腿肉、蛋清、食盐、白糖、鸡精、酱油、黄酒、辣椒粉、五香粉、马铃薯淀粉、红曲红色素、蜂蜜。

2. 仪器及设备

小绞肉机、电磁炉、筛网、不锈钢锅、不锈钢碗、真空包装机、热风循环烘箱、烤箱、电子秤、一次性手套、擀面杖、锡纸、烤盘、烘盘

3. 配方

以猪后腿肉 100 质量份计，食盐 1.0 质量份、白糖 5 质量份、鸡精 0.2 质量份、酱油 5 质量份、黄酒 4 质量份、辣椒粉 0.5 质量份、五香粉 0.3 质量份、马铃薯淀粉 3 质量份、适量的红曲红色素。

(四)操作要点

1. 选料、整理

选用卫生合格的猪后腿瘦肉，去骨、皮、脂肪、筋膜等部分，修整后切成 1 kg 左右肉块。修整时要保持肉块的完整性，尽量减少肉块的损耗。然后清洗干净，沥去水分。

2. 冷冻、切片

沥干后的肉块用手工切成肉丁称重。再放入搅拌机中进行绞肉。

3. 拌料、腌制

（1）加料顺序：盐揸 5 min 后再加入白糖、鸡精等调味料、淀粉和蛋清一个，搅拌总共 30 min 或放入绞肉机中搅拌均匀。隔 5 min 翻拌一次，以使肉腌透且均匀，有黏性。

（2）烘箱：把搅拌腌制好的猪肉放入锡纸中，进行摊片（上面放上保鲜膜）。摊片的时候注意使肉糜摊平整，不要有漏洞，厚薄适宜（0.5 cm 左右）。将铺上肉片的烤盘送入热风循环烘箱中，烘箱的温度控制在 60～65℃ 之间，在烘箱的过程中要调换 2 次位置，使肉脯干燥均匀，一般干燥 1 h 左右的时间。

4. 烘烤

烤制。烘焙好的猪肉经过自然冷却后，将烤盘放入烤炉中烤制，烤制的温度 180～200℃ 左右，时间 15～20 min 或视情况而定，中间要刷一次蜂蜜，烤制的肉片呈酱红色，有特有的烤猪肉香味。

5. 切块

烤好的猪肉脯趁热用厚铁板压平，然后用切形机或手工切形，一般切成 6～8 cm 的正方形或其他形状，大小均匀。称重计算得率。测肉脯的水分含量。

6. 冷却、包装

切好的猪肉脯在冷却后即可真空包装，成品。

二、实操工作

① 以小组为单位，准备加工所需的原辅料。
② 以小组为单位检查加工设备的完好性、清洁度。
③ 填写关键控制点如下表单。

记录表格 1　配料

日期	产品名称	原料/kg	白糖/kg	食盐/kg	酱油/L	黄酒/L	味精/kg	操作人

记录表格 2　烘烤

日期	产品名称	产品重量/g	温度/℃	烘烤起始时间	烘烤结束时间	烘烤后产品的重量/g	操作人

三、质量评价标准

表 1　感官指标

项目	要　　求
外观	片性规则整齐
色泽	呈棕红，暗红，色泽均匀，油润有光泽
组织状态	薄厚均匀，允许有少量脂肪析出
滋味和气味	滋味鲜美醇厚，甜咸适中，香味醇正

表 2 理化指标

项　目		要　求
氯化钠/（g/100g）	≤	5
蛋白质/（g/100g）	≥	25
水分/（g/100g）	≤	20
无机砷/（mg/kg）	≤	0.05
镉（以 Cd 计）/（mg/kg）		符合 GB 2760—2014 的要求
铅（以 Pb 计）/（mg/kg）		
总汞/（mg/kg）		
亚硝酸盐（以 NaNO₂ 计）/（mg/kg）	≤	30

表 3 微生物指标

项　目		要　求
菌落总数/（cfu/g）	≤	10000
大肠菌群/（MPN/100g）	≤	30
致病菌		不得检出

四、关键控制点

① 原料的选择。

② 烘烤的温度和时间的控制。

项目三 果蔬产品的开发与制作

任务一 四川泡菜加工

实训目标

① 理解和掌握泡菜加工的原理。
② 掌握泡菜生产的基本工艺和方法。
③ 熟悉各工艺操作要点及成品质量要求。

一、加工前的准备

(一)背景知识

泡菜古称菹，是指为了利于长时间存放而经过发酵的蔬菜。一般来说，只要是纤维丰富的蔬菜或水果，都可以被制成泡菜，如卷心菜、大白菜、红萝卜、白萝卜、大蒜、青葱、小黄瓜、洋葱、高丽菜等。

泡菜是世界三大名酱腌菜之一。泡菜的种类主要有中国泡菜和韩国泡菜。中国泡菜一般是泡在罐装的花椒盐水里，不掺过多调味品，完全是单纯的口味，当然也可根据个人喜好添加其他佐料，制作工序比韩国泡菜简单便捷许多。通常夏季三天、冬季一周，即可取出食用。中国泡菜不仅保持新鲜蔬菜原有的色泽，在口感上比新鲜蔬菜更爽脆，还可根据个人喜好调节辣的程度，其中以四川泡菜最为出名。韩国泡菜是一种以蔬菜为主要原料，各种水果、海鲜及肉料为配料的发酵食品。韩国泡菜食后五味俱全，可佐饭，可佐酒，易消化，爽胃口，既能提供充足的营养，又能预防动脉硬化、降低胆固醇。泡菜代表着韩国烹调文化，已有3000多年的历史，相传是从中国传入韩国的。韩式泡菜有200多种，风味独特，别具一格。

泡菜中含有丰富的活性乳酸菌，还含有丰富的维生素、钙、磷等无机物和矿物质以及人体所需的十余种氨基酸。泡菜产品芳香脆嫩、咸酸适度，含盐量 $2\%\sim4\%$，含乳酸 $1.0\%\sim1.5\%$，有一定的甜味及鲜味，并带有原料的本味。

(二)原理与工艺流程

1.原理

泡菜是将新鲜的蔬菜进行一定的预处理，用低浓度的食盐水（ $3\%\sim5\%$ ）并加入一定的香辛料和其他辅料在泡菜坛中进行泡制，经过乳酸菌发酵生成大量的乳酸，以及微弱的酒精发酵及醋酸发酵作用，同时生成酮类、醇类等物质，最终总酸度达到 1.0% 左右，同时形成特定风味的发酵蔬菜制品。

乳酸菌在参与发酵时将糖发酵产生乳酸，乳酸味较醋酸柔和，有爽口、防腐的功效，对人体无害。乳酸菌菌体内缺少蛋白酶，所以不会消化植物组织细胞内的原生质，而只利用蔬菜的渗出汁液中的糖分及氨基酸等可溶性物质作为其生长繁殖的营养来源，致使泡菜组织仍保持较脆的状态，并产生独特的风味。在制作泡菜的过程中，由于乳酸的积累，泡菜汁的pH值可降至 4 以下，在这样的酸性条件下叶绿素会脱去其分子中的镁离子而成为脱镁叶绿素，使得泡菜呈淡黄色。

虽然乳酸菌对蛋白质的水解能力较弱，但对发酵产品的风味仍有重要影响。这是因为蛋白水解后产生的肽和氨基酸能改善产品的风味。除口感以外，发酵蔬菜汁的香味成分也是构成泡菜风味的主要指标。香气不是由一种或少数几种挥发性物质产生的，而是多种挥发性物质综合作用的结果。

2. 工艺流程

蔬菜 → 预处理 → 配制盐水 → 装坛发酵 → 发酵管理 → 成品

(三)原辅料和设备

1. 原辅料

原料 A：甘蓝、白萝卜、红萝卜、莴苣、大白菜、大蒜、食盐、糖、香料（花椒、小茴香、干辣椒等）、生姜、白酒、黄酒、氯化钙、水等。

原料 B：甘蓝、红萝卜、白菜、黄瓜、食盐、白酒、醋、大蒜、鲜红小尖椒、生姜、冰糖、芹菜、花椒、水等。

2. 仪器和设备

泡菜坛、不锈钢刀、砧板、果蔬盆、不锈钢锅、电磁炉、台秤、天平、水果刨、纱布、纱线等。

3. 配方

配方 A

盐水参考配方（水 1000 g）：食盐 40 g，白酒 30 g，黄酒 30 g，白糖 15 g，生姜 50 g，大蒜 4 g，花椒 7 g，干辣椒 7 g，小茴香 1 g，氯化钙 0.5 g。水煮沸冷却后使用。盐水最后平衡浓度控制在 2%～4%为准。

配方 B

盐水参考配方（水 1000g）：食盐 50 g，白酒 30 g，醋 10mL，大蒜 10 g，鲜红小尖椒 10 g，生姜 50 g，冰糖 10 g，芹菜 40 g（不食用，养盐水提香），花椒 10 g。

(四)操作要点

1. 清洗、预处理

将蔬菜用清水洗净，切分，剔除不适宜加工的部分。沥干明水备用，避免将生水带入泡菜坛中引起败坏。生姜洗净后沥水、去皮、切片，大蒜剥皮后洗净、沥水，胡萝卜、莴笋等去皮，香料也清洗。同时保证所有材料不能有一点油污。

2. 装坛发酵

泡菜坛子洗净后用热水杀菌，沥干明水，先将洗净的原料放入坛子，再将所有的调料和水放入（固态的调料先放，液态调料后放，水最后加入）。放入坛子中的水量要淹没过原料，盖上坛盖，注入清洁的坛沿水或加 15%～20%的食盐水，将泡菜坛置于阴凉处发酵。发酵最适温度为 20～25℃。

3. 泡菜管理

泡菜如果管理不当会败坏变质，必须注意以下几点。

① 入坛泡制 1～2 日后，由于食盐的渗透作用原料体积缩小，盐水下落，此时应再适当添加原料和盐水，保持其装满至坛口下 1 寸许（约 3 cm）为止。注意在发酵期间保持坛子的密闭，防止杂菌感染。

② 保持坛沿清洁，经常更换坛沿水。或使用 15%～20%的食盐水作为坛沿水。揭坛盖

时要轻，勿将坛沿水带入坛内。

③ 取食泡菜时，用清洁的筷子，取出的泡菜不要再放回坛中，以免污染。

④ 如遇长膜生霉花，加入少量白酒，或苦瓜、紫苏、红皮萝卜或大蒜头，以减轻或阻止长膜生花。

⑤ 泡菜制成后，一面取食，一面再加入新鲜原料，适当补充盐水，保持坛内一定的容量。

二、实操工作

① 以小组为单位，准备加工所需的原辅料。

② 以小组为单位检查加工设备的完好性、清洁度。

③ 填写关键控制点如下表单。

记录表格 1　原辅料处理记录单

项目	蔬菜	食盐	糖	香料	生姜	白酒	黄酒	氯化钙
是否合格								
用量								
预处理方式								
操作员签名								

记录表格 2　泡菜发酵观察记录单

项目	第1天	第2天	第3天	第4天	第5天	第6天	第7天
发酵情况							
异常记录							
操作员签名							

三、质量评价标准（参照 DB 51/T 975—2009《四川泡菜》）

表1　感官指标

项目	指标
色泽	具有四川泡菜应有的色泽
香气	具有四川泡菜应有的香气
滋味	滋味可口、酸咸适宜、无异味
体态	形态大小基本一致，液体清亮，组织致密，质地脆嫩，无肉眼可见外来杂质

表2　理化指标

项目		指标（泡渍类）
固形物/%	≥	50.0
水分/%		—
食盐（以 NaCl 计）/%	≤	10.0
总酸（以乳酸计）/%	≤	1.5
总砷（以 As 计）/（mg/kg）	≤	0.5
铅（Pb）/（mg/kg）	≤	1.0
亚硝酸盐（以 $NaNO_2$ 计）/（mg/kg）	≤	10.0

表 3　微生物指标

项　目		指　标
大肠菌群/（MPN/100g）	≤	30
致病菌（沙门氏菌、志贺氏菌、金黄色葡萄球菌）		不得检出

食品添加剂质量应符合相应的标准和有关规定。食品添加剂的品种和使用量应符合 GB 2760—2014 的规定。

四、关键控制点

1. 盐水的配制

泡菜盐水的浓度因不同地区和不同泡菜种类而异，一般不超过 10％，通常情况是按自己的习惯口味而定。

井水和泉水是含矿物质较多的硬水，因其可以保持泡菜成品的脆性，用以配制泡菜盐水效果较好。硬度较大的自来水亦可使用。经处理后的软水不宜用来配制盐水。塘水、湖水及田水均不可用。有时为了增强泡菜的脆性，可以在配制盐水时酌加少量钙盐，如氯化钙按 0.05％的比例加入，其他如碳酸钙、硫酸钙和磷酸钙均可使用。

食盐应选用品质良好，含苦味物质如硫酸镁、硫酸钠及氯化镁等极少，而氯化钠含量至少在 95％以上的。常用食盐有井盐、岩盐、海盐。最宜制作泡菜的是井盐，其次是岩盐。

出坯盐水使用后可继续用于同品种蔬菜出坯，但每次应按比例加入盐，以保持浓度。

2. 泡制中的管理

① 泡菜的关键是忌沾油、忌杂菌。注意在发酵期间保持坛子的密闭，防止杂菌感染。泡菜中切忌带入油脂，如果带入油脂，杂菌分解油脂，易产生臭味。

② 水槽的清洁卫生：注意坛沿内清洁，严防水干，定期换水，防止感染杂菌引起起漩、变质、变软。

③ 定期取样检查：定期取样检查测定乳酸含量和 pH 值，待原料的乳酸含量达 0.4％为初熟，0.6％为成熟，0.8％为完熟，其 pH 值为 3.4～3.9。一般来说，泡菜的乳酸含量为 0.4％～0.6％时，品质较好，0.6％以上则酸。泡制过程中不可随意揭开坛盖，以免空气中杂菌进入坛内，引起盐水生花、长膜。

3. 成品管理

泡菜成熟后，应及时取出包装，品质最好，不宜久储坛内，以免品质变劣。

任务二　糖水梨罐头加工

实训目标

① 理解和掌握罐头保藏加工原理。
② 会制作典型果蔬罐头，熟悉操作要点。
③ 了解原料对果蔬罐头加工品质的影响。

一、加工前的准备

(一)背景知识

1809 年，世界贸易兴旺发达，长时间生活在船上的海员，因吃不上新鲜的蔬菜、水果等食品而患病，有的还患了严重威胁生命的败血症。法国拿破仑政府用 12000 法郎的巨额奖金，征求一种长期储存食品的方法。很多人为了得奖，都投入了研究活动。其中有个经营蜜饯食品的法国人阿贝尔，他用全部精力进行不断的研究和实践，终于找到了一个好办法：把食品装入宽口玻璃瓶，用木塞塞住瓶口，放入蒸锅加热，再将木塞塞紧，并用蜡封口。这样，最早的罐头出现了。阿贝尔得到了法国政府的奖励，其发明的罐头也受到了海员们的热烈欢迎。罐头加工技术后来很快传到欧洲各国。罐头生产技术在 19 世纪才传入我国。

果蔬罐藏法是果蔬加工的一种主要方法，它是将果蔬加入容器中密封，再经高温处理，杀死能引起食品腐败、产毒及致病的微生物，同时破坏食品原料的酶活性，维持密封状态，防止微生物再次入侵，并能在室温下长期保存的方法。

衡量产品是否是罐头产品，取决于产品的制造过程。罐头食品是将食品原料预处理后装入能密封的容器，添加或不添加罐液，经排气（或抽气）、密封、杀菌和冷却等工序制作而成的一类别具风味的产品。

果蔬罐头按照加工方法可分为：清汁类、调味类、糖水类、糖浆类、果酱类、果蔬汁类、什锦类等。

中华人民共和国成立后，我国的果蔬罐头加工业得到了飞速发展，特别是改革开放的 20 多年里更是取得了巨大的成就。目前我国的果蔬罐头加工业已具备了一定的技术水平和较大的生产规模，外向型果蔬罐头加工产业布局已基本形成。各地根据自身的资源特点和优势以及原料的加工特性，同时根据国际市场对产品的要求，发展了具有地方资源特色的果蔬罐头加工业，如水果罐头加工主要分布在东南沿海地区，蔬菜罐头加工中的番茄加工基地主要分布在西北地区（新疆、宁夏和内蒙古），蘑菇、芦笋产业带分布在中南部地区。

果蔬罐头加工业在我国农产品出口贸易中占有重要地位。我国的果蔬罐头产品已在国际市场上占据绝对优势和市场份额。水果罐头年产量可达 130 多万吨，有近 60 万吨用于出口，出口量约占全球市场的 1/6，出口额达 4 亿多美元。在出口的诸多产品中，橘子罐头的产量最大，约 30 万吨，占出口量的近 50%，占世界产量的 75%，占国际贸易量的 80% 以上；其次是桃子罐头，每年的出口量在 7 万吨左右，其未来发展空间很大；再次是菠萝、梨、荔枝等产品。同时，全行业市场集中度较高，其中位居行业前 10 位的企业占据了 30% 的市场份额。蔬菜罐头出口量超过 140 万吨，其中蘑菇罐头占世界贸易量的 65%，芦笋罐头占世界贸易量的 70%。

(二)原理与工艺流程

1. 原理

(1) 利用密封原理，防止罐内食品受到二次污染。密封使罐内与外界环境隔绝，防止有害微生物的再次侵入引起罐内食品的腐败变质。

(2) 利用加热杀菌原理，杀灭对罐内食品产生危害的微生物及酶类。加热可杀灭大部分微生物，抑制酶的活性，软化原料组织，固定原料品质。同时加热灭菌可杀死一切有害的产毒致病菌以及引起罐头食品腐败变质的微生物，改善食品质地和风味，实现罐头内食品长期保藏的目的。

(3) 通过排气操作，消除罐内对食品产生不良影响的氧气。排气可除去果蔬原料组织内部及罐头顶隙的大部分空气，抑制好气性细菌和霉菌的生长繁殖，有利于罐头内部形成一定的真空度，保证大部分营养物质不被破坏。

2. 工艺流程

梨 → 原料处理 → 热烫、冷却 → 装罐注液 → 排气 → 封罐 → 杀菌 → 成品

(三)原辅料和设备

1. 原辅料

梨、柠檬酸、纯净白砂糖、食盐、异抗坏血酸钠等。

2. 仪器设备

玻璃瓶、不锈钢刀，水果刨、汤匙、不锈钢锅，糖量计、温度计、天平、电磁炉、手套（含一次性和绒布两种）等。

3. 配方

我国目前生产的糖水水果罐头，一般要求开罐糖度为 14%～18%（糖液含 0.1%～0.2%柠檬酸）。将原料挤汁，用手持糖度仪测定含糖量，根据测定值用下式计算加入糖液的浓度：

$$Y = \frac{W_3 Z - W_1 X}{W_2} \times 100\%$$

式中　Y——糖液浓度,%；

$\quad W_1$——每罐装入果肉量, g；

$\quad W_2$——每罐加入糖液量, g；

$\quad W_3$——每罐净重, g；

$\quad X$——梨果肉含糖量（热烫、冷却后测）,%；

$\quad Z$——要求开罐时糖液浓度,%。

(四)操作要点

1. 原料选择及处理

选择成熟度一致、无病虫害及机械伤的果实，用水果刨去皮并对半切开，用汤匙挖去果心，切成大小在 30～50 mm 的梨块后立即投入 2%食盐水溶液中，以防变色。

2. 热烫

经整理过的果实，投入沸水中热烫 5～10 min，软化组织至果肉透明为度，投入冷水中冷却，并进行修整。

3. 装罐、注液

经热烫、冷却、修整后的果实装玻璃罐，装罐时果块尽可能排列整齐并称重，然后注入 80℃的热糖液（糖液含 0.1%～0.2%柠檬酸）。

糖液配制：所配的糖液浓度，依水果种类、品种、成熟度、果肉装量及产品质量标准而定。我国目前生产的糖水水果罐头，一般要求开罐糖度为 14%～18%，本实验采用 16%。

称取所需砂糖和用水量，置于锅内加热溶解并煮沸后，加 0.1%～0.2%柠檬酸、0.03%异抗坏血酸钠，用 200 目滤布过滤，每罐注入约 117 g 糖水，注糖水时要注意留 8～10 mm 的顶隙。

4. 排气及封罐

装满的罐放在热水锅中，罐盖轻放在上面，在 95℃下加热至罐中心温度达到 75～85℃，经 5～10 min 排气，立即封盖。

5. 杀菌及冷却

封罐后将罐放到热水锅中继续煮沸 20 min，然后逐步用 70℃、50℃、30℃温水冷却，擦干。

二、实操工作

① 以小组为单位，准备加工所需的原辅料。
② 以小组为单位检查加工设备的完好性、清洁度。
③ 填写关键控制点如下表单。

记录表格 1　梨罐头加工实验数据

产品名称	原料质量/g	整理后净重/g	糖液浓度/%	装罐果肉重/g	数量

三、质量评价标准（参照 QB 1379—2014《梨罐头》）

1. 梨罐头的感官评价

表 1　感观评价

项　目	优级品	合格品
色　泽	果肉呈白色、黄白色、浅黄白色，色泽较一致；汤汁澄清，可有少量果肉碎屑	果肉色泽正常，可有轻微变色果块；汤汁可有少量果肉碎屑
滋味、气味	具有该品种梨罐头应有的滋味、气味，无异味	具有该品种梨罐头应有的滋味、气味，无异味
组织状态	组织软硬适度，食之无明显石细胞感觉；块形完整，可有轻微毛边；同一罐内果块大小均匀	组织软硬较适度，块形基本完整，过度修整、轻微裂开的果块不超过总固形物含量的 20%（梨碎丁罐头除外），可有少量石细胞和毛边；同一罐内果块尚均匀

2. 糖水浓度

开罐时，按折光计，优级品为 14%～18%，合格品为 12%～18%。

3. 微生物指标

应符合罐头食品商业无菌要求。

4. 食品添加剂质量

应符合相应的标准和有关规定。食品添加剂的品种和使用量应符合 GB 2760—2014 的规定。

四、关键控制点

1. 梨护色处理

梨去皮后，护色要及时，以免暴露在空气中过长引起加深褐变，影响产品色泽。

2. 糖液配制

计算要准确。生产时装罐时所需糖液浓度，一般可根据水果种类、品种和产品等级而定。

3. 罐头的排气及封罐

排气和封罐是罐头加工中的关键环节，处理的好坏直接影响产品质量。

4. 罐头的杀菌

罐头杀菌要彻底，杀菌时要使整个罐头没于水中，使罐体杀菌均匀。

任务三 脱水蔬菜加工

实训目标

① 掌握蔬菜干制基本原理。
② 熟悉蔬菜干制工艺流程，掌握热风干制技术。
③ 了解原料对果蔬干制品加工品质的影响。

一、加工前的准备

(一)背景知识

果蔬干制就是在自然或人工控制的条件下促使果蔬原料水分蒸发脱除的工艺过程。干制加工要求的设备可简可繁，生产技术较容易掌握。果蔬干制品种类多，体积小，重量轻，营养丰富，食用方便，并且易于运输与储存。果蔬干制品在外贸出口、方便食品的加工以及地质勘探、航海、军需、备战备荒等方面都有着十分重要的意义。

脱水蔬菜又称复水菜，是将新鲜蔬菜经过洗涤、烘干等加工制作，脱去蔬菜中大部分水分后制成的一种干菜。蔬菜原有色泽和营养成分基本保持不变，既易于储存和运输，又能有效地调节蔬菜生产淡旺季节。食用时只要将其浸入清水中即可复原，并保留蔬菜原来的色泽、营养和风味。

脱水蔬菜主要有两种。

① AD 蔬菜，又名烘干蔬菜。使用烘干脱水机制作出的脱水蔬菜统称为 AD 蔬菜。
② FD 蔬菜，又名冷冻蔬菜。使用冷冻脱水机制作出的脱水蔬菜统称为 FD 蔬菜。

我国蔬菜资源丰富，品种繁多，给脱水蔬菜的生产提供了充分的资源。同时，脱水蔬菜生产属于劳动密集型产业，国内劳动力成本相对较低，产品具有市场竞争优势。我国脱水蔬菜工厂化生产的历史不长，但总体规模逐步扩大，产量增加，出口得到飞速发展。目前，我国的脱水蔬菜出口份额占世界总量的一半以上。

(二)原理与工艺流程

1. 原理

果品蔬菜的腐败主要是微生物繁殖的结果。微生物在生长和繁殖过程中离不开水和营养物质。果品蔬菜既含有大量水分，又富有营养，是微生物良好的培养基，只要遇到适当的机会（如创伤、衰老），微生物就乘虚而入，造成果蔬腐烂。果蔬干制就是借助热能减少果蔬中的水分，降低水分活度而将可溶性物质的浓度增高，从而抑制微生物生长。同时，蔬菜本身所含酶的活性也受到抑制，达到产品长期保存的目的。

2. 工艺流程

原料 → 清洗 → 去皮 → 切片 → 热烫 → 冷却 → 护色 → 离心 → 干制 → 回软 → 包装

(三)原辅料和设备

1. 原辅料

胡萝卜、$NaHSO_3$ 等。

2.仪器设备

不锈钢刀、案板、不锈钢盆、热风干燥箱、离心机、烘盘、聚乙烯袋、温度计等。

(四)操作要点

①胡萝卜在切分前要人工去除胡萝卜的黑斑、根须及凹陷部分的污物，同时去除含苦味成分的外皮，然后用机器将原料切分为 3～5 mm 厚的片。

②将胡萝卜片放入 95℃±3℃ 的热水中热烫 90 s，然后立即用自来水冷却，再在浓度为 0.2% 的 $NaHSO_3$ 溶液中浸泡 1～2 min，而后用离心机沥干水分。

③干制　胡萝卜一般干燥温度 65～75℃，这里采用 70℃±3℃ 完成干燥，时间需 6～7h。干制时由于初期水分含量高，前 3 h 要每隔 1 h 翻动产品以加速干燥。

④回软　将干燥后的产品选剔过湿、过大、过小、结块以及细屑等，待冷却后立即堆积起来或放在密闭容器中，使水分平衡。一般菜干回软 1～3 天。

二、实操工作

① 以小组为单位，准备加工所需的原辅料。

② 以小组为单位检查加工设备的完好性、清洁度。

③ 填写关键控制点如下表单。

记录表格 1　脱水蔬菜加工记录表

产品名称	原料重量/g	成品净重/g	干制温度/℃	干制时间/h	干燥率/%

三、质量评价标准(参照 NY/T 959—2006《脱水蔬菜　根菜类》)

表 1　脱水蔬菜　根菜类的感官指标

项目	指标
色泽	与原料固有的色泽相近或一致
形态	各种形态产品的规格应均匀一致，无黏结
气味和滋味	具有原料固有的气味和滋味，无异味
复水性	95℃热水浸泡 2 min，基本恢复脱水前的状态
杂质	无
霉变	无

表 2　脱水蔬菜　根菜类的理化指标

项目		指标
水分/%	≤	8.0
总灰分（以干基计）/%	≤	6.0
酸不溶性灰分（以干基计）/%	≤	1.5

表 3 脱水蔬菜 根菜类的卫生指标

项目		指标
砷（以 As 计）/（mg/kg）	≤	0.5
铅（Pb）/（mg/kg）	≤	0.2
镉（以 Cd 计）/（mg/kg）	≤	0.05
汞（以 Hg 计）/（mg/kg）	≤	0.01
亚硝酸盐（以 $NaNO_2$ 计）/（mg/kg）	≤	4
亚硫酸盐（以 SO_2 计）/（mg/kg）	≤	30
菌落总数/（cfu/g）	≤	100000
大肠菌群/（MPN/100g）	≤	300
致病菌（沙门氏菌、志贺氏菌、金黄色葡萄球菌）		不得检出

食品添加剂质量应符合相应的标准和有关规定。食品添加剂的品种和使用量应符合 GB 2760—2014 的规定。

四、关键控制点

1. 热烫

热烫的目的是使原料色泽更鲜艳，组织柔韧，消除异味，防止褐变。在热烫时注意热烫的温度和时间要到位，才能破坏原料中酶的活性，抑制酶促褐变，又能保证原料组织不过于软烂。

2. 干制过程中的管理

做好温度管理，注意及时通风排湿和倒换烘盘。干燥介质的温度和相对湿度决定干燥速度的快慢。温度过高，会使果蔬汁液流出，糖和其他有机物质发生焦化或褐变，影响制品品质；温度过低，干燥时间延长，产品容易氧化褐变，严重者发霉变味。另外，为了使成品干燥程度一致，尽可能地避免干湿不均匀状态，必须倒换烘盘。

3. 产品的回软

回软又称均湿、发汗或水分的平衡，目的是通过干制品内部与外部水分的转移使各部分含水量均衡，呈适宜的柔软状态，以便产品处理和包装运输。不同果蔬的干制品回软所需时间也不同，少则 1~3 天，多则需 2~3 周。

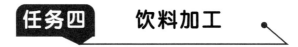

任务四 饮料加工

实训目标

① 理解果蔬汁制品加工的基本原理。
② 熟悉浑浊汁工艺操作要点及成品质量要求。
③ 能够解决果蔬汁生产中的变色、沉淀等质量问题。

一、加工前的准备

(一)背景知识

果蔬汁是将新鲜水果、蔬菜经挑选、洗净、榨汁或浸提等预处理制成的汁液装入包装容器中，经密封杀菌，能得以长期保藏。这类产品营养价值较高，易被人体吸收，可以直接饮用或作其他食品的原料，但不包括果汁含量小于 5％ 的果味饮料。

果蔬汁饮料可以分为澄清汁和浑浊汁两种类型。果蔬汁饮料要求清亮透明或有均匀的浑浊度。

(二)原理与工艺流程

1. 原理

果蔬汁饮料的生产是采用物理的方法，如压榨、浸提、打浆等，破碎果实制取汁液，再通过加糖、酸、香精、色素等混合调整后，杀菌灌装而制成。

2. 工艺流程

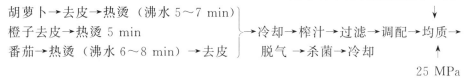

(三)原辅料和设备

1. 原辅料

胡萝卜、番茄、橙子、白糖、蜂蜜、柠檬酸、稳定剂、香精、乙基麦芽酚、食盐。

2. 仪器设备

不锈钢锅、榨汁机、胶体磨、均质机、塑料瓶、过滤筛网（40 目、100 目、200 目）、封口机、温度计、量杯、台秤、天平、电磁炉、汤勺等。

3. 配方（以果汁量算）

胡萝卜∶番茄∶橙子＝15∶12∶10

蜂蜜 0.5％，白糖 8％，柠檬酸 0.4％，乙基麦芽酚 0.015％，食盐 0.06％，稳定剂 0.3％。

香精：做三种选择，进行比较

配方 A：不加香精。

配方 B：橙子香精 0.08％（香精热脱气后，最后加）。

配方 C：薄荷香精 0.05％（香精热脱气后，最后加）

(四)操作要点

① 稳定剂要与白糖混合后加入果汁中均质，以防稳定剂单独加入时遇水凝结成块。

② 均质作用使料液充分均匀混合，有效防止浆液分层、沉淀，保持饮料稳定的均匀悬浮状态，口感细腻润滑，均质压力为 25 MPa。

③ 均质后，采用加热脱气，脱气后立即灌装、封盖。杀菌在 90℃ 左右，时间 10 min。杀菌后立即冷却，如用玻璃瓶灌装，杀菌后分段冷却至室温（95℃→70℃→50℃→38℃）

二、实操工作

① 以小组为单位，准备加工所需的原辅料。

② 以小组为单位检查加工设备的完好性、清洁度。

③ 填写关键控制点如下表单。

记录表格1　复合果蔬汁加工记录单

产品名称													
原料原始重量/g	番茄	胡萝卜		橙子									
调配/g	过滤前			过滤后总果汁量	水	食盐	白砂糖	蜂蜜	柠檬酸	稳定剂	香精	乙基麦芽酚	
	番茄汁	胡萝卜汁	橙汁										
杀菌时间/min													
果汁出汁率（标明每种）													

三、质量评价标准

1. 复合果蔬汁的感官评价

表1　感官评价

项目	指标
色泽	具有复配后应有的色泽，呈深红黄色，颜色均匀一致
组织状态	汁液均匀，久置后允许少量沉淀，但摇动后呈均匀状态
风味	清甜适口，口感细腻、柔和，风味协调，兼有淡淡的胡萝卜汁和鲜橙的成熟香味，无异味

2. 理化指标

表2　理化指标

项目		指标
总砷（以As计）/（mg/L）	≤	0.2
铅（Pb）/（mg/L）	≤	0.05
铜（Cu）/（mg/L）	≤	5
二氧化硫残留量（SO_2）/（mg/L）	≤	10

3. 微生物指标

表3　微生物指标

项目		指标
菌落总数/（cfu/mL）	≤	100
大肠菌群/（MPN/100mL）	≤	3
霉菌/（cfu/mL）	≤	20
酵母/（cfu/mL）	≤	20
致病菌（沙门氏菌、志贺氏菌、金黄色葡萄球菌）		不得检出

食品添加剂质量应符合相应的标准和有关规定。食品添加剂的品种和使用量应符合GB

2760—2014 的规定。

四、关键控制点

① 饮料配方的调配计算要准确，以免因计算错误而导致配制错误，从而影响产品的口感。

② 果汁均质时，胶体磨和均质机要正确操作。要熟悉仪器的操作要点，能够熟练操作仪器，避免因操作不当导致仪器故障。

项目四 水产食品的开发与制作

任务一 鱼松制作

实训目标

① 学会选择生产鱼松的鱼种。
② 学会鱼松加工的主要工序和加工生产。
③ 学会使用鱼松加工的主要设备设施。
④ 能进行鱼松生产品质管理。

一、加工前的准备

(一)背景知识

鱼松是用鱼类肌肉制成的绒毛状、色泽金黄的调味干制品，其蛋白质含量高，含有人体必需的氨基酸、维生素 B_1、维生素 B_2，尼克酸及钙、磷、铁等无机盐，鱼松易被人体消化吸收，对儿童和病人的营养摄取很有益处。

(二)原理与工艺流程

1. 原理

选择肌肉纤维较长的鱼类，通过蒸煮、去皮、去骨，调味炒松、晾干等工艺操作，使鱼类肌肉失去水分，制成色泽金黄、绒毛状的干制品。

2. 工艺流程

原料处理 → 蒸煮 → 去皮、骨 → 拆碎、晾干 → 调味炒松 → 冷却 → 包装、成品

(三)原辅料与设备

1. 原辅料

鱼、猪油、酱油、白糖、葱、姜、花椒、桂皮、茴香、骨头汤、味精等。

2. 仪器及设备

电磁炉、蒸锅、炒锅、台秤、电子天平、塑料盆、不锈钢碗、铲子、砧板、刀、量杯、小勺、纱布等。

(四)操作要点

1. 原料选择及处理

各种可食性海、淡水鱼类都可以制成鱼松，但以白色肉且肌肉纤维较粗的鱼制出的鱼松品质为佳。原料鱼要求鲜度良好，通常用鲜度标准二级的鱼，变质鱼严禁使用。一般要 6 kg 鲜鱼加工 1 kg 成品。

新鲜鱼洗净去鳞后即进行腹开，取出内脏、黑膜等，再去头，充分洗净，滴水沥干。

2. 蒸煮

体形较大的鱼可预先剖成两片或三片，蒸煮的目的是便于取出鱼肉。

沥水后的鱼放入蒸笼，蒸笼底要铺上湿纱布，防止鱼皮、肉黏着和脱落到水中，锅中放清水（约容量的1/3）后加热，水煮沸15 min后即可取出鱼。

3.去皮、骨

将蒸熟的鱼趁热去皮，拣出骨、鳍、筋等，留下鱼肉。可允许一些细小的骨刺留在鱼肉中，在炒制时这些细小的骨刺会酥化不见。

4.拆碎、晾干

将鱼肉放入清洁的碗内，在通风处晾干（或挤干），并随时将肉撕碎。

5.调味炒松

（1）调味料的配制　可根据消费地区、对象的具体情况，将调味料配方做适当调整，使鱼松的风味适合消费者的口味。调味液配方（供15 kg原料调味）：原汤汁（猪骨或鸡骨汤）1 kg，水0.5 kg，酱油400 mL，白糖200 g，葱、姜200 g，花椒25 g，桂皮150 g，茴香200 g，味精适量。配制时，先将原汤汁放入锅中烧热，然后倒入酱油、桂皮、茴香、花椒、糖、葱、姜等，最好将桂皮等五香料放在纱布袋中，连袋放入，以防夹带到鱼松的成品里去，待煮沸熬煎后加入适量味精，即取出盛放碗中，待用。

（2）炒松　洗净的锅中加入生油（最好是猪油），等油熬熟，即将前述晾干并撕碎的鱼肉放入并不断搅拌，充分炒松，约20 min，等鱼肉变成松状，即将调味液喷洒在鱼松上，随时搅拌，直至色泽和味道均很适合为止。炒松要用文火，以防鱼松炒焦发脆。

6.冷却、包装

炒好的鱼松自锅中取出，放在碗中，冷却后装瓶。玻璃瓶要预先清洗干净、并用烘箱烘干。

二、实操工作

① 以小组为单位，准备加工所需的原辅料。

② 以小组为单位检查加工设备的完好性、清洁度。

③ 填写关键控制点如下表单。

记录表格1　解冻、修整、清洗

日期	原料名称	产品数量/kg	解冻起始时间	解冻结束时间	解冻后感官是否正常	表面鱼鳞、筋、血污等是否剔除干净	其他	操作人

记录表格2　蒸煮

日期	产品重量/kg	水沸时间	蒸煮起始时间	蒸煮结束时间	操作人

记录表格 3　配料汁

日期	原汤汁/kg	白糖/kg	食盐/kg	酱油/L	黄酒/L	味精/kg	桂皮/g	茴香/g	花椒/g	葱/g	姜/g	其他	操作人

记录表格 4　炒制

日期	产品重量/kg	炒制起始时间	炒制结束时间	温度/℃	配料汤汁/g	炒制后产品的重量/kg	操作人

记录表格 5　真空包装封口

生产日期	产品名称	感官是否正常	封口设定温度/℃	封口设定时间/s	抽真空设定时间/s	操作人

三、质量评价标准（GB/T 23968—2009《肉松》）

表 1　感官指标

项　目	指　标		
	肉松	油酥肉松	肉粉松
形态	呈絮状，纤维柔软蓬松，允许有少量结头，无焦头	呈疏松颗粒状或短纤维状，无焦头	呈疏松颗粒状，颗粒细微均匀，无焦头
色泽	呈肉的天然色泽或浅黄色，色泽均匀，稍有光泽	呈棕褐色或黄褐色，色泽均匀，稍有光泽	呈金黄色或棕褐色，色泽均匀，稍有光泽
滋味与气味	味浓郁鲜美，甜咸适中，香味纯正，无其他异味	具有酥香、甜特色，味浓郁鲜美，甜咸适中，油而不腻，香味纯正，无其他不良气味	具有肉香特色，味鲜美，甜咸适中，油而不腻，无其他不良气味
杂质	无肉眼可见杂质		

表 2　理化指标

项　目		指　标	
		肉　松	油酥肉松
水分/（g/100 g）	≤	20	符合 GB2726 的规定
脂肪/（g/100 g）	≤	10	30
蛋白质/（g/100 g）	≥	32	25
氯化物（以 NaCl 计）/（g/100 g）	≤	7	
总糖（以蔗糖计）/（g/100 g）	≤	35	

续表

项　目		指　标	
		肉　松	油酥肉松
淀粉/（g/100 g）	≤	2	
铅（Pb）/（mg/kg）		符合 GB 2726 的规定	
无机砷/（mg/kg）			
镉（Ca）/（mg/kg）			
总汞（以 Hg 计）/（mg/kg）			

表 3　微生物指标

项　目		指　标		
		肉松	油酥肉松	肉粉松
菌落总数/（cfu/g）	≤	30000	30000	30000
大肠菌群/（MPN/100 g）	≤	40	40	40
致病菌（沙门氏菌、金黄色葡萄球菌、志贺氏菌）		不得检出		

四、关键控制点

① 原辅料质量

原料鱼的验收和储存。

② 炒制过程中的温度控制

炒送机的温度控制。

③ 食品添加剂

按照 GB 2760 的添加量严格控制使用范围和使用方法。

任务二　香酥鱼制作

实训目标

① 学会选择生产水产油炸的作用和变化。

② 掌握水产油炸食品的主要工序和加工生产技术。

③ 学会使用水产油炸食品加工的主要设备设施。

④ 能进行水产油炸食品生产品质管理。

一、加工前的准备

(一)背景知识

油炸作为食品熟制和干制的一种加工工艺由来已久，是古老的烹调方法之一。油炸是指经过加工调味或挂糊的原料（包括生原料、半成品、熟制品）或只经干制的生原料，以食用油为加热介质，经过高温炸制或浇淋制成的熟肉类制品。油炸将食品快速致熟，营养成分最大限度地保持在食品内不易流失，赋予食品特有的油香味和金黄色，使食品经高温灭菌可短时期储存。

1. 油炸的作用

油炸食物时，油可以提供快速而均匀的传导热，首先使制品表面脱水而硬化，出现壳膜层；使表面焦糖化及蛋白质和其他物质分解，产生具有油炸香味的挥发性物质。由于表层硬化固定，使内部形成一个小的"密封舱"，同时在高温下物料迅速受热，内部水蒸气蒸发受阻，而在"密封仓"内形成蒸汽环流。在"密封仓"一定压力作用下，水蒸气穿透作用增强，穿透组织细胞，通过热传导和蒸汽加压使制品在短时间内熟化。在油炸的最初阶段，由于水分蒸发强烈，食品表层和深层温度不超过 100℃，此时蛋白质凝结，部分水分被排出，使食品体积缩小。而后制品表面形成干燥膜，水分蒸发受阻，经热传导使食品深层温度上升并保持在 105℃左右，由于内部含有较多水分，部分胶原蛋白水解，使产品外焦里嫩。

2. 油炸时的变化

油炸温度依据产品种类及物料体积大小不同而定。温度高、体积小，可缩短炸制时间，反之则延长时间。当温度过高而物料体积大时，炸制时间短则产品外熟里生，时间长则表面炭化。炸制温度低、时间长，则产品松软，表面不易形成硬膜。如食品含水分多或表面挂浆，则炸制温度高、时间较长。最终以产品质量确定温度和时间。

(二)原理与工艺流程

1. 原理

以小黄鱼等海水鱼为原料，经腌制、油炸、调味、干燥等工艺，加工制作水产调味干制品。

2. 工艺流程

(三)原辅料和设备

1. 原辅料

小黄鱼、食用油、盐、鸡精、白糖、料酒、生姜、五香粉、花椒、香叶、大茴香等。

2. 仪器及设备

油炸锅、热风循环烘箱、高压反式杀菌锅、电磁炉、真空封口机、台秤、电子天平、塑料盆、不锈钢碗、不锈钢烘盘、砧板、刀、量杯、小勺等。

(四)操作要点

1. 原料处理

原料可以选用鲜鱼或冷冻鱼，但以鲜鱼为原料加工的制品品质更好。冻鱼用流水解冻（水温低于 10℃），再用清水清洗干净待用。

2. 前处理

将原料鱼置于砧板上，分别去鳞、去鳃、去头、去内脏，然后用水洗净鱼体的血污、内脏碎片及黑色的腹膜。

3. 腌制

将处理后的小黄鱼放入 4%～6% 的盐水中，浸渍 20 min。鱼与水的的比例为 1∶2，浸渍时每 5 min 搅拌一次。浸渍后捞出，用水冲洗，沥去水分。或是放入 60℃烘箱中烘至半干，小黄鱼表面无明显水分为宜。

4. 油炸

将腌制好的鱼置于预先加热到 170℃的色拉油中，油炸时间为 8～10 min，小黄鱼呈金黄色，取出沥油。

5.调味

a.配料（按水的百分比计）：白糖 1.8%，鸡精 0.5%、料酒 1.0%、香叶 0.2%、花椒 0.15%、大茴香 0.2%、五香粉 0.2%、生姜 1.5%。

b.配制方法：将花椒、生姜、大茴香和香叶冲洗干净，纱布包好，放入锅内加入适量的水，煮制 20 min（微沸状态），再将白糖、五香粉一同倒入锅中加热至沸。最后加入料酒和鸡精，制成调味液。

c.浸调味液：将油炸后的小黄鱼趁热浸入预先配制好的调味液（温度应保持在 70℃ 左右）中进行调味处理，调味液与鱼＝2∶1，在室温下浸渍 2～3 min，充分吸收调味液。

6.烘干

将调味处理后的油炸小黄鱼放于食品电热烤箱中烤制，烤制温度 100℃，烤制时间 1.5 h。

7.包装杀菌

烤制结束，待香酥小黄鱼冷却后，采用软包装真空封口机封口。杀菌条件为 20 min/108℃，反压冷却至 40℃ 以下时出锅。

二、实操工作

① 以小组为单位，准备加工所需的原辅料。
② 以小组为单位检查加工设备的完好性、清洁度。
③ 填写关键控制点如下表单。

记录表格 1　解冻、修整、清洗

日期	原料名称	产品重量/kg	解冻起始时间	解冻结束时间	解冻后感官是否正常	表面鱼鳞、筋、血污等是否剔除干净	其他	操作人

记录表格 2　盐水腌制

日期	产品重量/kg	盐/g	水/kg	腌制起始时间	腌制结束时间	操作人

记录表格 3　油炸

日期	产品重量/kg	油炸起始时间	油炸结束时间	油温/℃	油炸后产品感官品质	操作人

记录表格 4　配调味汁

日期	水/kg	白糖/g	鸡精/g	黄酒/g	香叶/g	花椒/g	茴香/g	五香粉/g	姜/g	煮制起始时间	煮制结束时间	操作人

记录表格 5　烘烤

日期	产品重量/kg	烘烤起始时间	烘烤结束时间	温度/℃	操作人

记录表格 6　真空包装封口

生产日期	产品名称	感官是否正常	封口设定温度/℃	封口设定时间/s	抽真空设定时间/s	操作人

三、质量评价标准（执行 GB 10136—2015《动物性水产制品》）

表 1　感官指标

项　目	要　求	检验方法
色泽	具有该产品应有的色泽	取适量样品置于白色瓷盘上，在自然光下观察色泽和状态，嗅其气味，用温开水漱口，品其滋味
滋味、气味	具有该产品正常的滋味、气味，无异味、无酸败味	
状态	具有该产品正常的形状和组织状态，无正常视力可见的外来杂质，无霉变、无虫蛀	

表 2　理化指标

项　目		指　标	检验方法
过氧化值（以脂肪计）/（g/100 g）			
盐渍鱼（鳕鱼、鲅鱼、鲑鱼）	≤	4.0	
盐渍鱼（不含鳕鱼、鲅鱼、鲑鱼）	≤	2.5	GB 5009.227
预制水产干制品	≤	0.6	
组胺/（mg/100 g）			
盐渍鱼（高组胺鱼类[①]）	≤	40	GB/T 5009.208
盐渍鱼（不含高组胺鱼类）	≤	20	
挥发性盐基氮/（mg/100 g）			
腌制生食动物性水产品	≤	25	GB 5009.228
预制动物性水产制品（不含干制品和盐渍制品）	≤	30	

①高组胺鱼类：指鲐鱼、鲹鱼、竹荚鱼、鲭鱼、鲣鱼、金枪鱼、秋刀鱼、马鲛鱼、青占鱼、沙丁鱼等青皮红肉海水鱼。

表 3 微生物限量

项 目	采样方案①及限量				检验方法
	n	c	m	M	
菌落总数/（cfu/g）	5	2	5×10^4	10^5	GB 4789.2
大肠菌群/（cfu/g）	5	2	10	10^2	GB 4789.3 平板计数法

①样品的采样及处理按 GB 4789.1 执行。

污染物限量应符合 GB 2762《食品中污染物限量》的规定，农药残留限量应符合 GB 2763《食品中农药最大残留限量》的规定，兽药残留量应符合国家有关标准和公告。

四、关键控制点

① 浸调味液时，调味液应保持一定温度，以加快调味汤汁向鱼内部渗透的速度，从而保持产品的质量，调味液的温度以 65～75℃为宜。

② 油炸时必须掌握好油温和油炸时间。油温太高或炸时太长，鱼皮起泡、皮色焦黑；油温太低，着色时间长，鱼体失脂太多、肉质老化影响嫩度，着色也不佳。

任务三　鱼糜制品制作

实训目标

① 知道鱼糜制品弹性形成的机理及其影响弹性的因素。
② 会选择生产鱼糜制品的原辅料。
③ 会鱼糜制品的主要工序和加工生产。
④ 会使用鱼糜制品加工的主要设备设施。
⑤ 能进行鱼糜制品生产品质管理。

一、加工前的准备

（一）背景知识

鱼糜英文名为 frozen fish paste（在日本又称为 SURIMI），是一种新型的水产调理食品原料。由于它调理简便、细嫩味美，又耐储藏，颇适合城市消费。这类制品既能大规模工厂化制造，又能家庭式手工生产；既可提高低值鱼的经济价值，又能为人们所接受，因而是一种很有发展前途的水产制品。

鱼糜制品，是在鱼肉中加入 2%～3%的食盐擂溃成黏稠的鱼浆后，添加一定辅料调味混匀，成型，对其进行水煮、油炸、焙烤、烘干等加热处理使之凝固，形成富有弹性的具有独特风味的胶状水产食品。鱼糜制品的种类很多，主要有鱼丸、鱼糕、鱼香肠、鱼肉火腿、鱼卷、鱼面、燕皮、模拟蟹肉、模拟虾仁、模拟干贝、鱼排、海洋牛肉等。

早期的鱼糜制品如我国福州、潮州一带的鱼丸和日本的鱼糕、鱼卷等都是传统的民间食品，工业化生产鱼糜制品始于日本，早期规模较小。近年来，世界上愈来愈多的国家也开始对鱼糜制品这一新型的水产食品给予相当的关注，并对鱼糜制品的生产技术不断进行更科学的改良，不仅使生产效率得到更大提高，还生产出更多的花色品种。

(二)原理与工艺流程

1. 原理

使鱼肉形成富有弹性的凝胶体，保证和突出鱼糜制品的弹性。

2. 工艺流程

(三)原辅料与设备

1. 原辅料

鱼、食盐、淀粉、三聚磷酸钠、焦磷酸钠、味精、蛋清、猪膘肉、白糖、冰块。

2. 仪器与设备

斩拌机、擂溃机、薄膜封口机、精滤机、电磁炉、蒸锅、台秤、电子天平、塑料盆、不锈钢碗、砧板、刀、保鲜膜、小勺、滤布等。

(四)操作要点

1. 原料处理

采用冷冻新鲜鱼，鱼体完整，肌肉富有弹性，骨肉紧密连接，鲜度应符合一级鲜度。使用前应解冻，以半解冻状态为宜。原料鱼除去鱼鳞、去头、内脏，用流水洗净鱼体表面黏液和杂质，洗净腹腔内血污、内脏和黑膜，水温不超过 15℃，最后开背。

2. 采肉

用小勺刮下鱼体上鱼肉，避免附于鱼皮的暗色肉、脂溶性色素、鱼刺等混入鱼肉中。或用采肉机采肉。

3. 漂洗

使鱼肉和水比例 1：7 混合，迅速搅拌 4～5 min，静置 10 余分钟，倾去表面漂洗的水分，重复 3 次，水温控制在 10℃ 以下（可在漂洗水中加入冰块）。最后一次漂洗水中添加 0.2% 的食盐。

4. 精滤

将漂洗后的鱼肉用滤布预脱水，然后进入精滤机，除去骨刺、皮、腹膜等，精滤机的孔径为 1.5～2 mm。在该操作过程中，鱼肉温度应控制在 10 度以下，最高不得超过 15℃。必要时，鱼肉先降温。

5. 脱水

精滤后鱼糜在脱水机中脱水 60～90 s，用手挤压指缝至没水渗出。

6. 擂溃或斩拌（见表 1）

操作过程分为空擂、盐擂和调味擂 3 个阶段。擂溃或斩拌过程中注意温度控制，使鱼糜保持较低温度。整个擂溃或斩拌过程可酌情分次加入碎冰，碎冰的添加量在 20%～30% 左右。

表 1 擂溃或斩拌各阶段操作时间、添加辅料及注意事项表

操作阶段	时间/min	添加辅料	备注
空擂	3~5		
盐擂	15~20	盐（以鱼糜重量计2.2%）	盐分2次加入，间隔时间3 min
调味擂	5~8	添加辅料及添加量，详见表2；同学也可自己选择合适的配方	先加味精、糖、猪膘肉等辅料擂溃3~4 min，再加入淀粉、复合磷酸盐、蛋清等品质改良剂擂溃5~6 min

表 2 各辅料添加量（以鱼糜重量计）

单位:%

辅料	味精	淀粉	糖	蛋清	三聚磷酸钠	焦磷酸钠	猪膘肉
重量	0.35	10	2	10	0.15	0.15	6~8

7. 成型

（1）鱼糜寿司　在寿竹帘上铺上紫菜片，再均匀涂上一层0.5 cm厚的鱼糜，然后卷制成型即可。

（2）鱼丸成型　用饭匙手工成型，成型后的鱼丸放在40~45℃温水中15 min。

（3）鱼糕成型　将调配好的鱼糜用菜刀手工成型。

（4）其他成型方式　学生创意设计。

8. 加热

采用蒸、煮或油炸的方式。

9. 包装与储藏

将加热后的鱼糜制品冷却后装入薄膜袋中，用薄膜封口机封口，再放入-35℃的低温冰箱中储藏。要求冷库温度稳定。

二、实操工作

① 以小组为单位，准备加工所需的原辅料。

② 以小组为单位检查加工设备的完好性、清洁度。

③ 填写关键控制点如下表单。

记录表格 1 原料前处理

日期	原料名称	原料重量/kg	解冻起始时间	解冻结束时间	解冻后感官是否正常	表面鱼鳞、筋、血污等是否剔除干净	处理后重量/kg	操作人

记录表格 2 采肉

日期	采肉前重量/kg	采肉后重量/kg	采肉时间/h	环境温度/℃	操作人

记录表格 3 漂洗

日期	产品重量/kg	第一次采肉时间/s	第一次采肉水温/℃	第二次采肉时间/s	第二次采肉水温/℃	第三次采肉时间/s	第三次采肉水温/℃	操作人

记录表格 4 擂溃

日期	产品重量/kg	空擂时间/s	盐擂时间/s	调味擂时间/s	温度/℃	操作人

记录表格 5 配料表

日期	原汤汁/kg	味精/g	淀粉/g	糖/g	蛋清/g	三聚磷酸钠/g	焦磷酸钠/g	猪膘肉/g	五香粉/g	生姜粉/g	水/g	操作人

记录表格 6 蒸煮或油炸

日期	产品重量/kg	蒸煮或油炸时间/s	蒸煮或油炸温度/℃	操作人

记录表格 7 真空包装封口

生产日期	产品名称	感官是否正常	封口设定温度/℃	封口设定时间/s	抽真空设定时间/s	操作人

三、质量评价标准

(一)弹性测定

1. 无淀粉样品

将 3～5 kg 半解冻的鱼糜在擂溃机或斩拌机内研细（5 min 左右）后，再添加鱼糜重量 3％的食盐，研磨后取出肉浆（研磨在擂溃机内进行 30 min，在斩拌机内进行 15 min）。

添加淀粉样品： 在与无淀粉样品同样操作制得的肉浆中加入鱼糜重量 3％或 5％的马铃薯淀粉，研磨适当时间后，取出肉浆。

淀粉的种类为马铃薯淀粉，应注明添加量。

2. 灌肠

在直径为 30 mm 的萨伦肠衣或聚氯乙烯肠衣等中灌入肉浆约 150 g（长度约 20 m），两端结扎。

灌肠后，原则上不进行凝胶化的操作。若进行凝胶化操作时应注明条件。

3. 加热

在 90℃ 的热水中加热 30～40 min。

4. 冷却

加热处理结束后马上投入冷却水中，充分冷却后，放置于室温。

注意：测定温度最好在 20℃ 附近。

5. 凝胶强度

采用冈田式凝胶强度测定装置或流变仪进行测定。探头直径为 5 mm。将试验样品切成高为 25 mm 的圆柱，除去薄膜待测。使切断面的中心位于探头的正下方，将样品放置于测定装置的样品台上，以一定的速度给探头负重，测定样品失去抵抗而破断时的负重量（破断强度，g）及凹陷深度（mm）。

注意：探头直径越大弹力值（w，g）的误差越大。直径越小凹陷深度（L，cm）的误差越大。试验样品切断面的直径约 30 mm，25 mm 是样品高度。应注明测定仪器的种类。

（二）白度

将切成适当长度（高度）的圆状样品片，用色差计（白度计）测定切断面的白度。以 3 个以上样品片的平均值表示。

（三）明度

将切成适当长度（高度）的圆片制成试验片，用色差计测定切断面的明度。

（四）感官检验

将样品切成厚 5 mm 的圆片，采用 10 分法，由 3 名以上熟练的品尝人员进行。评价是以咀嚼时的强度（咀嚼感）及柔软感（黏性）为主要点进行检验，综合弹性强度得出分数。得分以 10 分法表示。

评分	弹性强度	评分	弹性强度
10	极强（有很强的咀嚼感）	5	稍弱
9	非常强	4	弱
8	强	3	非常弱
7	稍强	2	极弱
6	一般	1	崩坏状

（五）曲折试验

将样品切成 3 mm 厚薄圆片，由 5 级法表示。

分数	性状
5	折成 4 折无龟裂
4	折成 2 折无龟裂
3	折成 2 折部分龟裂
2	2 折马上龟裂
1	指压即崩溃

(六)卫生标准(执行 GB 10136—2015)

表3 感官指标

项 目	要 求	检验方法
色泽	具有该产品应有的色泽	取适量样品置于白色瓷盘上,在自然光下观察色泽和状态。嗅其气味,用温开水漱口,品其滋味
滋味、气味	具有该产品正常的滋味、气味,无异味、无酸败味	
状态	具有该产品正常的形状和组织状态,无正常视力可见的外来杂质,无霉变、无虫蛀	

表4 理化指标

项 目		指 标	检验方法
过氧化值(以脂肪计)/(g/100 g)			
盐渍鱼(鳓鱼、鲅鱼、鲑鱼)	≤	4.0	GB 5009.227
盐渍鱼(不含鳓鱼、鲅鱼、鲑鱼)	≤	2.5	
预制水产干制品	≤	0.6	
组胺/(mg/100 g)			
盐渍鱼(高组胺鱼类①)	≤	40	GB 5009.208
盐渍鱼(不含高组胺鱼类)	≤	20	
挥发性盐基氮/(mg/100 g)			
腌制生食动物性水产品	≤	25	GB 5009.228
预制动物性水产制品(不含干制品和盐渍制品)	≤	30	

①高组胺鱼类:指鲐鱼、鲹鱼、竹荚鱼、鲭鱼、鲣鱼、金枪鱼、秋刀鱼、马鲛鱼、青占鱼、沙丁鱼等青皮红肉海水鱼。

表5 微生物限量

项 目	采样方案①及限量				检验方法
	n	c	m	M	
菌落总数/(cfu/g)	5	2	5×10^4	10^5	GB 4789.2
大肠菌群/(cfu/g)	5	2	10	10^2	GB 4789.3 平板计数法

①样品的采样及处理按 GB 4789.1 执行。

污染物限量应符合 GB 2762 的规定,农药残留限量应符合 GB 2763 的规定,兽药残留量应符合国家有关标准和公告。

四、关键控制点

① 为了保证鱼丸具有良好的弹性,各步骤速度要尽量快,以减少鱼肌肉蛋白质的变性。

② 擂溃是制作鱼糜制品相当关键的工序,直接影响产品质量。擂溃一定要充分又不过分。

③ 加入食盐时一定要分几次加完,以免一次全部加入使得鱼糜黏稠度过大,不易擂溃。

五、总结与拓展

① 鱼糜制品弹性的形成的机理及其影响因素,如何提高鱼糜制品的弹性?

② 什么是鱼糜的凝胶劣化?引起鱼糜凝胶劣化的生化原因是什么?可以采取什么方法减轻鱼糜凝胶劣化现象?

③ 温度控制在鱼糜制品加工中有什么样的重要性,并说明其原因。

④ 鱼糜制品的质量指标包括哪些?

项目五　发酵食品的开发与制作

任　务　凝固型酸奶制作

一、加工前的准备

(一)背景知识

酸奶是以新鲜的牛奶为原料，经过巴氏杀菌后再向牛奶中添加有益菌（发酵剂），经发酵后再冷却灌装的一种牛奶制品。目前市场上酸奶制品多以凝固型、搅拌型和添加各种果汁果酱等辅料的果味型为多。酸奶不但保留了牛奶的所有优点，而且某些方面经加工过程还扬长避短，成为更加适合于人类食用的营养保健品。

酸奶发酵过程中，乳糖含量降低 $20\%\sim30\%$，甚至更多，饮用酸奶可以减缓或消除乳糖不耐症的影响；产生 $0.8\%\sim1.2\%$ 的乳酸；游离氨基酸和肽含量增加一倍以上；维生素 B_1、维生素 B_2、维生素 B_6、维生素 B_{12}、烟酸、生物素、泛酸和叶酸等含量增加；产生乙醛、丁二酮等风味物质及乳酸菌肽等抗菌物质；具有整肠、抗菌、调整胃肠功能，降低胆固醇、增强免疫功能、抗癌及预防脚气病等作用。鲜牛乳发酵后，酸奶中的蛋白质消化率更高，营养价值也更大，越来越受到人们的喜爱。

(二)原理与工艺流程

1. 原理

根据国际乳品联合会（IDF）1992 年发布的标准，发酵乳的定义为乳或乳制品在特征菌的作用下发酵而成的酸性凝乳状产品。在保质期内该类产品中的特征菌必须大量存在，并能继续存活和具有活性。

酸乳就是在保加利亚乳杆菌和嗜热链球菌的作用下，使用添加（或不添加）乳粉（全脂或脱脂）的乳进行乳酸发酵而得到的凝固乳制品，最终产品中必须含有大量的活菌。

2. 工艺流程

(三)原辅料和设备

1. 原辅料

鲜乳或乳粉（乳粉：水＝1∶9）还原乳、发酵剂、蔗糖。

2. 仪器及设备

电磁炉、锅、均质机，生化培养箱、冰箱、泵、杀菌设备、灌装设备等。

3. 配方

鲜乳 1000 mL，原味酸奶 30～100 mL（菌粉按使用说明添加），蔗糖 50～90 g

(四)操作要点

1. 原料乳的要求

可使用鲜乳或乳粉（乳粉：水＝1∶9）还原乳。

2. 配料

国内生产的酸乳一般都要加糖，加量一般为 5%～9%。

① 先将用于溶糖的原料乳加热到 50 ℃ 左右，再加入蔗糖，待完全溶解后，经过滤除去杂质，再加入到标准化乳罐中。

② 先溶糖，杀菌，过滤后按比例加入杀菌后的牛乳中。

3. 预热

物料通过泵进入杀菌设备，预热至 55～65℃，再送入均质机。预热可以杀死原料乳中的部分细菌，有利于糖的溶解。

4. 均质

在较高的压力（15～20 MPa）下，利用强力的机械将乳中的脂肪破碎成小的脂肪球，使两种互不相溶的乳液混合为一种相对均匀的乳状液。目的是防止脂肪上浮，并改善牛乳的消化、吸收程度。

5. 杀菌

目的是杀灭乳中的病原菌和有害菌，为发酵剂创造一个杂菌少、有利生长繁殖的外部条件；提高乳蛋白质的水合力。在酸奶的实际生产中牛乳灭菌的方法很多，根据需要选择确定。

6. 冷却

杀菌后的物料，经杀菌器的预热段热交换，再在冷却段冷却至 30～45℃。

7. 香料或果料的添加

在酸奶中添加香料和果料可以使酸奶获得更丰富的口感。新鲜水果是一种季节性的农产品，其品质变化很大，因此在酸奶中应用较多的灌装水果汁和果酱。水果果料的添加可能会导致风味的损失，在实际应用中通常会添加一些香料来弥补这些损失。

8. 接种发酵剂

工作发酵剂按一定比例直接添加到物料中，混合搅拌均匀，不要加入粗大的凝块，以免影响成品的质量。发酵剂最适宜的接种量为 2%～3%；最低可为 0.5%～1%，其缺点是产酸易受抑制、易形成对菌种不良的生长环境、产酸不稳定；最高可超过 5%，但会给最终产品的组织状态带来缺陷，产酸过快酸度上升过高，因而给乳的香味带来缺陷。

9. 灌装

包装是酸奶加工中的一个重要环节，酸奶包装的目的是保证产品的安全运输和销售到消费者的手中，并尽可能地减少这期间可能的损失。在凝固型酸奶加工中，接种后经过充分搅拌的牛乳要立即连续地灌装到零售用的小容器中。酸乳容器可以是塑料杯、瓷罐、玻璃瓶和纸盒等，但其材料应是无毒、无污染、不透光、稳定性好（不能被牛乳溶解或与牛乳发生化学反应）；具有抵御水汽、化学物质、微生物以及环境中的挥发型风味物质渗透的能力。

10. 发酵

发酵温度和时间随菌种而异，用保加利亚乳杆菌与嗜热链球菌的混合发酵剂时，球菌与杆菌比例为 1：1 或 2：1。典型的短时间培养方法要求温度保持在 40～43℃，培养时间 2.5～4.0 h（2%～4%接种量）；长时间培养要求温度为 30～32℃，培养时间 10～12 h 达到凝固状态即可终止发酵。

11. 冷却、储藏

发酵好的凝固酸乳应立即移入 0～5℃的冷库中。其目的是迅速抑制乳酸菌的生长，以免继续发酵而造成产酸过度；稳定酸乳的组织状态，降低乳清析出的速度；促进香味物质的产生。在冷藏期间，风味成分双乙酰含量会增加。试验表明，冷却 24 h 双乙酰含量达到最高，超过 24 h 又会减少。因此，发酵凝固后须在 0～4℃储藏 24 h 再出售，通常把储藏过程称为后熟，一般冷藏期为 7～14 天。

12. 质量评定

酸奶的质量可以依据理化指标、物理特性、微生物检测以及感官进行评价。前三种方法都需要相应的检测设备，感官评定是最简单、最直接的方法。采用感官对酸奶的质量进行评价时，应根据以下几个方面进行。

① 凝块需有适当的硬度，均匀而细滑，富有弹性，组织均匀一致，表面无变色、裂纹、产生气泡及乳清分离等现象。

② 具有优良的酸味和风味，不得有腐败味、苦味、饲料味和酵母味等异味。

③ 凝块完全粉碎后，质地均匀，细腻滑润，略带酸性，不含块状物。将盛有酸凝乳的瓶倒置，凝块也不破碎，属优质产品。

二、实操工作

① 以小组为单位，准备加工所需的原辅料。

② 以小组为单位检查加工设备的完好性、清洁度。

③ 填写关键控制点如下表单。

记录表格 1　标准化过程

日期	原料名称	产品数量/kg	溶糖温度/℃	溶糖是否完全	操作人

记录表格 2　均质、杀菌

日期	均质压力/MPa	均质后原料乳的变化	杀菌温度/℃	杀菌时间/h	操作人

记录表格 3　接种、发酵

日期	接种量	发酵温度/℃	发酵时间/h	冷藏后熟时间/h	操作人

三、质量评价标准

发酵乳的国家标准（引自 GB 19302—2010《发酵乳》）

表 1　感官指标

项目	要　求		检验方法
	发酵乳	风味发酵乳	
色泽	色泽均匀一致，呈乳白色或微黄色	具有与添加成分相符的色泽	取适量试样置于 50 mL 烧杯中，在自然光下观察色泽和组织状态。闻其气味，用温开水漱口，品尝滋味
滋味、气味	具有发酵乳特有的滋味、气味	具有与添加成分相符的滋味和气味	
组织状态	组织细腻、均匀，允许有少量乳清析出；风味发酵乳具有添加成分特有的组织状态		

表 2　理化要求

项目		指　标		检验方法
		发酵乳	风味发酵乳	
脂肪[①] / （g/100g）	≥	3.1	2.5	GB 5413.3
非脂乳固体/ （g/100g）	≥	8.1	—	GB 5413.39
蛋白质/ （g/100g）	≥	2.9	2.3	GB 5009.5
酸度/ （°T）	≥	70.0		GB 5413.34

①仅适用于全脂产品。

表 3　微生物限量

项目	采样方案[①]及限量（若非指定，均以 cfu/g 或 cfu/mL 表示）				检验方法
	N	c	m	M	
大肠菌群	5	2	1	5	GB 4789.3 平板计数法
金黄色葡萄球菌	5	0	0/25 g/mL	—	GB 4789.10 定性检验
沙门氏菌	5	0	0～25 g/mL		GB 4789.4
酵母≤	100				GB 4789.15
霉菌≤	30				

①样品的分析及处理按 GB 4789.1《食品微生物学检验　总则》和 GB 4789.18《食品微生物学检验　乳与乳制品检验》执行。

表 4　乳酸菌数

项目		限量/ ［cfu/g（mL）］	检验方法
乳酸菌数[①]	≥	$1×10^6$	GB 4789.35

①发酵后经热处理的产品对乳酸菌数不作要求。

四、关键控制点

① 原辅料质量　原料乳的验收与标准化。

② 菌种质量　扩大培养与操作过程控制。

③ 发酵过程控制　发酵温度和发酵时间控制。

④ 添加剂　按照 GB 2760—2014 的添加种类与添加量严格控制使用范围和使用方法。

⑤ 产品储运　产品采用低温储存和冷链运输。

五、总结与拓展

1. 原料乳的质量

鲜乳除按规定验收外，还必须满足以下要求。

① 总乳固体不低于 11.5%，其中非脂乳固体不低于 8.5%。

② 不得使用含有抗生素或残留有效氯等杀菌剂的鲜乳。

③ 不得使用患有乳房炎的牛乳，否则会影响酸乳的风味和蛋白质的凝胶力。

2. 发酵终点的判断

一般发酵终点可依据如下条件来判断：① 滴定酸度达到 80°T 或 pH 值低于 4.6；② 表面有少量水痕；③ 倾斜酸奶杯，奶变较稠。发酵期间应注意避免震动，否则会影响组织状态。发酵温度应恒定，掌握好发酵时间，防止酸度不够或过度以及乳清析出。在某些特殊情况下需要在低于 41℃ 或低于 38℃ 的温度下进行培养，将其称为降温培养。其目的是防止酸乳产酸过度，降低乳酸发酵速度，在培养后期可促进风味物质的形成。在特殊情况下，30～37℃ 培养 8～12h（长时间培养）。这种低温长时间培养是为了防止酸乳产酸过度，但会使酸乳风味受到影响。

项目六　蛋制品的加工制作

任务一　皮蛋加工

实训目标

① 会加工皮蛋操作，并进一步了解其加工特点和工艺要求。
② 掌握皮蛋加工过程中的质量管理。

一、加工前的准备

(一)背景知识

皮蛋能开胃润喉促进食欲，亦能"泻热、醒酒、去大肠火、治泻痢、能散能敛"。若加醋拌食，有助于治疗高血压、清热消炎、解暑止渴、静心养神、温补健身等功用。近几年所研制的"清热解毒皮蛋"、"补血皮蛋"，以及对人体有害元素铅量下降，而对人体有益的元素锌、铁、硒、碘等含量增加，使皮蛋营养价值及疗效功能更进一步提高。因此认为皮蛋比鲜蛋具有更高的营养价值。

皮蛋的早名叫做"变蛋"，现在北方人又称"松花蛋"。皮蛋大约发明于14世纪，也就是明代初，发明人已不可考。至今能查找到的最早见诸文字的记录是1504年成书的《竹屿山房杂部》："混沌子：取燃炭灰一斗，石灰一升，盐水调入，锅烹一沸，俟温，苴于卵上，五七日，黄白混为一处。"

这种"混沌子"就是最早的皮蛋。用炭灰与石灰混合，涂在蛋上，利用强碱性材料，促使蛋内成分出现化学变化，封藏五七三十五天，使蛋黄蛋白交融在一起。这以后，明末戴羲所作的《养余月令》上，又有"牛皮鸭子"的制法。牛皮鸭子：每百个用盐十两，栗炭灰五升，石灰一升，如常法腌之入坛。三日一翻，共三翻，封藏一月即成。

皮蛋的营养价值高于鲜蛋。这是由于碱、酶及微生物的作用下，蛋内一部分蛋白质分解成简单蛋白质及氨基酸，使皮蛋中氨基酸含量增加。有试验表明，每100 g可食皮蛋中，氨基酸总量高达32 mg，为鲜蛋（每百克含2.8 mg）的11倍，且除甲硫氨酸、脯氨酸、赖氨酸不存在外，其他氨基酸含量均比鲜蛋高。而简单蛋白质及氨基酸均易于被人体消化吸收，从而提高了皮蛋的消化吸收率。同时，蛋白质的分解形成的硫化氢和氨对皮蛋特殊风味的形成有很大作用；某些氨基酸本身就是鲜味物质，因此皮蛋的风味优良，可增进人的食欲。此外，硫与蛋内铁及其他金属元素和色素物质作用，形成皮蛋特有的绚丽色彩，这对刺激人食欲具有很大作用。

传统湿法腌制技术即浸泡法，和传统干法腌制技术相比较，由于其取材方便，成熟均匀，干净卫生，料液浓度易于控制，料液可循环使用，适合任何规模生产等优点而被广泛采用。湿法和干法在所用鲜蛋、辅料方面基本相同，差异主要在腌制工艺上，以下着重介绍湿法腌制技术的加工工艺以及近些年湿法腌制技术的改进发展。

湿法腌制皮蛋的料液同样应根据生产季节、气候等情况做出相应调整，料液中由生石灰和纯碱反应生成的氢氧化钠的起始浓度以 4%～5% 为好。各地参考配方有所不同。同样地这些配方中仍然使用了氧化铅，具体加工过程应以铜、锌化合物代替，加工生产无铅皮蛋。

（二）原理与工艺流程

1. 原理

禽蛋的蛋白质和料液中的 NaOH 发生反应而凝固，同时由于蛋白质中的氨基与糖中的羰基在碱性环境中产生美拉德反应，使蛋白质形成棕褐色，蛋白质所产生的硫化氢和蛋黄中的金属离子结合使蛋黄产生各种颜色。另外，茶叶也对颜色的变化起作用。

2. 工艺流程

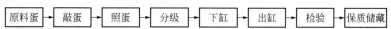

原料蛋 → 敲蛋 → 照蛋 → 分级 → 下缸 → 出缸 → 检验 → 保质储藏

（三）原辅料和设备

1. 原辅料

鸭蛋、纯碱、生石灰、食盐、茶叶末、硫酸锌、硫酸铜、水等。

2. 仪器和设备

不锈钢锅、电子天平、泡菜坛子等。

3. 配方

自来水 10 kg、纯碱 500 g、生石灰 50 g、食盐 300 g、茶叶末 300 g、硫酸铜 30 g（或硫酸铜 20 g、硫酸锌 20 g），每枚蛋用料液 60 mL。

（四）操作要点

1. 料液配制

先将纯碱、茶叶末放入缸中，再将沸水倒入缸中，充分搅拌使其全部溶解；然后分次投放生石灰（注意生石灰不能一次投入太多，以防沸水溅出伤人），待自溶后搅拌。

取少量上层溶液溶解硫酸铜（或硫酸铜、硫酸锌复盐），然后倒入料液中。

加入食盐，搅拌均匀，充分冷却，捞出渣屑，待用。

2. 原料蛋的选择与检验

原料蛋应是经感官鉴定、敲蛋及光照检查过的，大小基本一致、蛋壳完整、颜色一致的新鲜蛋。

将挑好的蛋洗净，晾干后备用。

3. 装缸与灌料

在蛋放入前，先在底部铺一层洁净的麦秸草，以免最下层的蛋直接与硬缸底部相碰和受多层鸭蛋的压力而压破，把挑选合格的鲜鸭蛋轻轻放入腌制用的容器内，一层一层平放，切忌直立。蛋装好后，缸面放一些竹片压住，以防灌料液时蛋上浮。然后将晾至室温的料液充分搅拌，缓慢注入缸中，直至鸭蛋全部被料液淹没为止，上盖缸盖。

4. 定期检测

第一次 7 天；第二次 15 天；第三次 20 天。

灌料后即进入腌制过程，一直到松花蛋成熟，这一段的技术管理工作同成品质量的关系十分密切。首先是严格掌握室内的温度，一般要求在 21～34℃ 之间。春、秋季节约经过 7～10 天，夏季大约经过 3～4 天，冬季约经过 5～7 天的浸渍，蛋的内容物即开始发生变化，蛋白首先变稀，称为"化清阶段"。随后约经 3 天蛋白逐渐凝固。此时室内温度可提高到 25～27℃，以便加速碱液和其他配料向蛋内渗透，待浸渍 15 天左右，可将室温降至 16～18℃ 范围内，以便使配料缓缓进入蛋内。不同地区室温要求也有所不同，南方地区夏天不应高于 30℃，冬天保持在 25℃左右。夏季可采取一些降温措施，冬天可采取适当的保暖办法。腌制过程中，为使料液上下浓度一致，保证腌制质量，每隔 10～15 天翻池一次，还应注意勤观察、勤检查。为避免出现黑皮、白蛋等次品，每天检查蛋的变化、温度高低等，以便及时发现问题及时解决。不同腌制温度下蛋白的变化情况见表 1。

表 1　不同腌制温度下蛋白的变化情况

室内温度/℃	凝固时间/h	凝固后液化时间/h	全部化清时间/h
10	15～16	18～20	72～73
15.5	13～14	15～17	48～49
21.5	10～11 h，蛋白未完全凝固，杯边即开始液化，至 12 h 杯心凝固		40
26.5	8 h，蛋白未完全凝固，杯边即开始液化，至 8～11 h 杯心凝固		28～29
31	7 h，蛋白未完全凝固，杯边即开始液化，至 9～9.5 h 杯心凝固		21～22

注：蛋白液化时蛋白呈象牙色；蛋白全部液化时杯底蛋白呈金黄色。

5. 出缸

一般情况下，鸭蛋入池后，需在料液中腌渍 35 天左右，即可成熟变成皮蛋，夏天需 30～35 天，冬天需 35～40 天。为了确切知道成熟与否，可在出池前在各池中抽样检验，视全部鸭蛋成熟了便可出池。出池前，先拿走池上面的砖块和空筐，后将成熟的鸭蛋捞出，置于池外待清洗。出池时要注意轻拿轻放，不要碰损蛋壳，因蛋壳裂缝处，夏天易化水变臭，冬天易吹风发黄。皮蛋内在质量分级的方法是：一观、二弹、三掂、四摇、五照。前四种方法为感官鉴定法，后一种方法为照蛋法（灯光透视）。

一观：观看蛋壳是否完整、壳色是否正常（壳色以清缸色为好）。通过肉眼观察，可将破损蛋、裂纹蛋、黑壳蛋及比较严重的黑色斑块蛋（在蛋壳表面）等次劣蛋剔除。

二弹：拿一枚皮蛋放在手上，用食指轻轻弹一下蛋壳，试其内容物有无弹性。若弹性明显并有沉甸甸的感觉，则为优质蛋。若无弹性感觉，则需要进一步用手抛法鉴别蛋的质量。

三掂：拿一枚皮蛋放在手上，向上轻抛丢二三次或数次，试其内容物有无弹性，即为掂蛋或称为手抛法鉴定蛋的质量。若抛到手里有弹性并有沉甸甸的感觉者为优质蛋。若微有弹性，则为无溏心蛋（死心蛋）。若弹性过大，则为大溏心蛋。若无弹性感觉时，则需要进一步用手摇法鉴别蛋的质量。

四摇：此法是前法的补充，当用手抛法不能判定其质量优劣时，再用手摇法，即用手捏住皮蛋的两端，在耳边上下、左右摇动二三次或数次，听其有无水响声或撞击声。若无弹性，水响声大者，则为大糟头（烂头）蛋。若微有弹性，只有一端有水荡声者，则为小糟头（烂头）蛋。若用手摇时有水响声，破壳检验时蛋白、蛋黄呈液体状态的蛋，则为水响蛋，即劣蛋。

五照：用上述感官鉴定法还难以判明成品质量的优劣时，可以采用照蛋法进行鉴定。在灯光透视时，若蛋内大部分或全部呈黑色（深褐色），小部分呈黄色或浅红色者为优质蛋。若大部分或全部呈黄褐色透明体，则为未成熟的蛋。若内部呈黑色暗影，并有水泡阴影来回转动，则为水响蛋。若一端呈深红色，且蛋白有部分粘贴在蛋壳上，则为粘壳蛋。若在呈深红色部分有云状黑色溶液晃动着，则为糟头（烂头）蛋。

经过上述一系列鉴定方法鉴别出的优质蛋或正常合格蛋，按大小分级装筐，以备包装。其余各种类型的次劣蛋均须剔除。

二、实操工作

① 以小组为单位，准备加工所需的原辅料。

② 以小组为单位检查加工设备的完好性、清洁度。

③ 填写关键控制点如下表单。

记录表格 1　配料

日期	原料名称	产品数量/kg	操作人

记录表格 2　腌制过程

日期	腌制温度/℃	腌制时间/h	皮蛋成熟度	成品得率	操作人

三、质量评价标准

皮蛋的国家标准（引自 GB/T 9694—2014）

表 2　感官指标

<table>
<tr><th colspan="2">项目</th><th>优级</th><th>一级</th><th>二级</th></tr>
<tr><td colspan="2">外观</td><td>包泥蛋的泥层和稻壳应薄厚均匀，微湿润。涂料蛋的涂料应均匀。包泥蛋、涂料蛋及光身蛋都不得有霉变，蛋壳要清洁完整</td><td>包泥蛋的泥层和稻壳应薄厚均匀，微湿润。涂料蛋的涂料应均匀。包泥蛋、涂料蛋及光身蛋都不得有霉变，蛋壳要清洁完整</td><td>包泥蛋的泥层和稻壳要基本均匀，允许有少数露壳或干枯现象。涂料蛋和光身蛋的蛋壳都应清洁完整</td></tr>
<tr><td rowspan="3">蛋内品质</td><td>形态</td><td>蛋体完整。有光泽，弹性好，有松花，不粘壳。溏心皮蛋呈一般溏心或小溏心。硬心皮蛋呈硬心或小溏心</td><td>蛋体完整，有光泽，有弹性，一般有松花，溏心稍大或硬心</td><td>部分蛋体不够完整。有粘壳、干缩现象，蛋黄呈大溏心或死心</td></tr>
<tr><td>颜色</td><td>蛋白呈半透明的青褐色或棕色，蛋黄呈墨绿色并有明显的多种色层</td><td>蛋白呈半透明的棕色，蛋黄呈墨绿色，色层不够明显</td><td>蛋白呈不透明的深褐色或透明的黄色，蛋黄呈绿色，色层不明显</td></tr>
<tr><td>气味与滋味</td><td>具有皮蛋应有的气味和滋味，无异味，不苦、不涩、不辣，回味绵长。硬心蛋略带轻辣味</td><td>具有皮蛋应有的气味与滋味，无异味，可略带辣味</td><td>具有皮蛋的气味和滋味，无异味，可略带辣味</td></tr>
</table>

表 3　理化指标

项目		优级	一级	二级
pH 值（1：15）稀释	≥		9.5	

表 4　重金属指标

项目	铅（以 Pb 计）/（mg/kg）	铜（以 Cu 计）/（mg/kg）	锌（以 Zn 计）/（mg/kg）
传统工艺生产的溏心皮蛋	≤3	—	—
其他工艺生产的溏心皮蛋	<0.5	≤10	≤20

续表

项目	铅（以 Pb 计）/（mg/kg）	铜（以 Cu 计）/（mg/kg）	锌（以 Zn 计）/（mg/kg）
硬心皮蛋及其他皮蛋	<0.5	—	—

表 5　细菌指标

项目		指标
细菌总数/（个/g）	≤	500
大肠菌群/（个/100g）	≤	30
致病菌（系指沙门氏菌）		不得检出

表 6　重量级别

项目	优级	一级	二级
重量/（g/10 枚）	670	620	560

表 7　破次劣蛋率

项目		优级	一级	二级
破次率/%	≤	5	6	7
劣蛋率/%	≤	1	1	1

四、关键控制点

① 原料蛋的要求。

② 蛋腌制过程中的管理。

　咸蛋加工

实训目标

① 掌握咸蛋的加工工艺。

② 理解腌渍保藏的基本原理。

一、加工前的准备

（一）背景知识

咸蛋又称盐蛋、腌蛋、味蛋等，是一种风味特殊、食用方便的再制蛋。

咸蛋的生产极为普遍，早在 1600 多年前我国就有用盐水储藏蛋的记载。全国各地均有生产，其中尤以江苏高邮咸蛋最为著名，个头大且具有鲜、细、嫩、松、沙、油六大特点。用双黄蛋加工的咸蛋，风味别具一格。因此，高邮咸蛋除供应国内各大城市外，还远销东南亚各国，驰名中外。

(二)原理与工艺流程

1. 原理

咸蛋主要利用食盐腌制而成。食盐渗入蛋中，由于食盐溶液产生的渗透压把微生物细胞体内的水分渗出，从而抑制微生物的发育，延缓蛋的腐败变质，同时食盐可以降低蛋内蛋白酶的活动，延缓蛋内容物的分解变化速度，使咸蛋的保藏期较鲜蛋长。

在腌制过程中，食盐能通过蛋壳上的气孔、蛋壳膜、蛋白膜、蛋黄膜逐渐向蛋白和蛋黄渗透、扩散，从而使腌蛋获得一定的防腐能力，并且产品的风味也会受腌制的影响得以改善。咸蛋腌制过程中，食盐的作用主要表现在以下几方面。

（1）食盐的脱水作用 食盐溶液会产生很高的渗透压，使微生物细胞脱水和产生质壁分离，微生物不能正常生长繁殖，甚至发生死亡。另外，食盐的高渗透压还能使蛋内部水分被脱出，从而使微生物在其中不能获得足够的水分而生长受到抑制。

（2）食盐能够降低微生物生存环境的水分活度 食盐溶于水后会解离成钠离子和氯离子，在静电引力的作用下，它们与极性的水分子形成水化离子水合钠离子和水合氯离子，这样蛋中的许多自由水就变成了结合水，降低了蛋内水分的水蒸气压，从而导致了水分活度的下降。

（3）食盐对微生物的生理毒害作用 少量钠离子可以刺激微生物的生长，但是当钠离子的浓度高到一定程度时，就会对微生物产生抑制作用。这主要是因为钠离子能与微生物细胞原生质中的阴离子结合，从而产生生理毒害作用。

（4）食盐抑制了酶的活性 食盐既可以降低蛋内内源蛋白酶活性，也能降低由微生物分泌产生的蛋白酶活性，从而延缓蛋腐败变质的速度。

（5）食盐扩散至蛋内，可使成熟的咸蛋具有特殊风味。

（6）食盐可使蛋黄中的蛋白质凝固，使蛋黄中的脂肪积聚于蛋的中心而形成蛋黄出油的现象。

2. 工艺流程

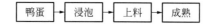

(三)原辅料和设备

1. 原辅料

鸭蛋、食盐、干黄泥、冷开水。

2. 仪器和设备

小缸或小坛、天平、照蛋器等。

3. 配方

食盐 6.5 kg，干黄土 7 kg，冷开水 4 kg，鸭蛋 65 kg。

(四)操作要点

1. 配料

将选择好的干黄泥加水充分浸泡，然后用木棒搅和成糯糊状，再加入食盐继续搅拌均匀。糯糊浓稠程度的检验方法：将一枚蛋放入泥浆中，若蛋一半沉入泥浆、一般浮于泥浆上面，则表示泥浆浓稠度合适。

2. 上料

将合格鸭蛋逐枚放入泥浆中（每次 3～5 个），使蛋壳上沾满盐泥，取出放入缸中，最后把剩余的盐泥倒在蛋面上，盖上缸盖即可。

3. 成熟

春秋 35～40 天，夏季 20～25 天。

二、实操工作

① 以小组为单位，准备加工所需的原辅料。

② 以小组为单位检查加工设备的完好性、清洁度。

③ 填写关键控制点如下表单。

记录表格 1　配料

日期	原料名称	产品数量/kg	操作人

记录表格 2　腌制过程

日期	腌制温度/℃	腌制时间/h	咸蛋成熟度	成品得率	操作人

三、质量评价标准

咸蛋的国家标准（引自 GB/T 19050—2008《地理标志产品　高邮咸鸭蛋》）

表 1　感官指标

项目	要求	
	高邮咸鸭蛋、高邮双黄咸鸭蛋	高邮咸鸭蛋软罐头
外观	包料应厚度均匀，完整，不露白，湿润适宜	塑料包装无破裂、漏气现象
组织结构	蛋白清薄透明，蛋黄凝重黏实	蛋白细，有弹性，蛋黄有油析出
蛋黄色素	应达 Roches 蛋用比色标 12 度以上	
滋味气味	具有独特的鲜味，无异味	咸味适口，无异味，具有特有风味。蛋白鲜、细、嫩，蛋黄红、沙、油

注：1. 高邮咸鸭蛋煮熟后组织与真空包装产品的组织一样。

　　2. 蛋黄色素低于 12 度的不超过 10％。

表 2　理化指标

项目	指标		
	高邮咸鸭蛋	高邮双黄咸鸭蛋	高邮咸鸭蛋软罐头
水分/％	60～68		
脂肪/％　≥	12	14	13
食盐（以氯化钠计）/％	2.0～5.0		
无机砷/（mg/kg）　≤	0.05		
锌（以 Zn 计）/（mg/kg）　≤	50		
总汞（以 Hg 计）/（mg/kg）　≤	0.05		
硒/（mg/kg）　≤	0.5		

项目	指标		
	高邮咸鸭蛋	高邮双黄咸鸭蛋	高邮咸鸭蛋软罐头
挥发性盐基氮/（mg/100g） ≤	10		—

四、关键控制点

① 原料蛋的选择。

② 加工过程中温度的控制，过高会导致腌制过程中蛋发生变质。

任务三　五香茶叶鹌鹑蛋加工

实训目标

① 掌握五香茶叶鹌鹑蛋的调味与煮制方法。

② 掌握五香茶叶鹌鹑蛋的加工技术。

一、加工前的准备

（一）背景知识

鹌鹑蛋又名鹑鸟蛋、鹌鹑卵，被认为是"动物中的人参"，宜常食，为滋补食疗品。鹌鹑蛋在营养上有独特之处，故有"卵中佳品"之称。近圆形，个体很小，一般只有 5 g 左右，表面有棕褐色斑点。鹌鹑蛋的营养价值不亚于鸡蛋，有较好的护肤、美肤作用。

鹌鹑蛋的营养价值较高，据测定 100 g 鹌鹑蛋中含蛋白质 13.1 g，脂肪 11.2 g，钙 59 mg、磷 220 mg、铁 3.8 mg、维生素 A 300 IU、维生素 B_1 0.12 mg，维生素 B 0.85 mg，烟酸 0.1 mg。鹌鹑蛋白分子小，容易被人体吸收，尤其对妇女贫血、小儿发育不良患者是良好的滋补品。

（二）原理与工艺流程

1. 原理

鲜冻畜禽的蛋类添加调味料和香辛料，以水为介质，通过调味和加热卤制而成的熟蛋类制品。其形成过程是各种物理化学变化共同作用的结果，其中主要包括蛋白质的变性，食盐、香辛料的扩散和风味的形成。

2. 工艺流程

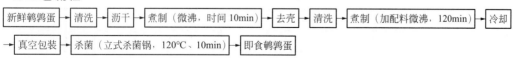

新鲜鹌鹑蛋 → 清洗 → 沥干 → 煮制（微沸，时间 10min） → 去壳 → 清洗 → 煮制（加配料微沸，120min） → 冷却 → 真空包装 → 杀菌（立式杀菌锅，120℃、10min） → 即食鹌鹑蛋

（三）原辅料和设备

1. 原辅料

鹌鹑蛋、食盐、味精、白砂糖、红茶叶、五香粉、大茴香、小茴香、桂皮、草果、花椒、小辣椒、生姜粉、焦糖色素。

2. 仪器和设备

电磁炉、电磁炉高压锅、漏网铲子、不锈钢锅、真空包装机、热风循环烘箱、高温杀菌锅电子秤（0.01）、电子秤（0.001）；香料包的制作：纱布适量。

3. 配方

鹌鹑蛋（新鲜带壳的）；盐 2.5%，味精 1%，白砂糖 4.0%，红茶叶 0.2%，五香粉 0.1%，大茴香 0.5%，小茴香 0.1%，桂皮 0.4%，草果 0.075%，花椒 0.075%，小辣椒 0.1%，生姜粉 0.1%，焦糖色素 1%～1.5%。

（四）操作要点

1. 清洗、预处理

将鹌鹑蛋清洗干净。

2. 预煮

把鹌鹑蛋放入电磁炉高压锅中，加入水的量为鹌鹑蛋的 1.5 倍，开始预煮，温度控制在 95℃ 左右，时间 10 min。

3. 煮制

把已经去壳清洗干净的鹌鹑蛋放入汤汁中，水量：鹌鹑蛋＝2∶1，加入纱布包和其他配料，煮沸，放入鹌鹑蛋后，保持汤液为微沸，时间 2 h。

4. 调配

5. 干燥

放入热风循环烘箱中烘烤 65℃，20 min。

6. 包装

干燥稍微冷却后，进行真空包装，包装的压力为 ≥0.09 MPa。

7. 杀菌

杀菌温度为 120℃，10 min。

二、实操工作

① 以小组为单位，准备加工所需的原辅料。

② 以小组为单位检查加工设备的完好性、清洁度。

③ 填写关键控制点如下表单。

记录表格 1　配料

日期	原料名称	产品数量/kg	操作人

记录表格 2　腌制过程

日期	煮制温度/℃	煮制时间/h	操作人

三、质量评价标准

卤蛋的国家标准（引自 GB/T 23970—2009《卤蛋》）

表1 感官指标

项目	要求
色泽	蛋白呈浅棕色至深褐色，蛋黄呈黄褐色至棕褐色
滋味和气味	具有该产品应有的滋味和气味，无异味
组织形态	蛋粒基本完整，肉质结实，有弹性，有韧性
杂质	无可见外来杂质

表2 理化指标

项目		指标
水分/%	≤	70

表3 卫生指标

项目	指标
无机砷/（mg/kg）	符合 GB 2749 的规定
铅（Pb）/（mg/kg）	符合 GB 2749 的规定
锌（Zn）/（mg/kg）	符合 GB 2749 的规定
总汞（以 Hg 计）/（mg/kg）	符合 GB 2749 的规定
微生物	应符合罐头食品商业无菌要求

四、关键控制点

鹌鹑蛋的煮制工艺的控制。

模块二 食品检验技能综合实训

项目一　大米检验

实训目标

① 了解大米的相关标准。
② 掌握大米常规检验项目。
③ 掌握大米的主要检验方法。

检验前准备

大米按类型可分为籼米、粳米和糯米三类，糯米又分为籼糯米和粳糯米；大米按食用品质分为大米和优质大米。实施食品生产许可证管理的大米产品包括所有以稻谷为原料加工制作的大米。

大米的相关标准见表1。

表1　大米相关标准

标准号	标准名称
GB/T 1354—2009	《大米》
GB 2715—2016	《食品安全标准 粮食》
NY/T 419—2014	《绿色食品 稻米》

大米的检验项目见表2。

表2　大米检验项目

序号	检验项目	发证	监督	出厂	检验标准
1	加工精度	√	√	√	GB/T 5502—2008
2	不完善粒	√	√		GB/T 5494—2008
3	最大限度杂质总量	√	√	√	GB/T 5494—2008
4	糠粉	√	√	√	GB/T 5494—2008

续表

序号	检验项目	发证	监督	出厂	检验标准
5	矿物质	√	√	√	GB/T 5494—2008
6	带壳稗粒	√	√	√	GB/T 5494—2008
7	稻谷粒	√	√	√	GB/T 5494—2008
8	碎米总量	√	√		GB/T 5503—2009
9	碎米 小碎米	√	√		GB/T 5003—2009
10	水分	√	√	√	GB 5009—2016
11	色泽、气味、口味	√	√	√	GB/T 5492—2008
12	黄粒米	√	√		GB/T 5496—1985
13	汞（以 Hg 计）	√	√	*	GB 5009.17—2014
14	六六六	√	√	*	GB/T 5009.19—2008
15	滴滴涕	√	√	*	GB/T 5009.19—2008
16	黄曲霉毒素 B₁	√	√	*	GB 5009.22—2016
17	标签	√	√		GB 7718—2011

注：1 企业出厂检验项目中有√标记的，为常规检验项目。

2.企业出厂检验项目中有＊标记的，企业应当每年检验两次。

任务一　大米加工精度检验

(一)原理

直接比较法：利用米类与相应的加工精度等级标准样品对照比较，通过观测判定加工精度等级。

染色法：利用大米的不同组织成分对各种染色基团分子的亲和力不同，经染色处理后，米粒各组织呈现不同的颜色，从而判定大米的加工精度。

(二)试剂和材料

除非另有规定，仅使用分析纯试剂。实验用水至少应符合 GB/T 6682《分析实验室用水规格和试验方法》中三级水的要求。

① 品红石碳酸溶液：称取 0.5 g 苯酚，加入 10 mL 95％的乙醇中，再加入盐基品红 1 g，待溶解后，用水稀释到 500 mL，充分混匀后，储存于棕色瓶中备用。

② 1.25％硫酸溶液：用量筒量取相对密度 1.84、浓度 95％～98％的浓硫酸 7.2 mL，注入盛有 400～500 mL 水的容器内，然后加水稀释到 1000 mL 备用。

③ 苏丹Ⅲ-乙醇饱和溶液：称取苏丹Ⅲ约 0.4 g，加入 100 mL 95％的乙醇中，配成饱和溶液。

④ 50％乙醇溶液。

⑤ 米类加工精度等级标准样品。

(三)仪器设备

① 蒸发皿或培养皿：φ90 mm。

② 天平：分度值 0.1 g。

③ 量筒：10 mL、100 mL。

④ 电热恒温水浴锅。

⑤ 容量瓶：100 mL、1000 mL。

⑥ 放大镜：5～20 倍。

⑦ 白瓷盘。

⑧ 玻璃棒、镊子等。

(四)操作步骤

样品的扦取和分样按 GB 5491《粮食、油料检验 扦样、分样法》执行。

1. 直接比较法

从平均样品中称取试样约 50 g，直接与加工精度等级标准样品对照比较，通过观测背沟与粒面的留皮程度判定样品加工精度等级。

2. 染色法

(1) 品红石碳酸溶液染色法 从平均样品中称取试样约 20 g，从中不加挑选地数出整米 50 粒，分别放入两个蒸发皿（或培养皿）内，用清水洗去浮糠，倒去清水。各注入品红石碳酸溶液数毫升至淹没米粒，浸泡约 20 s，米粒着色后，倒出染色液，用清水洗 2～3 次，滗净水。用 1.25％硫酸溶液荡洗两次，每次约 30 s，倒出硫酸溶液，再用清水洗 2～3 次。同时称取加工精度等级标准样品约 20 g，按同样步骤操作。米粒留皮部分呈红紫色，胚乳部分呈浅红色。

(2) 苏丹Ⅲ-乙醇溶液染色法 按(1)所述，从标准样品及试样中取整米 50 粒，用苏丹Ⅲ-乙醇饱和溶液浸没米粒，然后置于 70～75℃ 水浴中加温约 5 min，使米粒着色。然后倒出染色液，用 50％乙醇溶液洗去多余的色素。皮层和胚芽呈红色，胚乳部分不着色。

(五)结果判定与表示

1. 结果判定

(1) 直接比较法 观测试样和标准样品，比较米拉留皮程度。与加工精度等级标准样品相比，试样留皮较多的加工精度低，留皮较少则加工精度高。

(2) 染色法 对比试样与标准样品，根据皮层着色范围进行判断：如半数以上样品米粒的皮层着色范围小于标准样品，则加工精度相对较高；如皮层着色范围大于标准样品，则加工精度相对较低。

2. 结果表述

同时取两份样品检验，如结果不一致，则另取两份样品检验，以两份一致的结果作为最终结果。检验结果表述为：加工精度高于 x 等；加工精度低于 x 等；加工精度与 x 相符等。

 # 大米糠粉、矿物质、杂质总量、带壳稗粒、稻谷粒、不完善粒检验

(一)操作步骤

1. 筛选

(1) 电动筛选器法 按质量标准中规定的筛层套好（大孔筛在上，小孔筛在下，套上筛底），按规定取试样放入筛上，盖上筛盖，放在电动筛选器上，接通电源，打开开关，选筛自动地向左向右各筛 1 min（110～120 r/min），筛后静止片刻，将筛上物和筛下物分别倒入

分析盘内。卡在筛孔中间的颗粒属于筛上物。

（2）手筛法　按上述方法将筛层套好，倒入试样，盖好筛盖。然后将选筛放在玻璃板或光滑的桌面上，用双手以 110～120 次/min 的速度，按顺时针方向和逆时针方向各筛动 1 min。筛动的范围掌握在选筛直径扩大 8～10 cm。筛后的操作同上。

2. 糠粉、矿物质、杂质总量检验

按要求（大样 500 g，小样 50 g）取试样约 200 g，精确至 0.1 g，分两次放入直径 1.0 mm 圆孔筛内，按上述规定的筛选法进行筛选，筛后轻拍筛子使糠粉落入筛底。全部试样筛完后，刷下留存在筛层上的糠粉，合并称量（m_1），精确至 0.01 g。将筛上物倒入分析盘内（卡在筛孔中间的颗粒属于筛上物）。再从检验过糠粉的试样中分别拣出矿物质并称量（m_2），精确至 0.01 g。拣出稻谷粒、带壳稗粒及其他杂质等一并称量（m_3'），精确至 0.01g。

3. 带壳稗粒和稻谷粒检验

按照规定分取试样 500 g，精确至 1 g，拣出带壳稗粒（X）和稻谷粒（Y），分别计算含量。

4. 不完善粒检验

按照规定分取试样至 50 g（m_4），精确至 0.01 g，将试样倒入分析盘内，按粮食、油料质量标准中的规定拣出不完善粒并称量（m_5），精确至 0.01 g。

(二)结果计算

① 糠粉含量（E）以质量分数（%）表示，按式（1）计算：

$$E = \frac{m_1}{m} \times 100 \tag{1}$$

式中　m_1——糠粉重量，g；

　　　m——试样重量，g。

在重复性条件下，获得的两次独立测试结果的绝对差值不大于 0.04%，求其平均数，即为测试结果，测试结果保留到小数点后两位。

② 矿物质含量（A）以质量分数（%）表示，按式（2）计算：

$$A = \frac{m_2'}{m'} \times 100 \tag{2}$$

式中　m_2'——矿物质重量，g；

　　　m'——试样重量，g。

在重复性条件下，获得的两次独立测试结果的绝对差值不大于 0.005%，求其平均数，即为测试结果，测试结果保留到小数点后两位。

③ 杂质总量（B）以质量分数（%）表示，按式（3）计算：

$$B = \frac{m_1' + m_2' + m_3'}{m'} \times 100 \tag{3}$$

式中　m_1'——糠粉重量，g；

　　　m_2'——矿物质重量，g；

　　　m_3'——稻谷粒、稗粒及其他杂质重量，g；

　　　m'——试样重量，g。

在重复性条件下，获得的两次独立测试结果的绝对差值不大于 0.04%，求其平均数，即为测试结果，测试结果保留到小数点后两位。

④ 带壳稗粒（F），单位为粒/kg，按式（4）计算：

$$F = 2 \times X \tag{4}$$

式中，X 为 500 g 试样中检出的带壳稗粒，粒。

在重复性条件下，获得的两次独立测试结果的绝对差值不大于 3 粒/kg，求其平均数，即为测试结果，平均数不足 1 粒时按 1 粒计算。

⑤ 稻谷粒（I），单位为粒/kg，按式（5）计算：

$$I = 2 \times Y \tag{5}$$

式中，Y 为 500g 试样中检出的稻谷粒，粒。

在重复性条件下，获得的两次独立测试结果的绝对差值不大于 2 粒/kg，求其平均数，即为测试结果，平均数不足 1 粒时按 1 粒计算。

⑥ 不完善粒含量（C）以质量分数（％）表示，按式（6）计算：

$$C = \frac{m'_4}{m'} \times 100 \tag{6}$$

式中　m'_4——不完善粒重量，g；

　　　m'——试样重量，g。

在重复性条件下，获得的两次独立测试结果的绝对差值：大粒、特大粒粮不大于 10％，中小粒粮不大于 0.5％，求其平均数，即为测试结果，测试结果保留到小数点后一位。

任务三　大米水分检验

(一)原理

大米中水分含量一般指 105℃，直接干燥的情况下所失去物质的总量。

(二)仪器和用具

① 烘箱。

② 分析天平：感量 0.001 g。

③ 实验室用电动粉碎机或手摇粉碎机。

④ 谷物选筛。

⑤ 备有变色硅胶的干燥器（变色硅胶一经呈现红色就不能继续使用，应在 130～140℃下烘至全部呈蓝色后再用）。

⑥ 铝盒：内径 4.5 cm、高 2.0 cm。

⑦ 实验室常用仪器。

(三)操作步骤

1. 样品制备

从平均样品中分取一定样品，除去大样杂质和矿物质，粉碎细度通过 15 mm 圆孔筛的不少于 90％。

2. 定温

使烘箱中温度计的水银球距离烘网 2.5 cm 左右，调节烘箱温度定在 105℃±2℃。

3. 烘干铝盒

取干净的空铝盒，放在烘箱内温度计水银球下方烘网上，烘 30 min 至 1 h 取出，置于干燥器内冷却至室温，取出称重，再烘 30 min，烘至前后两次重量差不超过 0.005 g，即为恒重。

4.称取试样

用烘至恒重的铝盒（W_0）称取试样约 3 g，对带壳油料可按仁、壳比例称样，或将仁壳分别称样（W_1），准确至 0.001 g。

5.烘干试样

将铝盒盖套在盒底上，放入烘箱内温度计周围的烘网上，在 105℃温度下烘 3 h（油料烘 90 min）后取出铝盒，加盖，置于干燥器内冷却至室温，取出称重后，再按以上方法进行复烘，每隔 30 min 取出冷却，称重一次，烘至前后两次重量差不超过 0.005 g 为止。如后一次重量高于前一次重量，以前一次重量计算（W_2）。

(四)结果计算

粮食、油料含水量（A）按下式计算：

$$A = \frac{W_1 - W_2}{W_1 - W_0} \times 100$$

　　式中　　A——粮食、油料含水量，%；

　　　　　　W_0——铝盒重，g；

　　　　　　W_1——烘前试样和铝盒重，g；

　　　　　　W_2——烘后试样和铝盒重，g。

两次试验结果允许误差不超过 0.2%，求其平均数，即为测定结果。测定结果取小数点后一位。

任务四　大米色泽、气味、口味鉴定

(一)原理

取一定量的样品，去除其中的杂质，在规定条件下，按照规定方法借助感觉器官鉴定其色泽、气味、口味，以"正常"或"不正常"表示。

(二)仪器和用具

① 天平：分度值 1 g。

② 谷物选筛。

③ 贴有黑纸的平板（20 cm×40 cm）。

④ 广口瓶。

⑤ 水浴锅。

(三)环境和实验室

环境应符合 GB/T 10220《感官分析　方法学　总论》和 GB/T 22505《粮油检验　感官检验环境照明》的规定，实验室应符合 GB/T 13868《感官分析　建立感官分析实验室的一般导则》的规定。

(四)操作步骤

1.试样准备

样品的扦取和分样按 GB 5491 执行，并应去除杂物。

2.色泽鉴定

分取 20～50g 样品，放在手掌中均匀地摊平，在散射光线下仔细观察样品的整体颜色和光泽。

对色泽不易鉴定的样品，取 100～150 g 样品，在黑色平板上均匀地摊成 15 cm×20 cm 的薄层，在散射光线下仔细观察样品的整体颜色和光泽。

正常的大米应具有固有的颜色和光泽

3. 气味鉴定

分取 20～50 g 样品，放在手掌中用哈气或摩擦的方法，提高样品的温度后，立即嗅其气味。

对气味不易鉴定的样品，分取 20 g 样品，放入广口瓶，置于 60～70℃ 的水浴锅中，盖上瓶塞，颗粒状样品保温 8～10 min，粉末状样品保温 3～5 min，开盖嗅辨气味。

正常的大米应具有固有的气味。

4. 口味鉴定

按 GB/T 20569 中附录 B 执行。

（五）结果表示

① 色泽、气味鉴定结果以"正常"或"不正常"表示，对"不正常"的应加以说明。

② 口味鉴定结果以"正常"或"不正常"表示。品尝评分值不低于 60 分的为"正常"，低于 60 分的为"不正常"。对"不正常"的应加以说明。

任务五　　大米中汞的测定

本任务不仅适用于大米，也适用于豆类、蔬菜等食品中汞的测定。

（一）原理

试样经酸加热消解后，在酸性介质中，试样中汞被硼氢化钾（KBH_4）或硼氢化钠（$NaBH_4$）还原成原子态汞，由载气（氢气）带入原子化器中，在特制汞空心阴极灯照射下基态汞原子被激发至高能态，在去活化回到基态时发射出特征波长的荧光，其荧光强度与汞含量成正比，与标准系列比较定量。

（二）试剂

① 硝酸（优级纯）。

② 30% 过氧化氢。

③ 硫酸（优级纯）。

④ 硫酸＋硝酸＋水（1+1+8）：量取 10 mL 硝酸和 10 mL 硫酸，缓缓倒入 80 mL 水中，冷却后小心混匀。

⑤ 硝酸溶液（1+9）：量取 50 mL 硝酸，缓缓倒入 450 mL 水中，混匀。

⑥ 氢氧化钾溶液（5 g/L）：称取 5.0 g 氢氧化钾，溶于水中，稀释至 1000 mL，混匀。

⑦ 硼氢化钾溶液（5 g/L）：称取 5.0 g 硼氢化钾，溶于 5.0 g/L 的氢氧化钾溶液中，并稀释至 1000 mL，混匀，现用现配。

⑧ 汞标准储备溶液：精密称取 0.1354 g 于干燥过的二氧化汞，加硫酸＋硝酸＋水混合酸（1+1+8）溶解后移入 100 mL 容量瓶中，并稀释至刻度，混匀，此溶液每毫升相当于 1 mg 汞。

⑨ 汞标准使用溶液：用移液管吸取汞标准储备液（1 mg/mL）1 mL 于 100 mL 容量瓶中，用硝酸溶液（1+9）稀释至刻度，混匀，此溶液浓度为 10 μg/mL。在分别吸取

10 μ g/mL 汞标准溶液 1 mL 和 5 mL 于两个 100 mL 容量瓶中，用硝酸溶液（1+9）稀释至刻度，混匀，溶液浓度分别为 100 ng/mL 和 500 ng/mL，分别用于测定低浓度试样和高浓度试样，制作标准曲线。

（三）仪器

① 双道原子荧光光度计。
② 高压消解罐（100 mL 容量）。
③ 微波消解炉。
④ 实验室常规仪器。

（四）分析步骤

1. 试样消解

（1）高压消解法 本方法适用于粮食、豆类、蔬菜、水果、瘦肉类、鱼类、蛋类及乳与乳制品类食品中总汞的测定。

粮食及豆类等干样：称取经粉碎混匀过 40 目筛的干样 0.20～1.00 g，置于聚四氟乙烯塑料内罐中，加 5 mL 硝酸，混匀后放置过夜，再加 7 mL 过氧化氢，盖上内盖，放入不锈钢外套中，旋紧密封，然后将消解器放入普通干燥箱（烘箱）中加热，升温至 120℃后保持恒温 2～3 h，至消解完全，自然冷却至室温。将消解液用硝酸溶液（1+9）定量转移并定容至 25 mL，摇匀。同时做试剂空白试验。待测。

（2）微波消解法 称取 0.10～0.50 g 试样于消解罐中加入 1～5 mL 硝酸，1～2 mL 过氧化氢，盖好安全阀后，将消解罐放入微波炉消解系统中，根据不同种类的试样设置微波炉消解系统的最佳分析条件，至消解完全，冷却后用硝酸溶液（1+9）定量转移并定容至 25 mL（低含量试样可定容至 10 mL），混匀待测。

2. 标准系列配制

分别吸取 100 ng/mL 汞标准溶液 0.25 mL、0.50 mL、1.00 mL、2.00 mL、2.50 mL 于 25 mL 容量瓶中，用硝酸溶液（1+9）稀释至刻度，混匀。各自相当于汞浓度 1.00 ng/mL、2.00 ng/mL、4.00 ng/mL、8.00 ng/mL、10.00 ng/mL。此标准系列适用于一般试样测定。

3. 测定

（1）仪器参考条件 光电倍增管负高压为 240 V，汞空心阴极灯电流为 30mA；原子化器温度 300℃、高度 8.0 mm；氩气流速为载气 500 mL/min、屏蔽气 1000 mL/min；测量方式为标准曲线法；读数方式为峰面积，读数延迟时间为 1.0 s；读数时间为 10.0 s；硼氢化钾溶液加液时间为 8.0 s；标液或样液加液体积为 2 mL。

（2）测定方法 设定好仪器最佳条件，逐步将炉温升至所需温度后，稳定 10～20 min 后开始测量，连续用硝酸溶液（1+9）进样，待读数稳定之后，转入标准系列测量，绘制标准曲线。转入试样测量，先用硝酸溶液（1+9）进样，使读数基本回零，再分别测定试样空白和试样消化液，每测不同的试样前都应清洗进样器。

（五）结果计算

试样中汞的含量按下式进行计算：

$$X = \frac{(c - c_0) \times V \times 1000}{m \times 1000 \times 1000}$$

式中　X——试样中汞的含量，mg/kg 或 mg/L；

　　　c——试样消化液中汞的含量，ng/mL；

c_0——试剂空白液中汞的含量，ng/mL；

V——试样消化液总体积，mL；

m——试样重量或体积，g 或 mL。

计算结果保留三位有效数字。

(六)精密度

在重复性条件下获得的两次独立测定结果的绝对差值不得超过算术平均值的 10%。

任务六　大米中六六六、滴滴涕的测定

(一)原理

试样中六六六、滴滴涕经提取、净化后，用气相色谱法测定，与标准比较定量。电子捕获检测器对于负电极强的化合物具有极高的灵敏度，利用这一特点，可分别测出痕量的六六六、滴滴涕。不同异构体和代谢物可同时分别测定。

出峰顺序：α-HCH、γ-HCH、β-HCH、δ-HCH、p，p'-DDE、o，p'-DDT、p，p'-DDD、p，p'-DDT。

(二)试剂

① 正己烷：分析纯，重蒸。

② 石油醚：沸程 30~60℃，分析纯，重蒸。

③ 苯：分析纯。

④ 硫酸：优级纯。

⑤ 农药标准品：六六六纯度＞99%，滴滴涕纯度＞99%。

⑥ 农药标准储备液：精密称取 α-HCH、γ-HCH、β-HCH、δ-HCH、p，p'-DDE、o，p'-DDT、p，p'-DDD、p，p'-DDT 各 10 mg，溶于少量苯中，分别移于 100 mL 容量瓶中，以苯稀释至刻度，混匀，浓度为 100 mg/L，储存于冰箱中。

⑦ 农药混合标准工作液：分别量取上述各标准储备液于同一容量瓶中，以正己烷稀释至刻度。α-HCH、γ-HCH、δ-HCH 的浓度为 0.005 mg/L，β-HCH 和 p，p'-DDE 浓度为 0.01 mg/L，o，p'-DDT 浓度为 0.05 mg/L，p，p'-DDD 浓度为 0.02 mg/L，p，p'-DDT 浓度为 0.1 mg/L。

(三)仪器

① 气相色谱仪：带电子捕获检测器（ECD）。

② 旋转蒸发器。

③ 氮气浓缩器。

④ 匀浆机。

⑤ 调速多用振荡器。

⑥ 离心机。

⑦ 植物样本粉碎机。

⑧ 实验室常规设备。

(四)分析步骤

1.试样制备

谷类制成粉末，其制品割成匀浆。

2.提取

称取具有代表性的 2 g 粉末样品，加石油醚 20 mL，振荡 30 min，过滤，浓缩，定容至 5 mL，加 0.5 mL 浓硫酸净化，振摇 0.5 min，于 3000 r/min 离心 15 min。取上清液进行 GC 分析。

3.气相色谱测定

填充柱气相色谱条件：色谱柱为内径 3 mm、长 2 m 的玻璃柱，内装涂以 1.5% OV-17 和 2% QF-1 混合固定液的 80~100 目硅藻土；载气：高纯氮，流速 110 mL/min；柱温：185℃；检测器温度：225℃；进样口温度：195 ℃。进样量为 1~10 μL。外标法定量。

4.色谱图

8 种农药的色谱图见图 1。

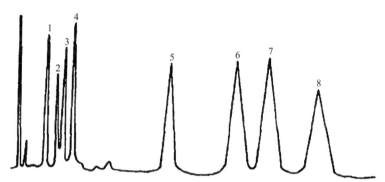

出峰顺序：α-HCH、γ-HCH、β-HCH、δ-HCH、p,p'-DDE、o,p'-DDT、p,p'-DDD、p,p'-DDT

图 1　8 种农药的色谱图

(五)结果计算

试样中六六六、滴滴涕及其异构体或代谢物的单一含量按下式进行计算：

$$X = \frac{A_1}{A_2} \times \frac{m_1}{m_2} \times \frac{V_1}{V_2} \times \frac{1000}{1000}$$

式中　X——试样中六六六、滴滴涕及其异构体或代谢物的单一含量，mg/kg；

$\quad\quad A_1$——被测定试样各组分的峰值（峰高或面积）；

$\quad\quad A_2$——各农药组分标准的峰值（峰高或面积）；

$\quad\quad m_1$——单一农药标准溶液的含量，ng；

$\quad\quad m_2$——被测定试样的取样量，g；

$\quad\quad V_1$——被测定试样的稀释体积，mL；

$\quad\quad V_2$——被测定试样的进样体积，μL。

(六)精密度

在重复性条件下获得的两次独立测定结果的绝对差值不得超过算术平均值的 15%。

任务七　大米中黄曲霉素 B_1 的测定

(一)原理

样品中黄曲霉毒素 B_1 经提取、浓缩、薄层分离后，在波长 365 nm 紫外光下产生蓝紫色荧光，根据其在薄层上显示荧光的最低检出量来测定含量。薄层板上黄曲霉毒素 B_1 的最低检出量为 0.0004 μg，最低检出浓度为 5 μg/kg。

(二)试剂

① 三氯甲烷。

② 正己烷或石油醚（沸程 30～60℃或 60～90℃）。

③ 甲醇。

④ 苯。

⑤ 乙腈。

⑥ 无水乙醚或乙醚经无水硫酸钠脱水。

⑦ 丙酮。

以上试剂①～⑦在试验时先进行一次试剂空白试验，如不干扰测定即可使用，否则需逐一进行重蒸。

⑧ 硅胶 G：薄层色谱用。

⑨ 三氟乙酸。

⑩ 无水硫酸钠。

⑪ 氯化钠。

⑫ 苯-乙腈混合液：量取 98 mL 苯，加 2 mL 乙腈，混匀。

⑬ 甲醇水溶液：55：45。

⑭ 黄曲霉毒素 B_1 标准溶液。

黄曲霉毒素 B_1 标准溶液制备方法如下。

a. 仪器校正。测定重铬酸钾溶液的摩尔消光系数，以求出使用仪器的校正因素。准确称取 25 mg 经干燥的重铬酸钾（基准级），用硫酸（0.5＋1000）溶解后并准确稀释至 200 mL，相当于 $c(K_2Cr_2O_7)=0.0004$ mol/L。再吸取 25 mL 此稀释液于 50 mL 容量瓶中，加硫酸（0.5＋1000）稀释至刻度，相当于 0.0002 mol/L 溶液。再吸取 25 mL 此稀释液于 50 mL 容量瓶中，加硫酸（0.5＋1000）稀释至刻度，相当于 0.0001 mol/L 溶液。用 1 cm 石英杯，在最大吸收峰的波长（接近 350 nm 处）用硫酸（0.5＋1000）作空白，测得以上 3 种不同浓度溶液的吸光度，并按式（1）计算出以上 3 种浓度溶液的摩尔消光系数的平均值：

$$E = \frac{A_1}{c} \qquad (1)$$

式中　E——重铬酸钾溶液的摩尔消光系数；

　　　A_1——测得重铬酸钾溶液的吸光度；

　　　c——重铬酸钾溶液的物质的量浓度。

再以此平均值与重铬酸钾的摩尔消光系数值 3160 比较，即求出使用仪器的校正因素[式（2）]：

$$f = \frac{3160}{E} \qquad (2)$$

式中 f——使用仪器的校正因素;

　　　　E——测得的重铬酸钾摩尔消光系数平均值。

　　若 $f>0.95$ 或 $f<1.05$,则使用仪器的校正因素可略而不计。

　　b. 黄曲霉毒素 B_1 标准溶液的制备　准确称取 $1\sim1.2$ mg 黄曲霉毒素 B_1 标准品,先加入 2 mL 乙腈溶解后,再用苯稀释至 100 mL,避光,置于 4℃冰箱保存。该标准溶液约为 $10~\mu g/mL$。用紫外分光光度计测此标准溶液的最大吸收峰波长及该波长的吸光度值〔式(3)〕。

$$X_1 = \frac{AMf \times 1000}{E} \tag{3}$$

式中 X_1——黄曲霉毒素 B_1 标准溶液的浓度,$\mu g/mL$;

　　　　A——测得的吸光度值;

　　　　f——使用仪器的校正因素;

　　　　M——黄曲霉毒素 B_1 的摩尔质量,为 312 g/mol;

　　　　E——黄曲霉毒素 B_1 在苯-乙腈混合液中的摩尔消光系数,为 19800 L/(mol·cm)。

　　　　　根据计算,用苯-乙腈混合液调到标准溶液浓度 $10.0\mu g/mL$,并用分光光度计核对其浓度。

　　c. 纯度的测定。取 $10~\mu g/mL$ 黄曲霉毒素 B_1 标准溶液 $5~\mu L$,滴加于涂层厚度 0.25 mm 的硅胶 G 薄层板上,用甲醇-三氯甲烷(4+96)与丙酮-三氯甲烷(8+92)展开剂展开,在紫外灯下观察荧光的产生,必须符合以下条件:

　　在展开后,只有单一的荧光点,无其他杂质荧光点;

　　原点上没有任何残留的荧光物质。

　　⑮ 黄曲霉毒素 B_1 标准使用液。准确吸取 1 mL 标准溶液($10~\mu g/mL$)于 10 mL 容量瓶中,加苯-乙腈混合液至刻度,混匀。此溶液每毫升相当于 $10~\mu g$ 黄曲霉毒素 B_1。吸取 1.0 mL 此稀释液,置于 5 mL 容量瓶中,加苯-乙腈混合液稀释至刻度,此溶液每毫升相当于 $0.2~\mu g$ 黄曲霉毒素 B_1。再吸取黄曲霉毒素 B_1 标准溶液($0.2~\mu g/mL$)1.0 mL 置于 5 mL 容量瓶中,加苯-乙腈混合液稀释至刻度,此溶液每毫升相当于 $0.04~\mu g$ 黄曲霉毒素 B_1。

　　⑯ 次氯酸钠溶液(消毒用)。取 100 g 漂白粉,加入 500 mL 水,搅拌均匀。另将 80 g 工业用碳酸钠($Na_2CO_3 \cdot 10H_2O$)溶于 500 mL 温水中,再将两液混合、搅拌,澄清后过滤。此滤液含次氯酸浓度约为 25 g/L。若用漂粉精制备,则碳酸钠的量可以加倍。所得溶液的浓度约为 50 g/L。污染的玻璃仪器用 10 g/L 次氯酸钠溶液浸泡半天或用 50 g/L 次氯酸钠溶液浸泡片刻后,即可达到去毒效果。

　　⑰ 重铬酸钾。

　　⑱ 硫酸(0.5+1000)。

　　⑲ 碳酸钠。

　　⑳ 漂白粉。

(三)仪器

① 小型粉碎机。

② 样筛。

③ 电动振荡器。

④ 全玻璃浓缩器。

⑤ 玻璃板:5 cm×20 cm。

⑥ 薄层板涂布器。

⑦ 展开槽：内长 25 cm、宽 6 cm、高 4 cm。

⑧ 紫外灯：100～125 W，带有波长 365 nm 的滤光片。

⑨ 微量注射器或血色素吸管。

⑩ 实验室常规仪器。

⑪ 吹风机。

(四)分析步骤

1. 取样

样品中若混有污染黄曲霉毒素含量高的霉粒，一粒就可以左右测定结果，而且有毒霉粒的比例小，分布不均匀，为避免取样带来的误差，必须大量取样，并将该大量样品粉碎，混合均匀，才有可能得到确能代表一批样品的相对可靠的结果。因此，采样应注意以下几点。

① 根据规定采取有代表性样品。

② 对局部发霉变质的样品检验时，应单独取样。

③ 小麦粉样品全部通过 20 目筛，混匀。必要时，每批样品可采取 3 份大样作样品制备及分析测定用，以观察所采样品是否具有一定的代表性。

2. 提取

称取 20.00 g 过筛样品，置于 250 mL 具塞锥形瓶中，加 30 mL 正己烷或石油醚和 100 mL 甲醇水溶液，在瓶塞上涂一层水，盖严防漏。振荡 30 min，静置片刻，以叠成折叠式的快速定性滤纸过滤于分液漏斗中，待下层甲醇水溶液分清后，放出甲醇水溶液于另一具塞锥形瓶内。取 20.00 mL 甲醇水溶液（相当于 4 g 样品）置于另一 125 mL 分液漏斗中，加 20 mL 三氯甲烷，振摇 2 min，静置分层，如出现乳化现象可滴加甲醇促使分层。放出三氯甲烷层，经盛有约 10 g 预先用三氯甲烷湿润的无水硫酸钠的定量慢速滤纸过滤于 50 mL 蒸发皿中，再加 5 mL 三氯甲烷于分液漏斗中，重复振摇提取，三氯甲烷层一并滤于蒸发皿中，最后用少量三氯甲烷洗过滤器，洗液并于蒸发皿中。将蒸发皿放在通风柜中于 65℃ 水浴上通风挥干，然后放在冰盒上冷却 2～3 min 后，准确加入 1 mL 苯-乙腈混合液（或将三氯甲烷用浓缩蒸馏器减压吹气蒸干后，准确加入 1 mL 苯-乙腈混合液）。用带橡皮头的滴管的管尖将残渣充分混合，若有苯的结晶析出，将蒸发皿从冰盒上取出，继续溶解、混合，晶体即消失，再用此滴管吸取上清液转移于 2 mL 具塞试管中。

3. 测定

（1）单向展开法

①薄层板的制备。称取约 3 g 硅胶 G，加相当于硅胶量 2～3 倍左右的水，用力研磨 1～2 min 至成糊状后立即倒于涂布器内，推成 5 cm×20 cm、厚度约 0.25 m 的薄层板三块。在空气中干燥 约 15 min 后，在 100℃ 活化 2 h，取出，放干燥器中保存。一般可保存 2～3 d，若放置时间较长，可再活化后使用。

②点样。将薄层板边缘附着的吸附剂刮净，在距薄层板下端 3 cm 的基线上用微量注射器或血色素吸管滴加样液。一块板可滴加 4 个点，点距边缘和点间距约为 1 cm，点直径约 3 mm。在同一板上滴加点的大小应一致，滴加时可用吹风机用冷风边吹边加。滴加样式如下。

第一点：10 μL 黄曲霉毒素 B_1 标准使用液（0.04 μg/mL）。

第二点：20 μL 样液。

第三点：20 μL 样液＋10 μL 黄曲霉毒素 B_1 标准使用液（0.04 μg/mL）。

第四点：20μL 样液＋10 μL 黄曲霉毒素 B_1 标准使用液（0.2 μg/mL）。

③展开与观察。在展开槽内加 10 mL 无水乙醚，预展 12 cm，取出挥干。再于另一展

开槽内加 10 mL 丙酮-三氯甲烷（8＋92），展开 10～12 cm，取出。在紫外光下观察结果，方法如下。

a. 由于样液点上加滴黄曲霉毒素 B_1 标准使用液，可使黄曲霉毒素 B_1 标准点与样液中的黄曲霉毒素 B_1 荧光点重叠。如样液为阴性，薄层板上的第三点中黄曲霉毒素 B_1 为 0.0004 μg，可用作检查在样液内黄曲霉毒素 B_1 最低检出量是否正常出现；如为阳性，则起定性作用。薄层板上的第四点中黄曲霉毒素 B_1 为 0.002 μg，主要起定位作用。

b. 若第二点在与黄曲霉毒素 B_1 标准点的相应位置上无蓝紫色荧光点，表示样品中黄曲霉毒素 B_1 含量在 5 $\mu g/kg$ 以下；如在相应位置上有蓝紫色荧光点，则需进行确证试验。

④ 确证试验。为了证实薄层板上样液荧光系由黄曲霉毒素 B_1 产生的，加滴三氟乙酸，产生黄曲霉毒素 B_1 的衍生物，展开后此衍生物的比移值约在 0.1。于薄层板左边依次滴加两个点。

第一点：10 μL 黄曲霉毒素 B_1 标准使用液（0.04 $\mu g/mL$）。

第二点：20 μL 样液。

于以上两点各加一小滴三氟乙酸盖于其上，反应 5 min 后，用吹风机吹热风 2 min 后，使热风吹到薄层板上的温度不高于 40℃。

再于薄层板上滴加以下两个点。

第三点：10 μL 黄曲霉毒素 B_1 标准使用液（0.04 $\mu g/mL$）。

第四点：20 μL 样液。

再展开（同③），在紫外灯下观察样液是否产生与黄曲霉毒素 B_1 标准点相同的衍生物。未加三氟乙酸的三、四两点，可依次作为样液与标准的衍生物空白对照。

⑤ 稀释定量。样液中的黄曲霉毒素 B_1 荧光点的荧光强度如与黄曲霉毒素 B_1 标准点的最低检出量（0.004 μg）的荧光强度一致，则样品中黄曲霉毒素 B_1 含量即为 5$\mu g/kg$。如样液中荧光强度比最低检出量强，则根据其强度估计减少滴加量或将样液稀释后再滴加不同量，直至样液点的荧光强度与最低检出量的荧光强度一致为止。滴加式样如下。

第一点：10 μL 黄曲霉毒素 B_1 标准使用液（0.04 $\mu g/mL$）。

第二点：根据情况滴加 10 μL 样液。

第三点：根据情况滴加 15 μL 样液。

第四点：根据情况滴加 20 μL 样液。

⑥ 计算：样品中黄曲霉毒素 B_1 的含量按式（4）计算。

$$X_2 = 0.0004 \times \frac{V_1 D}{V_2} \times \frac{1000}{m} \tag{4}$$

式中　X_2——样品中黄曲霉毒素 B_1 的含量，$\mu g/kg$；

　　　V_1——加入苯-乙腈混合液的体积，mL；

　　　V_2——出现最低荧光时而加样液的体积，mL；

　　　D——样液的总稀释倍数；

　　　m——加入苯-乙腈混合液溶解时相当样品的含量，g；

　0.0004——黄曲霉毒素 B_1 的最低检出量，μg。

结果表述：报告测定值的整数位。

（2）双向展开法　如用单向展开法展开后，薄层色谱由于杂质干扰掩盖了黄曲霉毒素 B_1 的荧光强度，需采用双向展开法。薄层板先用无水乙醚作横向展开，将干扰的杂质展至样液点的一边而黄曲霉毒素 B_1 不动，然后再用丙酮、三氯甲烷（8＋92）作纵向展开，样品在黄曲霉毒素 B_1 相应处的杂质底色大量减少，因而提高了方法灵敏度。如用双向展开中滴加两点法展开仍有杂质干扰时，则可改用滴加一点法。

①滴加两点法

a. 点样。取薄层板3块，在距下端3 cm基线上滴加黄曲霉毒素B₁标准使用液与样液。即在3块板的距左边缘0.8～1 cm处各滴加10 μL黄曲霉毒素B₁标准使用液（0.04 μg/mL），在距左边缘2.8～3 cm处各滴加20 μL样液，然后在第二块板的样液点上加滴10 μL 0.04 μg/mL黄曲霉毒素B₁标准使用液，在第三块板的样液点上加滴10 μL黄曲霉毒素B₁标准使用液（0.2 μg/mL）。

b. 展开。

横向展开。在展开槽内的长边置一玻璃支架，加10 mL无水乙醇，将上述点好的薄层板靠标准点的长边置于展开槽内展开，展至板端后，取出挥干，或根据情况需要时可再重复展开1～2次。

纵向展开。挥干的薄层板以丙酮-三氯甲烷（8＋92）展开至10～12 cm为止。丙酮-三氯甲烷的比例根据不同条件自行调节。

c. 观察及评定结果。在紫外灯下观察第一、二板，若第二板的第二点在黄曲霉毒素B₁标准点的相应处出现最低检出量，而第一板在与第二板的相同位置上未出现荧光点，则样品中黄曲霉毒素B₁含量在5 μg/kg以下。

若第一板在与第二板的相同位置上出现荧光点，则将第一板与第三板比较，看第三板上第二点与第一板上第二点的相同位置上的荧光点是否与黄曲霉毒素B₁标准点重叠，如果重叠，再进行确证试验。在具体测定中，第一、二、三板可以同时做，也可按照顺序做。如按顺序做，当在第一板出现阴性时，第三板可以省略，如第一板为阳性，则第二板可以省略，直接做第三板。

d. 确证试验。另取薄层板两块，于第四、五两板距左边缘0.8～1 cm处各滴加10 μL黄曲霉毒素B₁标准使用液（0.04 μg/mL）及1小滴三氟乙酸；在距左边缘2.8～3 cm处，于第四板滴加20 μL样液及1小滴三氟乙酸；于第五板滴加20 μL样液、10 μL黄曲霉毒素B₁标准使用液（0.04 μg/mL）及1小滴三氟乙酸。反应5 min后，用吹风机吹热风2 min，使热风吹到薄层板上的温度不高于40℃，再用双向展开法展开后，观察样液是否产生与黄曲霉毒素B₁标准点重叠的衍生物。观察时，可将第一板作为样液的衍生物空白板。如样液黄曲霉毒素B₁含量高时，则将样液稀释后，按（1）④做确证试验。

e. 稀释定量。如样液黄曲霉毒素B₁含量高时，按（1）⑤稀释定量操作。如黄曲霉毒素B₁含量低，稀释倍数小，在定量的纵向展开板上仍有杂质干扰，影响结果的判断，可将样液再做双向展开法测定，以确定含量。

f. 结果计算。同（1）⑥。

②滴加一点法。

a. 点样。取薄层板3块，在距下端3 cm基线上滴加黄曲霉毒素B₁标准使用液与样液。即在3块板距左边缘0.8～1 cm处各滴加20 μL样液，在第二板的点上加滴10 μL黄曲霉毒素B₁标准使用液（0.04 μg/mL），在第三板的点上加滴10 μL黄曲霉毒素B₁标准溶液（0.2 μg/mL）。

b. 展开。同①b的横向展开与纵向展开。

c. 观察及评定结果。在紫外灯下观察第一、二板，如第二板出现最低检出量的黄曲霉毒素B₁标准点，而第一板与其相同位置上未出现荧光点，则样品中黄曲霉毒素B₁含量在5 μg/kg以下。如第一板在与第二板黄曲霉毒素B₁相同位置上出现荧光点，则将第一板与第三板比较，看第三板上与第一板相同位置的荧光点是否与黄曲霉毒素B₁标准点重叠，如果重叠，再进行以下确证试验。

d. 确证试验。另取两板，于距左边缘0.8～1 cm处，第四板滴加20 μL样液、1滴三氟乙酸；第五板滴加 20 μL 样液、10 μL 黄曲霉毒素 B_1 标准使用液（0.04 μg/mL）及 1 滴三氟乙酸，产生衍生物及展开方法同①d。再将以上二板在紫外灯下观察，以确定样液点是否产生与黄曲霉毒素 B_1 标准点重叠的衍生物，观察时可将第一板作为样液的衍生物空白板。经过以上确证试验确定为阳性后，再进行稀释定量，如黄曲霉毒素 B_1 含量低，不需稀释或稀释倍数小，杂质荧光仍有严重干扰，可根据样液中黄曲霉毒素 B_1 荧光的强弱，直接用双向展开法定量。

　　e.结果计算。同（1）⑥。

项目二　水果罐头检验

① 了解水果罐头的相关标准。
② 掌握水果罐头常规检验项目。
③ 会进行水果罐头的主要检验操作。

检验前准备

水果罐头是指把经去皮（或核）、修整（切片或分瓣）、分选等处理好的水果原料装罐，加入不同浓度的糖水，密封杀菌而制成的罐头产品。

水果罐头的相关标准见表1。

表 1　水果罐头相关标准

标准号	标准名称
GB 7098—2015	《食品安全国家标准 罐头食品》
GB/T 13207—2011	《菠萝罐头》
GB/T 13210—2014	《柑橘罐头》
GB/T 13211—2008	《糖水洋梨罐头》
GB/T 13516—2014	《桃罐头》
QB/T 1117—2014	《混合水果罐头》
QB/T 1379—2014	《梨罐头》
QB/T 1380—2014	《龙眼罐头》
QB/T 1381—2014	《山楂罐头》
QB/T 1382—2014	《葡萄罐头》
QB/T 1383—2014	《李子罐头》
QB/T 1611—2014	《杏罐头》
QB/T 1688—2014	《樱桃罐头》
QB/T 2391—2014	《枇杷罐头》
QB/T 3610—2014	《杨梅罐头》
QB/T 3611—2014	《荔枝罐头》
QB/T 3612—2014	《苹果罐头》
QB/T 3613—2014	《海棠罐头》
QB/T 3614—2014	《猕猴桃罐头》

水果罐头的检验项目见表 2。

表 2　水果罐头质量检验项目

序号	检验项目	发证	监督	出厂	检验标准	备注
1	感官	√	√	√	GB/T 10786—2006	
2	净含量	√	√	√	GB/T 10786—2006	
3	固形物（含量）	√	√	√	GB/T 10786—2006	汤类、果汁类、花生米罐头不检
4	糖水浓度（可溶性固形物）	√	√	√	GB/T 10786—2006	
5	总酸度（pH 值）	√	√	√	GB/T 10789—2015	
6	锡（Sn）	√	√	*	GB 5009.16—2014	
7	铅（Pb）	√	√	*	GB 5009.12—2017	
8	总砷	√	√	*	GB 5009.11—2014	
9	着色剂	√	√	*	GB 5009.35—2016	有此项目的，如糖水染色樱
10	二氧化硫	√	√	*	GB 5009.34—2016	
11	商业无菌	√	√		GB/T 4789.26—2013	
12	标签	√	√		GB 7718—2011	

注：1 企业出厂检验项目中有√标记的，为常规检验项目。

2．企业出厂检验项目中有＊标记的，企业应当每年检验两次。

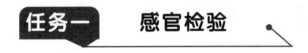

任务一　感官检验

(一)工具

白瓷盘、匙、不锈钢圆筛（丝的直径 1 mm、筛孔 2.8 mm×2.8 mm）、烧杯、量筒、开罐刀等。

(二)组织与形态检验

在室温下将罐头打开，先滤去汤汁，然后将内容物倒入白瓷盘中观察组织、形态是否符合标准。

(三)色泽检验

在白瓷盘中观察其色泽是否符合标准，将汁液倒在烧杯中，观察其汁液是否清亮透明、有无夹杂物及引起浑浊的果肉碎屑。

(四)滋味和气味检验

先嗅其香味，然后评定酸甜是否适口。检验其是否具有与原水果相近似的香味。注意：感官检验人员须有正常的味觉与嗅觉，感官鉴定过程不得超过 2 h。

任务二　净含量（净重量）检验

（一）工具

白瓷盘、匙、烧杯、量筒、开罐刀、不锈钢圆筛、天平（0.1 g）等。

不锈钢圆筛要求：净重＜1.5 kg 的罐头，用直径 200 mm 的圆筛；净重≥1 5 kg 的罐头，用直径 300 mm 的圆筛。圆筛用不锈钢丝织成，其直径为 1 mm，孔眼为 2.8 mm× 2.8 mm。

（二）测定

擦净罐头外壁，用天平称取罐头毛重。直接开罐。内容物倒出后，将空罐洗净、擦干后称重。

（三）计算

按下式计算净重：

$$W = W_2 - W_1$$

式中　W——罐头净重，g；

W_1——空罐重量，g；

W_2——罐头毛重，g。

任务三　固形物（含量）的测定

（一）工具

白瓷盘、匙、烧杯、量筒、开罐刀、不锈钢圆筛、天平（0.1 g）等。

不锈钢圆筛要求：净重＜1.5 kg 的罐头，用直径 200 mm 的圆筛；净重≥1.5 kg 的罐头，用直径 300 mm 的圆筛。圆筛用不锈钢丝织成，其直径为 1 mm，孔眼为 2.8 mm× 2.8 mm。

（二）测定

开罐后，将内容物倾倒在预先称重的圆筛上，不搅动产品，倾斜筛子，沥干 2 min 后，将圆筛和沥于物一并称重。

（三）计算

按下式计算固形物含量：

$$X = \frac{W_2 - W_1}{W} \times 100\%$$

式中　X——固形物含量，%；

W_1——圆筛重量，g；

W_2——沥干物加圆筛重量，g；

W——罐头标明净重，g。

任务四　糖水浓度（可溶性固形物）的测定

（一）原理
在 20℃ 时用折光计测量待测样液的折射率，在折光计上直接读出可溶性固形物含量。

（二）仪器
实验室常用仪器。阿贝折光计（或糖度计）：测量范围 0～80 ％，精确度±0.5％。

（三）操作步骤

1. 试液的制备

按固液相比例，将样品用组织捣碎器捣碎后，用四层纱布挤出滤液，充分混匀，直接测定。

2. 分析步骤

① 测定前按说明书校正折光计。

② 分开折光计两面棱镜，用脱脂棉蘸乙醚或乙醇擦净，挥干乙醚或乙醇。

③ 用末端熔圆之玻璃棒蘸取试液 2～3 滴，滴于折光计棱镜面中央（注意勿使玻璃棒触及镜面）。

④ 迅速闭合棱镜，静置 1 min，使试液均匀无气泡，并充满视野。

⑤ 对准光源，通过目镜观察接物镜。转动棱镜旋钮，使视野分成明暗两部，再旋转色散补偿旋钮，使明暗界限更清晰，并使其分界线恰在接物镜的十字交叉点上。读取目镜视野中的百分数即为可溶性固形物的百分含量，测定样液温度。

⑥ 将上述百分含量按表 1 换算为 20℃ 时可溶性固形物百分含量。测定时温度最好控制在 20℃ 左右观察，尽可能缩小校正范围。同一样品进行两次测试。

表 1　可溶性固形物对温度校正表

温度/℃		可溶性固形物含量度数/％									
		5	10	15	20	25	30	40	50	60	70
减校正值	15	0.29	0.31	0.33	0.34	0.34	0.35	0.37	0.38	0.39	0.40
	16	0.24	0.25	0.26	0.27	0.28	0.28	0.30	0.30	0.31	0.32
	17	0.18	0.19	0.20	0.21	0.21	0.21	0.22	0.23	0.23	0.24
	18	0.13	0.13	0.14	0.14	0.14	0.14	0.15	0.15	0.16	0.16
	19	0.06	0.06	0.07	0.07	0.07	0.07	0.08	0.08	0.08	0.08
加校正值	21	0.07	0.07	0.07	0.07	0.08	0.08	0.08	0.08	0.08	0.08
	22	0.13	0.14	0.14	0.15	0.15	0.15	0.15	0.16	0.16	0.16
	23	0.20	0.21	0.22	0.22	0.23	0.23	0.23	0.24	0.24	0.24
	24	0.27	0.28	0.29	0.30	0.30	0.31	0.31	0.31	0.32	0.32
	25	0.35	0.36	0.37	0.38	0.38	0.39	0.40	0.40	0.40	0.40

任务五　总酸度(pH)的测定

(一)原理

测量浸在被测液体中两个电极之间的电位差。

(二)试剂

下列各缓冲溶液可作为校正之用。

1. pH 3.57 (20℃时) 缓冲溶液

用分析试剂级的酒石酸氢钾（$KHC_4H_4O_6$）在 25℃配制的饱和水溶液，此溶液的 pH 值在 25℃时为 3.56，而在 30℃时为 3.55。

2. pH 6.88 (20℃时) 缓冲溶液

称取 3.402 g（精确到 0.001 g）磷酸二氢钾（KH_2PO_4）和 3.549 g 磷酸氢二钠（Na_2HPO_4），溶解于蒸馏水中，并稀释到 1000mL。此溶液的 pH 值在 10℃时为 6.92，而在 30℃时为 6.85。

3. pH 4.0 (20℃时) 缓冲溶液

称取 10.211 g（精确到 0.001 g）苯二甲酸氢钾 [$KHC_6H_4(COO)_2$]（在 125℃烘过 1 h 至恒重）溶解于蒸馏水中，并稀释到 1000mL。此溶液的 pH 值在 10℃时为 4.00，而在 30℃时为 4.01。

4. pH 5.00 (20℃时) 缓冲溶液

将分析试剂级的柠檬酸氢二钠（$Na_2HC_6H_5O_7$）配制成 0.1mol/L 溶液即可。

5. pH 5.45 (20℃时) 缓冲溶液

取 500 mL 柠檬酸水溶液（0.067 mol/L）与 375 mL 氢氧化钠水溶液（0.2 mol/L）混匀，此溶液的 pH 值在 10℃时为 5.42，而在 30℃时为 5.48。

(三)仪器

1. pH 计

刻度为 0.1，pH 单位可更小些，如果仪器没有温度校正系统，此刻度只适用于在 20℃进行测量。

2. 玻璃电极

各种形状的玻璃电极都可以用，这种电极应浸在蒸馏水中保存。

3. 甘汞电极

按制造厂的说明书保存甘汞电极。如果没有说明书，此电极应保存在饱和氯化钾溶液中。

(四)操作步骤

1. 试液的制备

糖水水果罐头制品取混匀液相部分备用。

2. pH 计校正

用已知精确 pH 值的缓冲液（尽可能接近待测溶液的 pH 值），在测定采用的温度下校正 pH 计，如果 pH 计无温度校正系统，缓冲溶液的温度应保持在（20±2）℃的范围内。

3. 测定

将电极插入被测试样液中，并将 pH 计的温度校正器调节到被测液的温度。如果仪器没有温度校正系统，被测试样液的温度应调到（20±2）℃的范围内。采用适合于所用 pH 计的步骤进行测定，当读数稳定后，从仪器的标度上直接读出 pH 值，精确到 0.05 pH 单位。

（五）结果计算

如果有关重现性的要求已能满足，取两次测定的算术平均值作为结果，报告精确到 0.05 pH 单位。

同一人操作，同时或紧接的两次测定结果之差不超过 0.1 pH 单位。

任务六　　铅的测定

本任务不仅适用于水果罐头，同时也适用于粮食、豆类等食品。

（一）原理

试样经灰化或酸消解后，注入原子吸收分光光度计石墨炉中，电热原子化后吸收 283.3 nm 共振线，在一定浓度范围其吸收值与铅含量成正比，与标准系列比较定量。

（二）试剂和材料

除另有规定外，本方法所使用试剂均为分析纯，水为一级水。

① 硝酸：优级纯。

② 过硫酸铵。

③ 过氧化氢（30％）。

④ 高氯酸：优级纯。

⑤ 硝酸（1＋1）：取 50 mL 硝酸慢慢加入 50 mL 水中。

⑥ 硝酸（0.5 mol/L）：取 3.2 mL 硝酸加入 50 mL 水中，稀释至 100 mL。

⑦ 硝酸（1 mol/L）：取 6.4 mL 硝酸加入 50 mL 水中，稀释至 100 mL。

⑧ 磷酸二氢铵溶液（20 g/L）：称取 2.0 g 磷酸二氢铵，以水溶解稀释至 100 mL。

⑨ 混合酸：硝酸＋高氯酸（9＋1）。取 9 份硝酸与 1 份高氯酸混合。

⑩ 铅标准储备液：准确称取 1.000 g 金属铅（99.99％），分次加少量硝酸，加热溶解，总量不超过 37 mL，移入 1000 mL 容量瓶，加水至刻度。混匀。此溶液每毫升含 1.0 mg铅。

⑪ 铅标准使用液：每次吸取铅标准储备液 1.0 mL 于 100 mL 容量瓶中，加硝酸至刻度。如此经多次稀释成每毫升含 10.0 ng，20.0 ng，40.0 ng，60.0 ng，80.0 ng 铅的标准使用液。

（三）仪器和设备

① 原子吸收光谱仪，附石墨炉及铅空心阴极灯。

② 马弗炉。

③ 天平：感量为 1 mg。

④ 干燥恒温箱。

⑤ 瓷坩埚。

⑥ 压力消解器、压力消解罐。

⑦ 可调式电热板、可调式电炉。

⑧ 食品加工机或匀浆机。

⑨ 塑料瓶。

⑩ 容量瓶。

⑪ 锥形瓶或高脚烧杯。

⑫ 小漏斗。

⑬ 玻璃珠。

(四)分析步骤

1.试样预处理

在采样和制备过程中，应注意不使试样污染。

粮食、豆类去杂物后，磨碎，过 20 目筛，储于塑料瓶中，保存备用。

蔬菜、水果、鱼类、肉类及蛋类等水分含量高的鲜样，用食品加工机或匀浆机打成匀浆，储于塑料瓶中，保存备用。

2.试样消解（可根据实验室条件选用以下任何一种方法消解）

压力消解罐消解法：称取 1~2 g 试样（精确到 0.001 g，干样、含脂肪高的试样＜1 g，鲜样＜2 g，或按压力消解罐使用说明书称取试样），放入聚四氟乙烯内罐，加硝酸 2~4 mL 浸泡过夜。再加过氧化氢 2~3 mL（总量不能超过罐容积的 1/3）。盖好内盖，旋紧不锈钢外套，放入恒温干燥箱，120~140 ℃保持 3~4 h，在箱内自然冷却至室温，用滴管将消解液洗入或过滤入（视消解后试样的盐分而定）10~25 mL 容量瓶中，用水少量多次洗涤罐，洗液合并于容量瓶中并定容至刻度，混匀备用；同时作试剂空白。

干法灰化：称取 1~5 g 试样（精确到 0.001 g，根据铅含量而定）于瓷坩埚中，先小火在可调式电热板上炭化至无烟，移入马弗炉 500 ℃±25 ℃灰化 6~8 h，冷却。若个别试样灰化不彻底，则加 1 mL 混合酸在可调式电炉上小火加热，反复多次直到消解完全，放冷，用硝酸将灰分溶解，用滴管将试样消解液洗入或过滤入（视消解后试样的盐分而定）10~25 mL 容量瓶中，用水少量多次洗涤瓷坩埚，洗液合并于容量瓶中并定容至刻度，混匀备用；同时作试剂空白。

湿式消解法：称取试样 1~5 g（精确到 0.001 g）于锥形瓶或高脚烧杯中，放数粒玻璃珠，加 10 mL 混合酸，加盖浸泡过夜，加一小漏斗于电炉上消解，若变棕黑色，再加混合酸，直至冒白烟，消解液呈无色透明或略带黄色，放冷，用滴管将试样消解液洗入或过滤入（视消解后试样的盐分而定）10~25 mL 容量瓶中，用水少量多次洗涤锥形瓶或高脚烧杯，洗液合并于容量瓶中并定容至刻度，混匀备用；同时作试剂空白。

(五)测定

1.仪器条件

根据各自仪器性能调至最佳状态。参考条件为波长 283.3 nm，狭缝 0.2~1.0 nm，灯电流 5~7 mA；干燥温度 120 ℃，20 s；灰化温度 450 ℃，持续 15~20 s；原子化温度 1700~2300 ℃，持续 4~5 s；背景校正为氘灯或塞曼效应。

2.标准曲线绘制

吸取上面配制的铅标准使用液 10.0 ng/mL（或 μg/L）、20.0 ng/mL（或 μg/L）、40.0 ng/mL（或 μg/L）、60.0 ng/mL（或 μg/L）、80.0 ng/mL（或 μg/L）各 10 μL，注入石墨炉，测得其吸光值，并求得吸光值与浓度关系的一元线性回归方程。

3.试样测定

分别吸取样液和试剂空白液各 10 μL，注入石墨炉，测得其吸光值，代入标准系列的一元线性回归方程中求得样液中铅含量。

4. 基体改进剂的使用

对有干扰试样，则注入适量的基体改进剂磷酸二氢铵溶液（一般为 5 μL 或与试样同量）消除干扰。绘制铅标准曲线时也要加入与试样测定时等量的基体改进剂磷酸二氢铵溶液。

5. 分析结果的表述

试样中铅含量按下式进行计算。

$$X = \frac{(c_1 - c_0) \times V \times 1000}{m \times 1000 \times 1000}$$

式中　X——试样中铅含量，mg/kg 或 mg/L；

　　　c_1——测定样液中铅含量，ng/mL；

　　　c_0——空白液中铅含量，ng/mL；

　　　V——试样消化液定量总体积，mL；

　　　m——试样重量或体积，g。

以重复性条件下获得的两次独立测定结果的算术平均值表示，结果保留两位有效数字。

(六)精密度

在重复性条件下获得的两次独立测定结果的绝对差值不得超过算术平均值的 20%。

任务七　二氧化硫的测定

(一) 原理

在密闭容器中对样品进行酸化、蒸馏，蒸馏物用乙酸铅溶液吸收。吸收后的溶液用盐酸酸化，然后用碘标准溶液滴定，根据所消耗的碘标准溶液量计算出样品中的二氧化硫含量。

(二)试剂

除非另有说明，本方法所用试剂均为分析纯，水为 GB/T6682 规定的三级水。

① 盐酸（HCl）。

② 硫酸（H_2SO_4）。

③ 可溶性淀粉 $[(C_6H_{10}O_5)_n]$。

④ 氢氧化钠（NaOH）。

⑤ 碳酸钠（Na_2CO_3）。

⑥ 乙酸铅（$C_4H_6O_4Pb$）。

⑦ 硫代硫酸钠（$Na_2S_2O_3 \cdot 5H_2O$）或无水硫代硫酸钠（$Na_2S_2O_3$）。

⑧ 碘（I_2）。

⑨ 碘化钾（KI）。

⑩ 盐酸溶液（1+1）：量取 50mL 盐酸，缓缓倾入 50mL 水中，边加边搅拌。

⑪ 硫酸溶液（1+9）：量取 10mL 硫酸，缓缓倾入 90mL 水中，边加边搅拌。

⑫ 淀粉指示液（10g/L）：称取 1g 可溶性淀粉，用少许水调成糊状，缓缓倾入 100mL 沸水中，边加边搅拌，煮沸 2min，放冷备用，临用现配。

⑬ 乙酸铅溶液（20g/L）：称取 2g 乙酸铅，溶于少量水中并稀释至 100mL。

⑭ 标准品：重铬酸钾（$K_2Cr_2O_7$），优级纯，纯度≥99%。

⑮ 硫代硫酸钠标准溶液（0.1mol/L）：称取 25g 含结晶水的硫代硫酸钠或 16g 无水硫代

硫酸钠溶液于 1000mL 新煮沸放冷的水中，加入 0.4g 氢氧化钠或 0.2g 碳酸钠，摇匀，贮存于棕色瓶内，放置两周后过滤，用重铬酸钾标准溶液标定其准确浓度。或购买有证书的硫代硫酸钠标准溶液。

⑯ 碘标准溶液[$c(1/2I_2)=0.10mol/L$]：称取 13g 碘和 35g 碘化钾，加水约 100mL，溶解后加入 3 滴盐酸，用水稀释至 1000mL，过滤后转入棕色瓶。使用前用硫代硫酸钠标准溶液标定。

⑰ 重铬酸钾标准溶液[$c(1/6K_2Cr_2O_7)=0.1000mol/L$]：准确称取 4.9031g 已于 120℃ ±2℃ 电烘箱中干燥至恒重的重铬酸钾，溶于水并转移至 1000mL 量瓶中，定容至刻度。或购买有证书的重铬酸钾标准溶液。

⑱ 碘标准溶液[$c(1/2I_2)=0.01000mol/L$]：将 0.1000mol/L 碘标准溶液用水稀释 10 倍。

(三)仪器和设备

①全玻璃蒸馏器：500mL，或等效的蒸馏设备。

②酸式滴定管：25mL 或 50mL。

③剪切式粉碎机。

④碘量瓶：500mL。

(四)操作步骤

1. 样品制备

果脯、干菜、米粉类、粉条和食用菌适当剪成小块，再用剪切式粉碎机剪碎，搅拌均匀，备用。

2. 样品蒸馏

称取 5g 均匀样品（精确至 0.001g，取样量可视含量高低而定），液体样品可直接吸取 5.00～10.00mL 样品，置于蒸馏烧瓶中。加入 250mL 水，装上冷凝装置，冷凝管下端插入预先备有 25mL 乙酸铅吸收液的碘量瓶的液面下，然后在蒸馏瓶中加入 10mL 盐酸溶液，立即盖塞，加热蒸馏。当蒸馏液约 200mL 时，使冷凝管下端离开液面，再蒸馏 1min。用少量蒸馏水冲洗插入乙酸铅溶液的装置部分。同时做空白试验。

3. 滴定

向取下的碘量瓶中依次加入 10mL 盐酸、1mL 淀粉指示液，摇匀之后用碘标准溶液滴定至溶液颜色变蓝且 30s 内不褪色为止，记录消耗的碘标准滴定溶液体积。

(五)分析结果的表述

试样中二氧化硫的含量按式（1）计算：

$$X = \frac{(V-V_0) \times 0.032 \times c \times 1000}{m}$$

式中　X——试样中的二氧化硫总含量（以 SO_2 计），g/kg 或 g/L；

　　　V——滴定样品所用的碘标准溶液体积，mL；

　　　V_0——空白试验所用的碘标准溶液体积，mL；

0.032——碘标准溶液[$c(1/2I_2)=1.0mol/L$]相当于二氧化硫的质量，g；

　　　c——碘标准溶液浓度，mol/L；

　　　m——试样质量或体积，g 或（mL）。

计算结果以重复性条件下获得的两次独立测定结果的算术平均值表示，当二氧化硫含量 ≥1g/kg（L）时，结果保留三位有效数字；当二氧化硫含量 <1g/kg（L）时，结果保留两位有效数字。

(六)精密度

在重复性条件下获得的两次独立测试结果的绝对差值不得超过算术平均值的 10%。

(七)其他

当取 5g 固体样品时，方法的检出限（LOD）为 3.0mg/kg，定量限为 10.0mg/kg；当取 10mL 液体样品时，方法的检出限（LOD）为 1.5mg/L，定量限为 5.0mg/L。

任务八　商业无菌检验

(一)概念

商业无菌：罐头食品经过适度的杀菌后，不含有致病性微生物，也不含有在通常温度下能在其中繁殖的非致病性微生物。这种状态叫做商业无菌。

低酸性罐藏食品：除酒精饮料以外，凡杀菌后平衡 pH 值大于 4.6、水分活度大于 0.85 的罐藏食品。原来是低酸性的水果、蔬菜或蔬菜制品，为加热杀菌的需要而加酸降低 pH 值的，属于酸化的低酸性罐藏食品。

酸性罐藏食品：杀菌后平衡 pH 值等于或小于 4.6 的罐藏食品。pH 值小于 4.7 的番茄、梨和菠萝以及由其制成的汁，以及 pH 值小于 4.9 的无花果，均属于酸性罐藏食品。

(二)培养基和试剂

1. 无菌生理盐水

(1) 成分　氯化钠 8.5 g，蒸馏水 1000.0 mL。

(2) 制法　称取 8.5 g 氯化钠溶于 1000 mL 蒸馏水中，121℃高压灭菌 15 min。

2. 结晶紫染色液

(1) 成分　结晶紫 1.0 g，95% 乙醇 20.0 mL，1% 草酸铵溶液 80.0 mL。

(2) 制法　将 1.0 g 结晶紫完全溶解于 95% 乙醇中，再与 1% 草酸铵溶液混合。

(3) 染色法　将涂片在酒精灯火焰上固定，滴加结晶紫染液，染 1 min，水洗。

3. 二甲苯

4. 含 4% 碘的乙醇溶液

4 g 碘溶于 100 mL 的 70% 乙醇溶液。

(三)设备和材料

① 冰箱：2～5 ℃。

② 恒温培养箱：30 ℃±1 ℃；36 ℃±1 ℃；55 ℃±1 ℃。

③ 恒温水浴箱：55 ℃±1 ℃。

④ 均质器及无菌均质袋、均质杯或研钵。

⑤ 电位 pH 计（精确度 pH 0.05 单位）。

⑥ 显微镜：10～100 倍。

⑦ 开罐器和罐头打孔器。

⑧ 电子秤或台式天平。

⑨ 超净工作台或百级洁净实验室。

⑩ 实验室常规仪器。

(四)检验步骤(见图1)

(1) 样品准备　去除表面标签,在包装容器表面用防水的油性记号笔做好标记,并记录容器、编号、产品性状、泄漏情况、是否有小孔或锈蚀、压痕、膨胀及其他异常情况。

(2) 称重　1 kg及以下的包装物精确到1 g,1 kg以上的包装物精确到2 g,10 kg以上的包装物精确到10 g,根据不同重量需求选择台秤或者电子天平,并记录。

(3) 保温

a.每个批次取1个样品置2~5 ℃冰箱保存作为对照(总罐数),将其余样品在36 ℃±1 ℃下保温10 d。保温过程中应每天检查,如有膨胀或泄漏现象,应立即剔出,开启检查,以防爆炸;其余的继续保温。

b.保温结束时,再次称重并记录,比较保温前后样品重量有无变化。如有变轻,说明样品发生泄漏。将所有包装物置于室温直至开启检查。

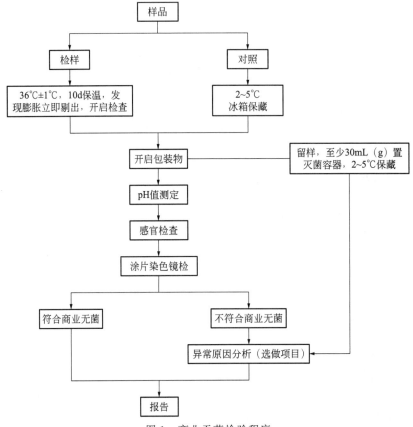

图1　商业无菌检验程序

(4) 开启

a.膨胀的样品,先置于2~5 ℃冰箱内冷藏数小时后开启,开启时使用开罐刀,见图2。

b.用冷水和洗涤剂清洗待检样品的光滑面,水冲洗后用无菌毛巾擦干。以含4%碘的乙醇溶液浸泡消毒光滑面20~30 min后,用无菌毛巾擦干。

c.在超净工作台中开启。带汤汁的样品开启前应适当振摇。使用无菌开罐器在消毒后的罐头光滑面开启一个适当大小的口,开罐时不得伤及卷边结构,每一个罐头单独使用一个开罐器,不得交叉使用。如样品为软包装,在光滑面使用灭菌剪刀开启,不得损坏接口处。立即在开口上方嗅闻气味,并记录。

图 2　卫生开罐刀

（5）留样　开启后，用灭菌吸管或其他适当工具以无菌操作取出内容物至少 30 mL（g）至灭菌容器内，保存至 2～5 ℃冰箱中，在需要时可用于进一步试验，待该批样品得出检验结论后可弃去。开启后的样品可进行适当的保存，以备日后容器检查时使用。空罐暂时保存，以备进行泄漏情况检查。

（6）感官检查　在光线充足、空气清洁无异味的检验室中，将样品内容物倾入白色搪瓷盘内，对产品的组织、形态、色泽和气味等进行观察和嗅闻，按压食品检查产品性状，鉴别食品有无腐败变质的迹象，同时观察包装容器内部和外部的情况，并记录。切勿对保温过的食品进行品尝。

（7）pH 测定

a. 样品处理　液态制品混匀备用，有固相和液相的制品则取混匀的液相部分备用。

对于稠厚或半稠厚制品以及难以从中分出汁液的制品，取一部分样品在均质器或研钵中研磨，如果研磨后的样品仍太稠厚，加入等量的无菌蒸馏水，混匀备用。

b. 测定　将电极插入被测试样液中，并将 pH 计的温度校正器调节到被测液的温度。如果仪器没有温度校正系统，被测试样液的温度应调到 20 ℃±2 ℃的范围之内，采用适合于所用 pH 计的步骤进行测定。当读数稳定后，从仪器的标度上直接读出 pH 值，精确到 0.05 pH 单位。

同一个制备试样至少进行两次测定。两次测定结果之差应不超过 0.1 pH 单位。取两次测定的算术平均值作为结果，报告精确到 0.05 pH 单位。

c. 分析结果　与同批冷藏保存对照相比，比较是否有显著差异。pH 值相差大于等于 0.5 判为显著差异。

（8）涂片染色镜检

a. 涂片　取样品内容物进行涂片。带汤汁的样品可用接种环挑取汤汁涂于载玻片上，固态食品可直接涂片或用少量灭菌生理盐水稀释后涂片，待干后用火焰固定。油脂性食品涂片自然干燥并火焰固定后，用二甲苯流洗，自然干燥。

b. 染色镜检　对涂片用结晶紫染色液进行单染色，干燥后镜检，至少观察 5 个视野，记录菌体的形态特征以及每个视野的菌数。与同批冷藏保存对照样品相比，判断是否有明显的微生物增殖现象。菌数有百倍或百倍以上的增长则判为明显增殖。

c. 结果判定　样品经保温试验未出现泄漏；保温后开启，经感官检验、pH 值测定、涂片镜检，确证无微生物增殖现象，则可报告该样品为商业无菌。

样品经保温试验出现泄漏；保温后开启，经感官检验、pH 值测定、涂片镜检，确证有微生物增殖现象，则可报告该样品为非商业无菌。

若需核查样品出现膨胀、pH 值或感官异常、微生物增殖等原因，可取样品内容物的留样进行接种培养并报告。若需判定样品包装容器是否出现泄漏，可取开启后的样品进行密封性检查并报告，报告方式见表 1 和表 2。

表 1 检验结果报告方式

检验项目	结果
商业无菌	商业无菌
商业无菌	非商业无菌

表 2 商业无菌原始记录表

样品编号			样品名称		样品批号	
检验项目和方法	GB 4789.26—2013 商业无菌检验		检测仪器	□培养箱 微生物检验科 021 □冰箱 微生物检验科 027 □pH 计 微生物检验科 056 □显微镜 微生物检验科 060		
检测地点						
样品准备	□无异常		检测日期		年 月 日	
检验记录	保温罐（36℃ 10 d）			对照罐（2~5℃ 10 d）		
保温前称重/g		保温观察	□膨胀 □泄漏		保温观察	□膨胀 □泄漏
保温后称重/g		pH 值			pH 值	
内容物		组织 形态 色泽 气味	□异常 □无异常 □有腐败变质 □无腐败变质	组织 形态 色泽 气味		□异常 □无异常 □有腐败变质 □无腐败变质
染色镜检	个/视野					
	判断	与冷藏对照样品对比，明显的微生物增殖现象				
接种培养结果						
检验结果						

<h1 style="text-align:center">项目三　食用植物油检验</h1>

实训目标

① 了解食用植物油的相关标准。
② 掌握食用植物油常规检验项目。
③ 会进行食用植物油的主要检验操作。

检验前准备

食用植物油是指以菜籽、大豆、花生、葵花籽、棉籽、亚麻籽、油茶籽、玉米胚、红花籽、米糠、芝麻、棕榈果实、橄榄果实（仁）、椰子果实以及其他小品种植物油料（如核桃、杏仁、葡萄籽等）制取的原油（毛油），经过加工制成的食用植物油（含食用调和油）。

食用植物油的相关标准见表1。

表1　食用植物油相关标准

标准号	标准名称
GB 2716—2005	《食用植物油卫生标准》
GB／T 17756—1999	《色拉油通用技术条件》
GB/T 1535—2003	《大豆油》
GB/T 1534—2017	《花生油》
GB/T 1536—2004	《菜籽油》
GB/T 1537—2003	《棉籽油》
GB/T 10464—2017	《葵花籽油》
GB/T 11765—2003	《油茶籽油》
GB/T 19111—2017	《玉米油》
GB/T 19112—2003	《米糠油》
GB/T 8235—2008	《亚麻籽油》
SB/T 10292—1998	《食用调和油》
GB/T 8233—2008	《芝麻油》
GB/T 15680—2009	《食用棕榈油》
GB/T 18009—1999	《棕榈仁油》
NY/T 230—2006	《椰子油》
GB/T 23347—2009	《橄榄油、油橄榄果渣油》

食用植物油的检验项目见表2。

表2　食用植物油检验项目

序号	检验项目	发证	监督	出厂	检验标准	备注
1	色泽	√	√	√	GB/T 5525—2008	

续表

序号	检验项目	发证	监督	出厂	检验标准	备注
2	气味、滋味	√	√	√	GB/T 5525—2008	
3	透明度	√	√	√	GB/T 5525—2008	
4	水分及挥发物	√	√		GB/T 5528—2008	
5	不溶性杂质（杂质）	√	√		SN/T 0801.1—2012	
6	酸值（酸价）	√	√	√	GB 5009.229—2016	橄榄油测定酸度
7	过氧化值	√	√	√	GB 5009.227—2016	
8	加热试验（280℃）	√	√	√	GB/T 5531—2008	
9	含皂量	√	√		GB/T 5533—2008	
10	烟点	√	√		GB/T 20795—2006	
11	冷冻试验	√	√		GB 2716—2005	
12	溶剂残留量	√	√	√	SN/T0801.23—2002	此出厂检验项目可委托检验
13	铅	√	√	*	GB/T 5009.12—2010	
14	总砷	√	√	*	GB/T 5009.11—2003	
15	黄曲霉毒素 B_1	√	√	*	GB/T 5009.22—2003	
16	棉籽油中游离棉酚含量	√	√	*	GB 1537—2003	棉籽油
17	熔点	√	√	√	GB/T 5536—1985	棕榈（仁）油
18	抗氧化剂（BHA、BHT）	√	√	*	SN/T 1050—2014	
19	标签	√	√		GB 7718—2011	

注：企业出厂检验项目中有√标记的，为常规检验项目；企业出厂检验项目中有＊标记的，企业应当每年检验两次。

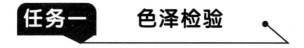

任务一　　色泽检验

（一）仪器

烧杯：直径 50 mm，杯高 100 mm。

（二）分析步骤

将试样混匀并过滤于烧杯中，油层高度不得小于 5 mm，在室温下先对着自然光观察，然后再置于白色背景前借其反射光线观察，并按下列词句描述：白色、灰白色、柠檬色、淡黄色、黄色、橙色、棕黄色、棕色、棕红色、棕褐色等。

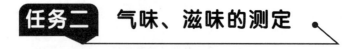

任务二　气味、滋味的测定

将试样倒入 150 mL 烧杯中，置于水浴上，加热至 50℃，以玻璃棒迅速搅拌。嗅其气味，并蘸取少许试样，辨尝其滋味，按正常、焦煳、酸败、苦辣等词句描述。

任务三　酸价的测定

(一)原理

植物油中的游离脂肪酸用氢氧化钾标准溶液滴定，每克植物油消耗氢氧化钾的量（mg）称为酸价。

(二)试剂

① 乙醚-乙醇混合液。按乙醚-乙醇（2+1）混合。用氢氧化钾溶液（3 g/L）中和至酚酞指示液，呈中性。

② 氢氧化钾标准滴定溶液。$c(KOH)=0.050$ mol/L。

③ 酚酞指示液。10 g/L 乙醇溶液。

(三)分析步骤

称取 3.00～5.00 g 混匀的试样，置于锥形瓶中，加入 50 mL 中性乙醚-乙醇混合液，振摇使油溶解，必要时可置热水中，温热促其溶解。冷至室温，加入酚酞指示液 2～3 滴，以氢氧化钾标准滴定溶液（0.050 mol/L）滴定，至初显微红色且 0.5 min 内不褪色为终点。

(四)结果计算

试样的酸价按下式进行计算：

$$X = \frac{Vc \times 56.11}{m}$$

式中　X——试样的酸价（以氢氧化钾计），mg/g；

　　　V——试样消耗氢氧化钾标准滴定溶液体积，mL；

　　　c——氢氧化钾标准滴定溶液的实际浓度，mol/L；

　　　m——试样重量，g；

　　56.11——与 1.0 mL 氢氧化钾标准滴定溶液 $[c(KOH)=1.000$ mol/L] 相当的氢氧化钾含量，mg/mmol。

计算结果保留两位有效数字。

(五)精密度

在重复性条件下获得的两次独立测定结果的绝对差值不得超过算术平均值的 10%。

任务四　过氧化值的测定

方法一　滴定法

(一)原理

油脂氧化过程中产生过氧化物，与碘化钾作用生成游离碘，以硫代硫酸钠溶液滴定，计算含量。

(二)试剂

① 饱和碘化钾溶液。称取 14 g 碘化钾，加 10 mL 水溶解，必要时微热使其溶解，冷却后储于棕色瓶中。

② 三氯甲烷-冰醋酸混合液。量取 40 mL 三氯甲烷，加 60 mL 冰醋酸，混匀。

③ 硫代硫酸钠标准滴定溶液。$c(Na_2S_2O_3)=0.0020$ mol/L。

④ 淀粉指示剂（10 g/L）。称取可溶性淀粉 0.50 g，加少许水，调成糊状，倒入 50 mL 沸水中调匀，煮沸。临用时现配。

(三)分析步骤

称取 2.00～3.00 g 混匀（必要时过滤）的试样，置于 250 mL 碘瓶中，加 30 mL 三氯甲烷-冰醋酸混合液，使试样完全溶解。加入 1.00 mL 饱和碘化钾溶液，紧密塞好瓶盖，并轻轻振摇 0.5 min，然后在暗处放置 3 min。取出，加 100 mL 水，摇匀，立即用硫代硫酸钠标准滴定溶液（0.0020 mol/L）滴定，至淡黄色时，加 1 mL 淀粉指示剂，继续滴定至蓝色消失为终点。取相同量三氯甲烷-冰醋酸溶液、碘化钾溶液、水，按同一方法做试剂空白试验。

(四)计算结果

试样的过氧化值按式（1）和式（2）进行计算：

$$X_1=\frac{(V_1-V_2)c\times0.1269}{m}\times100 \qquad (1)$$

$$X_2=X_1\times78.8 \qquad (2)$$

式中　X_1——试样的过氧化值，g/100 g；

　　　X_2——试样的过氧化值，meq/kg；

　　　V_1——试样消耗硫代硫酸钠标准滴定溶液体积，mL；

　　　V_2——试剂空白消耗硫代硫酸钠标准滴定溶液体积，mL；

　　　c——硫代硫酸钠标准滴定溶液的浓度，mol/L；

　　　m——试样重量，g；

0.1269——与 1.00 mL 硫代硫酸钠标准滴定溶液[$c(Na_2S_2O_3)=1.000$ mol/L]相当的碘的含量，g/mmol；

　78.8——换算因子。

计算结果保留两位有效数字。

(五)精密度

在重复性条件下获得的两次独立测定结果的绝对差值不得超过算术平均值的 10%。

方法二　比色法

(一)原理

试样用氯仿-甲醇混合溶剂溶解，试样中的过氧化物将二价铁离子氧化成三价铁离子，三价铁离子与硫氰酸盐反应生成橙红色硫氰酸铁配合物，在波长 500 nm 处测定吸光度，与标准系列比较定量。

(二)试剂

1. 盐酸溶液（10 mol/L）

准确量取 83.3 mL 浓盐酸，加水稀释至 100 mL，混匀。

2. 过氧化氢（30%）

3. 氯仿＋甲醇（7＋3）混合溶剂

量取 70 mL 氯仿和 30 mL 甲醇混合。

4. 氯化亚铁溶液（3.5 g/L）

准确称取 0.35 g 氯化亚铁（$FeCl_2 \cdot 4H_2O$）于 100 mL 棕色容量瓶中，加水溶解后，加 2 mL 盐酸溶液（10 mol/L），用水稀释至刻度（该溶液在 10℃下冰箱内储存可稳定 1 年以上）。

5. 硫氰酸钾溶液（300 g/L）

称取 30 g 硫氰酸钾，加水溶解至 100 mL（该溶液在 10℃下冰箱内储存可稳定 1 年以上）。

6. 铁标准储备溶液（1.0 g/L）

称取 0.1000 g 还原铁粉于 100 mL 烧杯中，加 10 mL 盐酸（10 mol/L）、0.5～1.0 mL 过氧化氢（30％）溶解后，于电炉上煮沸 5 min 以除去过量的过氧化氢。冷却至室温后移入 100 mL 容量瓶中，用水稀释至刻度，混匀。此溶液每毫升相当于 1.0 mg 铁。

7. 铁标准使用溶液（0.01 g/L）

用移液管吸取 10 mL 铁标准储备溶液（1.0 mg/mL）于 100 mL 容量瓶中，加氯仿-甲醇（7＋3）混合溶剂稀释至刻度，混匀。此溶液每毫升相当于 10.0 μg 铁。

(三)仪器

分光光度计；10 mL 具塞玻璃比色管；实验室常用仪器。

(四)分析步骤

1. 试样溶液的制备

精密称取约 0.01～1.0 g 试样（准确至刻度 0.0001 g）于 10 mL 容量瓶内，加氯仿-甲醇（7＋3）混合溶剂溶解并稀释至刻度，混匀。

分别精密吸取铁标准使用溶液（10.0μg/mL）0、0.2 mL、0.5 mL、1.0 mL、2.0 mL、3.0 mL、4.0 mL（各自相当于铁浓度 0、2.0 μg、5.0 μg、10.0 μg、20.0 μg、30.0 μg、40.0 μg）于干燥的 10 mL 比色管中，用氯仿＋甲醇（7＋3）混合溶剂稀释至刻度，混匀。加 1 滴（约 0.05 mL）硫氰酸钾溶液（300 g/L），混匀。室温（10～35℃）下准确放置 5 min 后，移入 1 cm 比色皿中，以氯仿＋甲醇（7＋3）混合溶剂为参比，于波长 500 nm 处测定吸光度，以标准各点吸光度减去零管吸光度后绘制标准曲线或计算直线回归方程。

2. 试样测定

精密吸取 10 mL 试样溶液于干燥的 10 mL 比色管内，加 1 滴（约 0.05 mL）氯化亚铁（3.5 g/L）溶液，用氯仿＋甲醇（7＋3）混合溶剂稀释至刻度，混匀。加 1 滴（约 0.05 mL）硫氰酸钾溶液（300 g/L），混匀。室温（10～35 ℃）下准确放置 5 min 后，移入 1 cm 比色皿中，以三氯甲烷＋甲醇（7＋3）混合溶剂为参比，于波长 500 nm 处测定吸光度，以标准各点吸光度减去零管吸光度后绘制标准曲线，或计算直线回归方程。

(五)结果计算

试样的过氧化值按式（3）进行计算：

$$X = \frac{c - c_0}{m \times \dfrac{V_2}{V_1} \times 55.84 \times 2} \tag{3}$$

式中　X——试样的过氧化值，meq/kg；

　　　c——由标准曲线上查得的试样中铁的含量，μg；

　　　c_0——由标准曲线上查得的零管铁的量，μg；

　　　V_1——试样稀释总体积，mL；

　　　V_2——测定时取样体积，mL；

m——试样重量，g；

55.84——Fe 的摩尔质量，g/mol；

2——换算因子。

(六)精密度

在重复性条件下获得的两次独立测定结果的绝对差值不得超过算术平均值的 10％。

项目四　啤酒检验

实训目标

① 了解啤酒的相关标准。
② 掌握啤酒常规检验项目。
③ 会进行啤酒的主要参数检验操作。

检验前准备

啤酒产品是包括所有以麦芽（包括特种麦芽）、水为主要原料，加啤酒花（包括酒花制品），经酵母发酵酿制而成，含有二氧化碳的、起泡的、低酒精度的发酵酒。通常按灭菌方式分为熟啤酒、生啤酒和鲜啤酒等。

啤酒的相关标准见表1。

表1　啤酒相关标准

标准号	标准名称
GB 4927—2008	《啤酒》
GB 2758—2012	《食品安全国家标准 发酵酒及其配制酒》
GB 10344—2005	《预包装饮料酒标签通则》
GB 4544—1996	《啤酒瓶》

啤酒的检验项目见表2。

表2　啤酒检验项目

序号	检验项目	发证	监督	出厂	检验标准	备注
1	色度	√	√	√	GB/T 4928—2008	
2	净含量负偏差	√	√	√	GB/T 4928—2008	
3	外观透明度	√	√	√	GB/T 4928—2008	对非瓶装的鲜啤酒不要求
4	浊度	√	√	√	GB/T 4928—2008	对非瓶装的鲜啤酒不要求
5	泡沫形态	√	√		GB/T 4928—2008	
6	泡持性	√	√	√	GB/T 4928—2008	橄榄油测定酸度
7	香气和口味	√	√	√	GB/T 4928—2008	
8	酒精度	√	√	√	GB/T 4928—2008	
9	原麦汁浓度	√	√	√	GB/T 4928—2008	
10	总酸	√	√	√	GB/T 4928—2008	
11	二氧化碳	√	√	√	GB/T 4928—2008	

续表

序号	检验项目	发证	监督	出厂	检验标准	备注
12	双乙酰	√	√	√	GB/T 4928—2008	此出厂检验项目可委托检验
13	蔗糖转化酶活性	√	√	√	GB/T 4928—2008	
14	真正发酵度	√	√	√	GB/T 4928—2008	
15	菌落总数	√	√	*	GB 4789.2—2016	对生、鲜啤酒不要求
16	大肠菌群	√	√	√	GB 4789.3—2016	适用于鲜啤酒
				*	GB 4789.3—2016	适用于鲜啤酒以外的啤酒
17	铅	√	√	*	GB 5009.12—2017	
18	二氧化硫残留量	√	√	*	GB/T 5009.34—2016	
19	黄曲霉毒素 B_1	√		*	GB/T 5009.22—2003	
20	N-二甲基亚硝胺	√			GB/T 5009.26—2016	
21	标签	√	√		GB 10344—2005	

注：1. 企业出厂检验项目中有√标记的，为常规检验项目。

2. 企业出厂检验项目中有 * 标记的，企业应当每年检验两次。

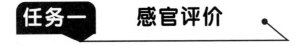

任务一　感官评价

(一)外观透明度

将注入酒杯的酒样（或将瓶装酒样）置于明亮处观察，记录酒的透明度、悬浮物及沉淀物情况。

(二)浊度

1. 实验原理

利用富尔马肼（Formazin）标准浊度溶液校正浊度计，直接测定啤酒样品的浊度，以EBC浊度单位表示。

2. 仪器及试剂

（1）浊度计　测量范围 0～5 EBC，分度值 0.01 EBC。

（2）具塞锥形瓶　100 mL。

（3）吸管　25 mL。

（4）10 g/L 硫酸肼溶液　称取硫酸肼 1.000 g，加水溶解并定容至 100 mL，静置 4 h 使其完全溶解。

（5）100 g/L 六亚甲基四胺溶液　称取六亚甲基四胺 10.000 g，加水溶解并定容至 100 mL。

（6）富尔马肼（Formazin）标准浊度储备液　吸取六亚甲基四胺溶液 25.0 mL 于一个具塞锥形瓶中，边搅拌边用吸管加入硫酸肼溶液 25.0 mL，摇匀，盖塞，于室温下放置 24 h 后使用。此溶液为 1000 EBC 单位，在 2 个月内可保持稳定。

（7）富尔马肼标准浊度使用液　分别吸取富尔马肼标准浊度储备液 0、0.20 mL、0.50 mL、1.00 mL 于 4 个 1000 mL 容量瓶中，加 0 浊度的水稀释至刻度，摇匀。该标准浊度使用液的浊度分别为 0、0.20 EBC、0.50 EBC、1.00 EBC。该溶液应当天配制与使用。

3.分析步骤

① 按照仪器使用说明书安装与调试。用富尔马肼标准浊度使用液校正浊度计。

② 取经除气但未经过滤、温度在 20℃±0.1℃的试样，倒入浊度计的标准杯中，将其放入浊度计中测定，直接读数（该法为第一法，应在试样脱气后 5min 内测定完毕）。或者将整瓶酒放入仪器中，旋转一周，取平均值（该法为第二法，预先在瓶盖上划一个"十"字，手工旋转 4 个 90°，读数，取 4 个读数的平均值报告其结果）。

所得结果表示至两位小数。

4.精密度

同一试样两次测定值之差，不得超过平均值的 10%。

（三）泡沫形态

用眼观察泡沫的颜色、细腻程度及挂杯情况，做好记录。

（四）泡持性

方法一　仪器法

1.实验原理

利用泡沫的导电性，使用长短不同的探针电极，自动跟踪记录泡沫衰减所需的时间，即为泡持性。

2.仪器

① 啤酒泡持测定仪。

② 泡持杯：杯内高 120 mm，内径 60 mm，壁厚 2 mm，无色透明玻璃。

③ 气源：液体二氧化碳，钢瓶压力 $p \geq 5$ MPa，纯度 $\geq 99\%$（体积分数）。

④ 恒温水浴：精度±0.5℃。

3.分析步骤

（1）试样的准备

① 将酒样（整瓶或整听）置于 20℃±0.5℃水浴中恒温 30 min。

② 将泡持杯彻底清洗干净，备用。

（2）测定

① 按使用说明书调试仪器至工作状态。

② 将二氧化碳钢瓶的分压调至 0.2 MPa。按仪器说明书校正杯高。

③ 开启试样瓶盖，按照仪器说明书将试样置于发泡器上发泡。泡沫出口端与泡持杯底距离 10 mm，泡沫满杯时间应为 3～4 s。

④ 迅速将盛满泡沫的泡持杯置于泡沫测量仪的探针下，按开始键，仪器自动显示并记录结果。

所得结果以秒计，表示至整数。

4.精密度

同一试样两次测量值之差，不得超过平均值的 5%。

方法二　秒表法

1.实验原理

用目视法测定啤酒泡沫消失的速度，以秒表示。

2. 仪器

秒表。泡持杯：杯内高 120 mm，内径 60 mm，壁厚 2 mm，无色透明玻璃。铁架台、铁环。

3. 分析步骤

（1）试样的准备

① 将酒样（整瓶或整听）置于 20℃±0.5℃水浴中恒温 30 min。

② 将泡持杯彻底清洗干净，备用。

（2）测定

① 将泡持杯置于铁架台底座上，距杯口 3 cm 处固定铁环，开启瓶盖，立即置瓶（或听）口于铁环上，沿杯中心线，以均匀流速将酒样注入杯中，直至泡沫高度与杯口相齐时为止。同时按秒表开始计时。

② 观察泡沫升起情况，记录泡沫的形态（包括色泽及细腻程度）和泡沫挂杯情况。

③ 记录泡沫从满杯至消失（露出 0.05 m² 酒面）的时间。

实验时严禁有空气流通，测定前样品瓶应避免振摇。

所得结果以秒计，表示至整数。

4. 精密度

同一试样两次测量值之差，不得超过平均值的 10%。

5. 香气和口味

（1）香气　先将注入酒样的评酒杯置于鼻孔下方，嗅闻其香气，摇动酒杯后，再嗅闻有无酒花香气及异杂气味，做好记录。

（2）口味　饮入适量酒样，根据所评定的酒样应该具备的口感特征进行评定，做好记录。

任务二　净含量负偏差检验

方法一　重量法

(一)仪器

电子天平（感量 0.01 g）；台秤；恒温水浴（精度±0.5℃）。

(二)分析步骤

1. 瓶装、听（铝易开盖两片罐）装啤酒

（1）将瓶装、听（铝易开盖两片罐）装啤酒置于 20℃±0.5℃水浴中恒温 30 min。取出，擦干瓶（或听）外壁的水，用电子天平称量整瓶（或听）酒重量（m_1）。开启瓶盖（或听拉盖），将酒液倒出，用自来水清洗瓶（或听）内至无泡沫止，控干，称量"空瓶+瓶盖"（或"空听+拉盖"）重量（m_2）。用台秤称量，其余步骤同上。

（2）测定酒的相对密度。

2. 桶装啤酒

(三)分析结果的表述

酒液的密度按式（1）计算：

$$\rho = 0.9970 \times d_{20}^{20} + 0.0012 \tag{1}$$

式中 ρ——酒液的密度，g/mL；

0.9970——20℃时蒸馏水与干燥空气密度值之差，g/mL；

d_{20}^{20}——20℃时酒液的相对密度；

0.0012——干燥空气在 20℃、101325 Pa 时的密度，g/mL。

试样的净含量按式（2）计算：

$$X = \frac{m_1 - m_2}{\rho} \qquad (2)$$

式中 X——试样的净含量（净容量），mL；

m_1——整瓶（或整听）酒重量，g；

m_2——"空瓶＋瓶盖"（或"空听＋拉盖"）重量，g；

ρ——酒液的密度，g/mL。

方法二 容量法

(一)仪器

量筒；记号笔。

(二)分析步骤

将瓶装酒样置于 20℃±0.5℃水浴中恒温 30 min。取出，擦干瓶外壁的水，用玻璃铅笔（或记号笔）对准酒的液面划一条细线。将酒液倒出，用自来水冲洗瓶内（注意不要洗掉划线）至无泡沫止，擦干瓶外壁的水，准确装入水至瓶划线处，然后将水倒入量筒，测量水的体积，即为瓶装啤酒的净含量（以 mL 或 L 表示）。

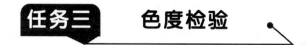

任务三　色度检验

(一)原理

将除气后的试样注入 EBC 比色计的比色皿中，与标准 EBC 色盘比较，目视读取或自动数字显示出试样的色度，以 EBC 色度单位表示。

(二)仪器及试剂

1. EBC 比色计（或使用同等分析效果的仪器）

具有 2～27 EBC 单位的目视色度盘或自动数据处理与显示装置。

2. 哈同（Hartong）基准溶液

称取重铬酸钾（$K_2Cr_2O_7$）0.100 g 和亚硝酰铁氰化钠 $Na_2[Fe(CN)_5NO]\cdot 2H_2O$ 3.500 g，用水溶解并定容至 1000mL，储于棕色瓶中，于暗处放置 24 h 后使用。

3. 实验室常规仪器

(三)分析步骤

1. 仪器的校正

将哈同溶液注入 40 mm 比色皿中，用比色计测定。其标准色度应为 15 EBC 单位；若使用 25 mm 比色皿，其标准读数为 9.4 EBC 单位。仪器应每月校正一次。

2. 比色

将试样注入 25 mm 比色皿中，然后放到比色盒中，与标准色盘进行比较，当两者色调一致时直接读数。或使用自动数字显示色度计，自动显示、打印其结果。

(四)分析结果

①如使用其他规格的比色皿，则需要换算成 25 mm 比色皿的数据，报告其结果。

试样的色度计算：

$$X = \frac{S}{H} \times 25$$

式中　X——试样的色度，EBC；

S——实测色度，EBC；

H——使用比色皿厚度，mm。

②测定浓色和黑色啤酒时，需要将酒样稀释至合适的倍数，然后将测定结果乘以稀释倍数。

所得结果表示至整数。

(五)精密度

同一试样两次测定值之差，色度为 2～10 EBC 单位时，不得大于 0.5 EBC 单位；色度大于 10 EBC 单位时，稀释样平行测定值之差不得大于 1 EBC 单位。

任务四　　酒精度的测定（密度瓶法）

(一)原理

利用在 20℃时乙醇水溶液与同体积纯水质量之比，求得相对密度（以 d_{20}^{20} 表示）。然后查表得出试样中乙醇含量的百分比，即酒精度，以体积分数（%）或质量分数（%）表示。

(二)仪器

分析天平（感量 0.0001g）；全玻璃蒸馏器（500 mL）；高精度恒温水浴（20.0℃±0.1℃）；附温度计密度瓶（25 mL 或 50 mL），实验室常规仪器。

(三)分析步骤

1. 容量法

（1）蒸馏　用一洁净、干燥的 100 mL 容量瓶，准确量取 100 mL 样品（液温 20℃）于 500 mL 蒸馏瓶中，用 50 mL 水分 3 次冲洗容量瓶，洗液并入蒸馏瓶中，再加几粒玻璃珠，连接冷凝管，以取样用的原容量瓶作接收器（外加冰浴）。开启冷却水，缓慢加热蒸馏。收集馏出液接近刻度，取下容量瓶，盖塞。于 20℃水浴中保温 30 min，补加水至刻度，混匀，备用。

（2）蒸馏水重量的测定

① 将密度瓶洗净并干燥，带温度计和侧孔罩称量。重复干燥和称量，直至恒重（m）。

② 取下温度计，将煮沸冷却至 15℃左右的蒸馏水注满恒重的密度瓶，插上温度计，瓶中不得有气泡。将密度瓶浸入 20.0℃±0.1℃的恒温水浴中，待内容物温度达 20℃并保持 10 min 不变后，用滤纸吸去侧管溢出的液体，使侧管中的液面与侧管管口齐平，立即盖好侧孔罩，取出密度瓶，用滤纸擦干瓶壁上的水，称量（m_1）。

（3）试样重量的测定　将密度瓶中的水倒出，用试样馏出液反复冲洗密度瓶 3 次，然后装满，同样方法操作，称量（m_2）。

2. 重量法

（1）蒸馏　称取试样 100.0 g，精确至 0.1 g，全部移入 500 mL 已知重量的蒸馏瓶中，加水 50 mL 和数粒玻璃珠，装上蛇形冷凝管（或冷却部分的长度不短于 400 mm 的直形冷凝器）。开启冷却水，用已知重量的 100 mL 容量瓶接收馏出液（外加冰浴），缓缓加热蒸馏（冷凝管出口水温不得超过 20℃），收集约 95 mL 馏出液，取下容量瓶，调节液温至 20℃，然后补加水，使馏出液重量为 100.0 g，混匀（注意保存蒸馏后的残液，可供测定真正浓度时使用）。

（2）其余测定步骤同容量法。

（四）结果计算

$$d_{20}^{20} = \frac{m_2 - m}{m_1 - m}$$

式中　d_{20}^{20}——试样馏出液在 20℃时的相对密度；

m——密度瓶的重量，g；

m_1——20℃时密度瓶与充满密度瓶蒸馏水的总重量，g；

m_2——20℃时密度瓶与充满密度瓶试样馏出液的总重量，g。

根据试样馏出液的相对密度 d_{20}^{20}，查表求得酒精度（体积分数），即为试样的酒精度。所得结果表示至两位小数。

任务五　原麦汁浓度的测定

（一）原理

以密度瓶法测出啤酒试样的真正浓度和酒精度，按经验公式计算出啤酒试样的原麦汁浓度。或用仪器法直接自动测定、计算、打印出试样的真正浓度及原麦汁浓度。

（二）仪器

分析天平（感量 0.0001 g）；全玻璃蒸馏器（500 mL）；高精度恒温水浴（20.0℃ ± 0.1℃），附温度计密度瓶（25 mL 或 50 mL），实验室常规仪器。

（三）步骤

（1）酒精度的测定见任务四。

（2）将在酒精度测定中蒸馏除去酒精后的残液（在已知重量的蒸馏烧瓶中）冷却至 20℃，准确补加水使残液 100.0 g，混匀。或用已知重量的蒸发皿称取试样 100.0 g，精确至 0.1 g，于沸水浴上蒸发，直至原体积的 1/2，取下冷却至 20℃，加水恢复至原重量，混匀。

（3）测定试样的真正浓度　用密度瓶或密度计测定出残液的相对密度。查"密度、总浸出物对照表"，求得 100 g 试样中浸出物的量（g/100g），即为试样的真正浓度，以 Plato 度（°P）或质量分数（％）表示。

（四）结果计算

$$X = \frac{(A \times 2.0665 + E) \times 100}{100 + A \times 1.0665}$$

式中　X——试样的原麦汁浓度，°P 或％；

A——试样的酒精度，％；

E——试样的真正浓度，°P 或%。

所得结果表示至两位小数。

任务六　　总酸的测定

(一)原理

酸碱中和原理。用氢氧化钠标准溶液直接滴定啤酒中的总酸，以 pH 8.2 为电位滴定终点，根据消耗的氢氧化钠标准溶液的体积计算出啤酒中总酸的含量。

(二)仪器及试剂

自动电位滴定仪（精度±0.02，附电磁搅拌器）；恒温水浴锅（精度±0.5℃）；碱式滴定管，实验室常规仪器。

0.1 mol/L 氢氧化钠标准溶液；标准缓冲溶液。

(三)分析步骤

1. 试样的准备

取试样约 60 mL 于 100 mL 烧杯中，置于 40℃±0.5℃水浴中保温 30 min 并不时搅拌，取出，冷却至室温。

2. 自动电位滴定仪的校正

按仪器说明书安装调试仪器，并用标准缓冲溶液校正。

3. 测定

吸取试样 50.0 mL 于烧杯中，开启电磁搅拌器，用 0.1 mol/L 氢氧化钠标准溶液滴定至 pH8.2 为终点，记录消耗的氢氧化钠标准溶液的体积。

(四)结果计算

$$X = 2 \times \frac{c}{0.1} \times V$$

式中　X——试样的总酸含量，即 100 mL 试样消耗 0.1 mol/L 氢氧化钠标准溶液的体积，mL/100mL；

c——氢氧化钠标准溶液的浓度，mol/L；

V——滴定消耗氢氧化钠标准溶液的体积，mL；

2——换算成 100 mL 试样的系数。

所得结果保留至两位小数。

任务七　　二氧化碳的测定

(一)原理

在 0~5℃下用碱液固定啤酒中的二氧化碳，加稀酸释放后，用已知量的氢氧化钡吸收，过量的氢氧化钡再用盐酸标准溶液滴定。根据消耗盐酸标准溶液的体积，计算出试样中二氧化碳的含量。

(二)仪器

二氧化碳收集测定仪，酸式滴定管（25 mL），量筒，实验室常规仪器。

(三)试剂和溶液

① 碳酸钠：国家二级标准物质 GBW（E）060023。

② 300 g/L 氢氧化钠溶液。

③ 10 g/L 酚酞指示剂。

④ 0.1 mol/L 盐酸标准溶液。

⑤ 0.055 mol/L 氢氧化钡溶液。

a. 配制　称取氢氧化钡 19.2 g，加无二氧化碳蒸馏水 600～700 mL，不断搅拌直至溶解，静置 24 h。加入氯化钡 29.2 g，搅拌 30 min，用无二氧化碳蒸馏水定容至 1000 mL。静置沉淀后，过滤于一个密闭的试剂瓶中，储存备用。

b. 标定　吸取上述溶液 25.0 mL 于 150 mL 锥形瓶中，加酚酞指示剂 2 滴，用 0.1 mol/L 盐酸标准溶液滴定至刚好无色为其终点，记录消耗盐酸标准溶液的体积。在密封良好的情况下储存（试剂瓶顶端装有钠石灰管，并附有 25 mL 加液器）。

⑥ 10%（质量分数）硫酸溶液。

⑦ 有机硅消泡剂（二甘油聚醚）。

(四)分析步骤

1. 仪器的校正

按仪器使用说明书，用碳酸钠标准物质校正仪器。每季度校正一次（发现异常须及时校正）。

2. 试样的准备

将待测啤酒恒温至 0～5℃。瓶装酒开启瓶盖，迅速加入一定量的 300 g/L 氢氧化钠溶液（样品净含量为 640 mL 时，加 10 mL；355 mL 时，加 5 mL；2 L 时，加 25 mL）和消泡剂 2～3 滴，立刻用塞塞紧，摇匀，备用。听装酒可在罐底部打孔，按瓶装酒同样操作。

3. 测定

（1）二氧化碳的分离与收集　吸取步骤 2 试样 10.0 mL 于反应瓶中，在收集瓶中加入 0.055 mol/L 氢氧化钡溶液 25.0 mL；将收集瓶与仪器的分气管接通。通过反应瓶上分液漏斗向其中加入 10%（质量分数）硫酸溶液 10 mL，关闭漏斗活塞，迅速接通连接管，设定分离与收集时间 10 min，按下泵开关，仪器开始工作，直至自动停止。

（2）滴定　用少量无二氧化碳蒸馏水冲洗收集瓶的分气管，取下收集瓶，加入酚酞指示剂 2 滴，用 0.1 mol/L 盐酸标准溶液滴定至刚好无色，记录消耗盐酸标准溶液的体积。

（3）试样的净含量按任务二中容量法测量。

（4）试样的相对密度，按任务四中容量法测定或用密度计测量。

(五)结果计算

$$X = \frac{(V_1 - V_2)c \times 0.022}{\dfrac{V_3}{V_3 + V_4} \times 10 \times \rho} \times 100\%$$

式中　X——试样的二氧化碳含量（质量分数），%；

V_1——标定氢氧化钡溶液时消耗的盐酸标准溶液的体积，mL；

V_2——试样消耗盐酸标准溶液的体积，mL；

c——盐酸标准溶液的浓度，mol/L；

0.022——与 1.00 mL 盐酸标准溶液 [c（HCl）= 1.000 mol/L] 相当的二氧化碳的量，g/mmol；

V_3——试样的净含量（总体积），mL；

V_4——测定时吸取试样的体积，mL；

10——在处理试样时加入氢氧化钠溶液的体积，mL；

ρ——被测试样的密度（当被测试样的原麦汁浓度为 11°P 或 12°P 时，此值为 1.012，其他浓度的试样须先测其密度），g/mL。

所得结果保留至两位小数。

任务八 双乙酰的测定

(一)原理

用蒸汽将双乙酰蒸馏出来，与邻苯二胺反应，生成 2,3-二甲基喹喔啉，在波长 335 nm 下测其吸光度。由于其他联二酮类都具有相同的反应特性，另外蒸馏过程中部分前驱体要转化成联二酮，因此上述测定结果为总联二酮含量（以双乙酰表示）。

(二)仪器

① 带有加热套管的双乙酰蒸馏器。

② 蒸汽发生瓶 2000 mL（或 3000 mL）锥形瓶或平底蒸馏烧瓶。

③ 容量瓶 25 mL。

④ 紫外分光光度计备有 20 mm 玻璃比色皿或 10 mm 石英比色皿。

⑤ 实验室常规仪器。

(三)试剂和溶液

① 4 mol/L 盐酸溶液。

② 10 g/L 邻苯二胺溶液　称取邻苯二胺 0.100 g，溶于 4 mol/L 盐酸溶液中，并定容至 10 mL，摇匀，放于暗处。此溶液须当天配制与使用；若配制出来的溶液呈红色，应重新更换新试剂。

③ 有机硅消泡剂（或甘油聚醚）。

(四)分析步骤

1. 蒸馏

将双乙酰蒸馏器安装好，加热蒸汽发生瓶至沸腾。通蒸汽预热后，置 25 mL 容量瓶于冷凝管出口接受馏出液（外加冰浴），加 1～2 滴消泡剂于 100 mL 量筒中，再注入未经除气的预先冷至约 5℃ 的酒样 100 mL，迅速转移至蒸馏器内，并用少量水冲洗带塞漏斗，盖塞。然后用水密封，进行蒸馏，直至馏出液接近 25 mL（蒸馏需在 3 min 内完成）时取下容量瓶，达到室温后用重蒸水定容，摇匀。

2. 显色与测量

分别吸取馏出液 10.0 mL 于两支干燥的比色管中，并于第一支管中加入邻苯二胺溶液 0.50 mL，第二支管中不加（作空白）。充分摇匀后，同时置于暗处放置 20～30 min，然后于第一支管中加 4 mol/L 盐酸溶液 2 mL，于第二支管中加入 4 mol/L 盐酸溶液 2.5 mL。混匀后，用 20 mm 玻璃比色皿（或 10 mm 石英比色皿）于波长 335 nm 下，以空白作参比，测定其吸光度（比色测定操作须在 20 min 内完成）。

(五)结果计算

$$X = A_{335} \times 1.2$$

式中　X——试样的双乙酰含量，mg/L；

　　A_{335}——试样在 335 nm 波长下用 20 mm 比色皿测得的吸光度；

　　1.2——吸光度与双乙酰含量的换算系数。

注：如用 10 mm 石英比色皿测吸光度，则换算系数应为 2.4。

所得结果表示至两位小数。

任务九　食品微生物学检验　菌落总数测定

菌落总数：食品检样经过处理，在一定条件下（如培养基、培养温度和培养时间等）培养后，所得每 g（mL）检样中形成的微生物菌落总数。

(一)培养基和试剂

1. 平板计数琼脂培养基

（1）成分

胰蛋白胨	5.0 g
酵母浸膏	2.5 g
葡萄糖	1.0 g
琼脂	15.0 g
蒸馏水	1000 mL

pH 7.0±0.2

（2）制法　将上述成分加于蒸馏水中，煮沸溶解，调节 pH。分装试管或锥形瓶，121 ℃高压灭菌 15 min。

2. 磷酸盐缓冲液

（1）成分　磷酸二氢钾（KH_2PO_4）34.0 g，蒸馏水 500 mL，pH 7.2。

（2）制法　储存液：称取 34.0 g 的磷酸二氢钾溶于 500 mL 蒸馏水中，用大约 175 mL 的 1 mol/L 氢氧化钠溶液调节 pH 值，用蒸馏水稀释至 1000 mL 后储存于冰箱。

稀释液：取储存液 1.25 mL，用蒸馏水稀释至 1000 mL，分装于适宜容器中，121℃高压灭菌 15 min。

3. 无菌生理盐水

（1）成分　氯化钠 8.5 g，蒸馏水 1000 mL。

（2）制法　称取 8.5 g 氯化钠溶于 1000 mL 蒸馏水中，121 ℃高压灭菌 15 min。

4. 1 mol/L NaOH

（1）成分　NaOH 40.0 g，蒸馏水 1000 mL。

（2）制法　称取 40 g 氢氧化钠溶于 1000 mL 蒸馏水中，121℃高压灭菌 15 min。

5. 1 mol/L HCl

（1）成分　浓盐酸 90 mL，蒸馏水 1000 mL。

（2）制法　移取浓盐酸 90 mL，用蒸馏水稀释至 1000 mL，121℃高压灭菌 15 min。

(二)设备和材料

① 恒温培养箱：30 ℃±1 ℃。

② 冰箱：2～5 ℃。

③ 恒温水浴箱：46 ℃±1 ℃。

④ 天平：感量为 0.1 g。

⑤ 均质器。

⑥ 超净工作台。

⑦ 高压蒸汽灭菌锅。

⑧ 振荡器。

⑨ 无菌吸管：10 mL（具 0.1 mL 刻度）、微量移液器及吸头。

⑩ 无菌锥形瓶：容量 250 mL、500 mL。

⑪ 无菌培养皿：直径 90 mm。

⑫ 试管：18 mm×180 mm。

⑬ pH 计或精密 pH 试纸。

⑭ 菌落计数器。

⑮ 实验室常规仪器。

(三)操作程序

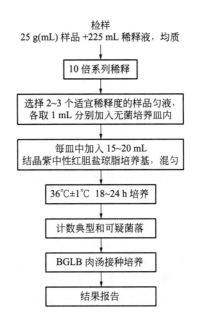

检样
25 g(mL) 样品 +225 mL 稀释液，均质

↓

10 倍系列稀释

↓

选择 2~3 个适宜稀释度的样品匀液，
各取 1 mL 分别加入无菌培养皿内

↓

每皿中加入 15~20 mL
结晶紫中性红胆盐琼脂培养基，混匀

↓

36℃±1℃ 18~24 h 培养

↓

计数典型和可疑菌落

↓

BGLB 肉汤接种培养

↓

结果报告

(四)检验步骤

1. 样品的稀释

① 固体和半固体样品：称取 25 g 样品，放入盛有 225 mL 磷酸盐缓冲液或生理盐水的无菌均质杯内，8000～10000 r/min 均质 1～2 min，或放入盛有 225 mL 磷酸盐缓冲液或生理盐水的无菌均质袋中，用拍击式均质器拍打 1～2 min，制成 1∶10 的样品匀液。

② 液体样品：以无菌吸管吸取 25 mL 样品置盛有 225 mL 磷酸盐缓冲液或生理盐水的无菌锥形瓶（瓶内预置适当数量的无菌玻璃珠）中，充分混匀，制成 1∶10 的样品匀液。

③ 用 1 mL 无菌吸管或微量移液器吸取 1∶10 样品匀液 1 mL，沿管壁缓缓注入 9 mL 磷酸盐缓冲液或生理盐水的无菌试管中（注意吸管或吸头尖端不要触及稀释液面），振摇试管或换用 1 支 1 mL 无菌吸管反复吹打，使其混合均匀，制成 1∶100 的样品匀液。

④ 根据对样品污染状况的估计，按上述操作，依次制成 10 倍递增系列稀释样品匀液。每递增稀释 1 次，换用 1 支 1 mL 无菌吸管或吸头。从制备样品匀液至样品接种完毕，全过程不得超过 15 min。

⑤ 根据对样品污染状况的估计，选择 2～3 个适宜稀释度的样品匀液（液体样品可包括原液），在进行 10 倍递增稀释时吸取 1 mL 样品匀液于无菌平皿内，每个稀释度做两个平皿。同时，分别吸取 1 mL 空白稀释液加入两个无菌平皿内作空白对照。

⑥ 及时将 15～20 mL 冷却至 46 ℃的平板计数琼脂培养基（可放置于 46 ℃±1 ℃恒温水浴箱中保温）倾注平皿，并转动平皿使其混合均匀。

注意事项：混合过程中应加小心，不要使混合物溅到皿边的上方。

2. 培养

① 待琼脂凝固后，将平板翻转，36 ℃±1 ℃ 培养 48 h±2 h。水产品 30 ℃±1 ℃ 培养 72 h±3 h。

② 如果样品中可能含有在琼脂培养基表面弥漫生长的菌落时，可在凝固后的琼脂表面覆盖一薄层琼脂培养基（约 4 mL），凝固后翻转平板，进行培养。

注意以下事项。

① 皿内琼脂凝固后，将平皿翻转，倒置于培养箱进行培养，避免菌落蔓延生长，防止冷凝水落到培养基表面影响菌落形成。

② 为了控制和了解污染，在取样进行检验的同时于操作台上打开一块琼脂平板，其暴露的时间应与该检样从制备、稀释到加入平皿时所暴露的时间相当，然后与加检样的平皿一起培养，以了解检样在操作过程中有无受到来自空气的污染。

3. 菌落计数

可用肉眼观察，必要时用放大镜或菌落计数器，记录稀释倍数和相应的菌落数量。菌落计数以菌落形成单位（cfu）表示。

① 选取菌落数在 30～300 cfu 之间，无蔓延菌落生长的平板计数菌落总数。低于 30 cfu 的平板记录具体菌落数，大于 300 cfu 的可记录为"多不可计"。每个稀释度的菌落数应采用两个平板的平均数。

② 其中一个平板有较大片状菌落生长时，则不宜采用，而应以无片状菌落生长的平板作为该稀释度的菌落数；若片状菌落不到平板的一半，而其余一半中菌落分布又很均匀，即可计算半个平板后乘以 2，代表一个平板菌落数。

③ 当平板上出现菌落间无明显界线的链状生长时，则将每条单链作为一个菌落计数。

(五) 结果与报告

1. 菌落总数的计算方法

① 若只有一个稀释度平板上的菌落数在适宜计数范围内，计算两个平板菌落数的平均值，再将平均值乘以相应稀释倍数，作为每 g（mL）样品中菌落总数结果（见下表中例次 1）。

② 若有两个连续稀释度的平板菌落数在适宜计数范围内时，按下式计算（见下表中例次 2、例次 3）。

$$N = \frac{\Sigma C}{(n_1 + 0.1n_2)d}$$

式中　N——样品中菌落总数；

ΣC——平板（含适宜范围菌落数的平板）菌落数之和；

n_1——第一稀释（低稀释倍数）平板个数；

n_2——第二稀释（高稀释倍数）平板个数；

d——稀释因子（第一稀释度）。

③ 若所有稀释度的平板上菌落数均大于 300 cfu，则对稀释度最高的平板进行计数，其他平板可记录为"多不可计"，结果按平均菌落数乘以最高稀释倍数计算（见下表中例次 4）。

④ 若所有稀释度的平板菌落数均小于 30 cfu，则应按稀释度最低的平均菌落数乘以稀释倍数计算（见下表中例次 5）。

⑤ 若所有稀释度（包括液体样品原液）平板均无菌落生长，则以小于 1 乘以最低稀释倍数计算（见下表中例次 6）。

⑥ 若所有稀释度的平板菌落数均不在 30～300 cfu 之间，其中一部分小于 30 cfu 或大于 300 cfu 时，则以最接近 30 cfu 或 300 cfu 的平均菌落数乘以稀释倍数计算（见表 1 中例次 7）。

表 1　稀释度选择及菌落数报告方式

例次	不同稀释度的菌落数			菌落总数计算所得/ (cfu/g 或 mL)	菌落总数报告/ (cfu/g 或 mL)
	10^{-1}	10^{-2}	10^{-3}		
1	多不可计	126、128	23、20	12700	13000 或 $1.3×10^4$
2	多不可计	243、251	56、49	27227	27000 或 $2.7×10^4$
3	1721	284、305	38、30	29333	29000 或 $2.9×10^4$
4	多不可计	3651	421	421000	420000 或 $4.2×10^5$
5	24、28	10、12	4、3	260	260 或 ×10^2
6	0	0	0	<10	<10
7	多不可计	321、319	29、27	28000	28000 或 $2.8×10^4$

2. 菌落总数的报告

① 菌落数小于 100 cfu 时，按"四舍五入"原则修约，以整数报告。

例：75.5 取 76

② 菌落数大于或等于 100 cfu 时，第 3 位数字采用"四舍五入"原则修约后，取前两位数字，后面用 0 代替位数；也可用 10 的指数形式表示，按"四舍五入"原则修约后，采用两位有效数字。例：305043 用 31000 或 $3.1×10^5$。

③ 若所有平板上为蔓延菌落而无法计数，则报告菌落蔓延。

④ 若空白对照上有菌落生长，则此次检测结果无效。

⑤ 称重取样以 cfu/g 为单位报告，体积取样以 cfu/mL 为单位报告。

任务十　食品微生物学检验　大肠菌群计数

大肠菌群：在一定培养条件下能发酵乳糖、产酸产气的需氧和兼性厌氧革兰氏阴性无芽孢杆菌。

一、大肠菌群平板计数法

(一)培养基和试剂

1. 结晶紫中性红胆盐琼脂（VRBA）

（1）成分

蛋白胨 7.0 g，酵母膏 3.0 g，乳糖 10.0 g，氯化钠 5.0 g，胆盐或 3 号胆盐 1.5 g，中性红 0.03 g，结晶紫 0.002 g，琼脂 15～18 g，蒸馏水 1000 mL，pH（7.4±0.1）。

（2）制法 将上述成分溶于蒸馏水中，静置几分钟，充分搅拌，调节 pH 值。煮沸 2 min，将培养基冷却至 45～50℃倾注平板。使用前临时制备，不得超过 3 h。

2. 煌绿乳糖胆盐（BGLB）肉汤

（1）成分 蛋白胨 10.0 g，乳糖 10.0 g，牛胆粉（oxgall 或 oxbile）溶液 200 mL，0.1%煌绿水溶液 13.3 mL，蒸馏水 800 mL，pH（7.2±0.1）。

（2）制法 将蛋白胨、乳糖溶于约 500 mL 蒸馏水中，加入牛胆粉溶液 200 mL（将 20.0 g 脱水牛胆粉溶于 200 mL 蒸馏水中，调节 pH 值至 7.0～7.5），用蒸馏水稀释到 975 mL，调节 pH 值，再加入 0.1%煌绿水溶液 13.3 mL，用蒸馏水补足到 1000 mL，用棉花过滤后，分装到有玻璃小导管的试管中，每管 10 mL。121℃高压灭菌 15 min。

3. 磷酸盐缓冲液

（1）成分 磷酸二氢钾（KH_2PO_4）34.0 g，蒸馏水 500 mL，pH 7.2。

（2）制法 储存液：称取 34.0 g 的磷酸二氢钾溶于 500 mL 蒸馏水中，用大约 175 mL 的 1 mol/L 氢氧化钠溶液调节 pH 值，用蒸馏水稀释至 1000 mL 后储存于冰箱。

稀释液：取储存液 1.25 mL，用蒸馏水稀释至 1000 mL，分装于适宜容器中，121℃高压灭菌 15 min。

4. 无菌生理盐水

（1）成分 氯化钠 8.5 g，蒸馏水 1000 mL。

（2）制法 称取 8.5g 氯化钠溶于 1000 mL 蒸馏水中，121 ℃高压灭菌 15 min。

5. 1 mol/L NaOH

（1）成分 NaOH 40.0 g，蒸馏水 1000 mL。

（2）制法 称取 40 g NaOH 溶于 1000 mL 蒸馏水中，121℃高压灭菌 15 min。

6. 1 mol/L HCl

（1）成分 浓盐酸 90 mL，蒸馏水 1000 mL。

（2）制法 移取浓盐酸 90 mL，用蒸馏水稀释至 1000 mL，121℃高压灭菌 15 min。

(二)设备和材料

① 恒温培养箱：30 ℃±1 ℃。
② 冰箱：2～5 ℃。
③ 恒温水浴箱：46℃ ±1 ℃ 。
④ 天平：感量为 0.1 g。
⑤ 均质器。
⑥ 超净工作台。
⑦ 高压蒸汽灭菌锅。
⑧ 振荡器。
⑨ 无菌吸管：10 mL（具 0.1 mL 刻度）、微量移液器及吸头。
⑩ 无菌锥形瓶：容量 250 mL、500 mL。
⑪ 无菌培养皿：直径 90 mm。
⑫ 试管：18mm×180mm。
⑬ pH 计或精密 pH 试纸。
⑭ 菌落计数器。
⑮ 实验室常规仪器。

（三）检验程序

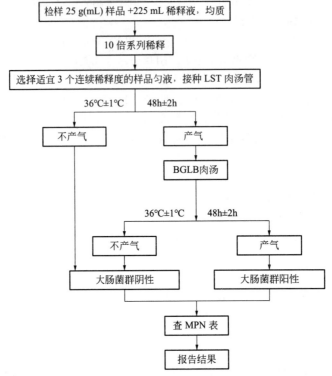

（四）检验步骤

1. 样品的稀释

（1）固体和半固体样品：称取 25 g 样品，放入盛有 225 mL 磷酸盐缓冲液或生理盐水的无菌均质杯内，8000～10000 r/min 均质 1～2 min，或放入盛有 225 mL 磷酸盐缓冲液或生理盐水的无菌均质袋中，用拍击式均质器拍打 1～2 min，制成 1∶10 的样品匀液。

（2）液体样品：以无菌吸管吸取 25 mL 样品置盛有 225 mL 磷酸盐缓冲液或生理盐水的无菌锥形瓶（瓶内预置适当数量的无菌玻璃珠）中，充分混匀，制成 1∶10 的样品匀液。

（3）样品匀液的 pH 值应在 6.5～7.5 之间，必要时分别用 1 mol/L NaOH 或 1 mol/L HCl 调节。

（4）用 1 mL 无菌吸管或微量移液器吸取 1∶10 样品匀液 1 mL，沿管壁缓缓注入 9 mL 磷酸盐缓冲液或生理盐水的无菌试管中（注意吸管或吸头尖端不要触及稀释液面），振摇试管或换用 1 支 1 mL 无菌吸管反复吹打，使其混合均匀，制成 1∶100 的样品匀液。

（5）根据对样品污染状况的估计，按上述操作，依次制成 10 倍递增系列稀释样品匀液。每递增稀释 1 次，换用 1 支 1 mL 无菌吸管或吸头。从制备样品匀液至样品接种完毕，全过程不得超过 15 min。

2. 初发酵试验

每个样品选择 3 个适宜的连续稀释度的样品匀液（液体样品可以选择原液），每个稀释度接种 3 管月桂基硫酸盐胰蛋白胨（LST）肉汤，每管接种 1 mL（如接种量超过 1 mL，则用双料 LST 肉汤），36 ℃±1 ℃培养 24 h±2 h，观察导管内是否有气泡产生。24 h±2 h 产气者进行复发酵试验，如未产气则继续培养至 48 h±2 h，产气者进行复发酵试验。未产气者为大肠菌群阴性。

注意事项：在乳糖发酵试验工作中，经常可以看到在发酵导管内极微少的气泡（有时比小米粒还小），有时可以遇到在初发酵时产酸或沿管壁有缓缓上浮的小气泡。实验表明，大肠菌群的产气量，多者可以使发酵导管全部充满气体，少者可以产生比小米粒还小的气泡。如果对产酸但未产气的乳糖发酵有疑问时，可以用手轻轻打动试管，如有气泡沿管壁上浮，即应考虑可能有气体产生，而应做进一步试验。

3. 复发酵试验

用接种环从产气的 LST 肉汤管中分别取培养物 1 环，移种于煌绿乳糖胆盐肉汤（BGLB）管中，36℃±1℃培养 48 h±2 h，观察产气情况。产气者，计为大肠菌群阳性管。

4. 大肠菌群最可能数（MPN）的报告

按确证的大肠菌群 LST 阳性管数，检索 MPN 表（见表 1），报告每克（或毫升）样品中大肠菌群的 MPN 值。

表 1　大肠菌群最可能数（MPN）检索表

阳性管数			MPN	95％可信限		阳性管数			MPN	95％可信限	
0.10	0.01	0.001		下限	上限	0.10	0.01	0.001		下限	上限
0	0	0	<3.0	—	9.5	2	2	0	21	4.5	42
0	0	1	3.0	0.15	9.6	2	2	1	28	8.7	94
0	1	0	3.0	0.15	11	2	2	2	35	8.7	94
0	1	1	6.1	1.2	18	2	3	0	29	8.7	94
0	2	0	6.2	1.2	18	2	3	1	36	8.7	94
0	3	0	9.4	3.6	38	3	0	0	23	4.6	94
1	0	0	3.6	0.17	18	3	0	1	38	8.7	110
1	0	1	7.2	1.3	18	3	0	2	64	17	180
1	0	2	11	3.6	38	3	1	0	43	9	180
1	1	0	7.4	1.3	20	3	1	1	75	17	200
1	1	1	11	3.6	38	3	1	2	120	37	420
1	2	0	11	3.6	42	3	1	3	160	40	420
1	2	1	15	4.5	42	3	2	0	93	18	420
1	3	0	16	4.5	42	3	2	1	150	37	420
2	0	0	9.2	1.4	38	3	2	2	210	40	430
2	0	1	14	3.6	42	3	2	3	290	90	1000
2	0	2	20	4.5	42	3	3	0	240	42	1000
2	1	0	15	3.7	42	3	3	1	460	90	2000
2	1	1	20	4.5	42	3	3	2	1100	180	4100
2	1	2	27	8.7	94	3	3	3	>1100	420	

注 1. 本表采用 3 个稀释度 [0.1 g（mL）、0.01 g（mL）和 0.001 g（mL）]，每个稀释度接种 3 管。

2. 表内所列检样量如改用 1 g（mL）、0.1 g（mL）和 0.01 g（mL）时，表内数字应相应降低 10 倍；如改用 0.01g（mL）、0.001 g（mL）、0.0001 g（mL）时，则表内数字应相应增高 10 倍，其余类推。

二、大肠菌群 MPN 计数法

(一)培养基和试剂

1. 月桂基硫酸盐胰蛋白胨（LST）肉汤
（1）成分

胰蛋白胨或胰酪胨/g	20.0
氯化钠/g	5.0
乳糖/g	5.0
磷酸氢二钾（K_2HPO_4）/g	2.75
磷酸二氢钾（KH_2PO_4）/g	2.75
月桂基硫酸钠/g	0.1
蒸馏水/mL	1000
pH	6.8 ± 0.2

（2）制法

将上述成分溶解于蒸馏水中，调节 pH。分装到有玻璃小倒管的试管中，每管 10 mL。121 ℃高压灭菌 15 min。

2. 煌绿乳糖胆盐（BGLB）肉汤
（1）成分

蛋白胨/g	10.0
乳糖/g	10.0
牛胆粉（oxgall 或 oxbile）溶液/mL	200
0.1%煌绿水溶液/mL	13.3
蒸馏水/mL	800
pH	7.2 ± 0.1

（2）制法

将蛋白胨、乳糖溶于约 500mL 蒸馏水中，加入牛胆粉溶液 200mL（将 20.0 g 脱水牛胆粉溶于 200mL 蒸馏水中，调节 pH 至 7.0~7.5），用蒸馏水稀释到 975mL，调节 pH，再加入 0.1%煌绿水溶液 13.3mL，用蒸馏水补足到 1000mL，用棉花过滤后，分装到有玻璃小倒管的试管中，每管 10mL。121℃高压灭菌 15 min。

3. 磷酸盐缓冲液
（1）成分

磷酸二氢钾（KH_2PO_4）/g	34.0
蒸馏水/mL	500
pH	7.2

（2）制法

贮存液：称取 34.0 g 的磷酸二氢钾溶于 500mL 蒸馏水中，用大约 175mL 的 1 mol/L 氢氧化钠溶液调节 pH，用蒸馏水稀释至 1000mL 后贮存于冰箱。

稀释液：取贮存液 1.25 mL，用蒸馏水稀释至 1000 mL，分装于适宜容器中，121℃高压灭菌 15 min。

4. 无菌生理盐水
（1）成分

氯化钠/g	8.5
蒸馏水/mL	1000

（2）制法

称取 8.5g 氯化钠溶于 1000 mL 蒸馏水中，121 ℃高压灭菌 15 min。

5. 1 mol/L NaOH

（1）成分

NaOH/g	40.0
蒸馏水/mL	1000

（2）制法

称取 40 g 氢氧化钠溶于 1000 mL 蒸馏水中，121℃高压灭菌 15 min。

6. 1 mol/L HCl

（1）成分

HCl/mL	90
蒸馏水/mL	1000

（2）制法

移取浓盐酸 90 mL，用蒸馏水稀释至 1000 mL，121℃高压灭菌 15 min。

（二）设备和材料

恒温培养箱（30 ℃±1 ℃）、冰箱（2～5 ℃）、恒温水浴箱（46 ℃±1 ℃）、天平（感量为 0.1 g）、均质器、超净工作台、高压蒸汽灭菌锅、振荡器、10 mL 无菌吸管（具 0.1 mL 刻度）、微量移液器及吸头、无菌锥形瓶（容量 250 mL、500 mL）、18×180mm 试管、杜氏小管、精密 pH 试纸等。

（三）检验程序

检验流程见图 1。

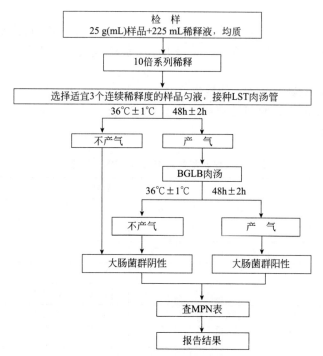

图 1　大肠菌群 MPN 计数法检验流程

(四)检验步骤

1. 样品的制备

① 固体和半固体样品:称取 25 g 样品,放入盛有 225 mL 磷酸盐缓冲液或生理盐水的无菌均质杯内,8000~10000 r/min 均质 1~2 min,或放入盛有 225 mL 磷酸盐缓冲液或生理盐水的无菌均质袋中,用拍击式均质器拍打 1~2 min,制成 1∶10 的样品匀液。

② 液体样品:以无菌吸管吸取 25 mL 样品置盛有 225 mL 磷酸盐缓冲液或生理盐水的无菌锥形瓶(瓶内预置适当数量的无菌玻璃珠)中,充分混匀,制成 1∶10 的样品匀液。

③ 样品匀液的 pH 值应在 6.5~7.5 之间,必要时分别用 1 mol/L NaOH 或 1 mol/L HCl 调节。

④ 用 1 mL 无菌吸管或微量移液器吸取 1∶10 样品匀液 1 mL,沿管壁缓缓注入 9 mL 磷酸盐缓冲液或生理盐水的无菌试管中(注意吸管或吸头尖端不要触及稀释液面),振摇试管或换用 1 支 1 mL 无菌吸管反复吹打,使其混合均匀,制成 1∶100 的样品匀液。

⑤ 根据对样品污染状况的估计,按上述操作,依次制成十倍递增系列稀释样品匀液。每递增稀释 1 次,换用 1 支 1 mL 无菌吸管或吸头。从制备样品匀液至样品接种完毕,全过程不得超过 15 min。

2. 初发酵试验

每个样品,选择 3 个适宜的连续稀释度的样品匀液(液体样品可以选择原液),每个稀释度接种 3 管月桂基硫酸盐胰蛋白胨(LST)肉汤,每管接种 1 mL(如接种量超过 1 mL,则用双料 LST 肉汤),36 ℃±1 ℃培养 24 h±2 h,观察倒管内是否有气泡产生,24 h±2 h 产气者进行复发酵试验,如未产气则继续培养至 48 h±2 h,产气者进行复发酵试验。未产气者为大肠菌群阴性。

3. 复发酵试验

用接种环从产气的 LST 肉汤管中分别取培养物 1 环,移种于煌绿乳糖胆盐肉汤(BGLB)管中,36 ℃±1 ℃培养 48 h±2 h,观察产气情况。产气者,计为大肠菌群阳性管。

4. 大肠菌群最可能数(MPN)的报告

按大肠菌群复发酵实验的阳性管数,检索 MPN 表(见表 2),报告每 g(mL)样品中大肠菌群的 MPN 值。

表 2 大肠菌群最可能数(MPN)检索表

阳性管数			MPN	95%可信限		阳性管数			MPN	95%可信限	
0.10	0.01	0.001		下限	上限	0.10	0.01	0.001		下限	上限
0	0	0	<3.0	—	9.5	2	2	0	21	4.5	42
0	0	1	3.0	0.15	9.6	2	2	1	28	8.7	94
0	1	0	3.0	0.15	11	2	2	2	35	8.7	94
0	1	1	6.1	1.2	18	2	3	0	29	8.7	94
0	2	0	6.2	1.2	18	2	3	1	36	8.7	94
0	3	0	9.4	3.6	38	3	0	0	23	4.6	94
1	0	0	3.6	0.17	18	3	0	1	38	8.7	110
1	0	1	7.2	1.3	18	3	0	2	64	17	180
1	0	2	11	3.6	38	3	1	0	43	9	180

阳性管数			MPN	95％可信限		阳性管数			MPN	95％可信限	
0.10	0.01	0.001		下限	上限	0.10	0.01	0.001		下限	上限
1	1	0	7.4	1.3	20	3	1	1	75	17	200
1	1	1	11	3.6	38	3	1	2	120	37	420
1	2	0	11	3.6	42	3	1	3	160	40	420
1	2	1	15	4.5	42	3	2	0	93	18	420
1	3	0	16	4.5	42	3	2	1	150	37	420
2	0	0	9.2	1.4	38	3	2	2	210	40	430
2	0	1	14	3.6	42	3	2	3	290	90	1000
2	0	2	20	4.5	42	3	3	0	240	42	1000
2	1	0	15	3.7	42	3	3	1	460	90	2000
2	1	1	20	4.5	42	3	3	2	1100	180	4100
2	1	2	27	8.7	94	3	3	3	>1100	420	

注：1.本表采用3个稀释度［0.1g（mL）、0.01g（mL）和0.001g（mL）］，每个稀释度接种3管。

2.表内所列检样量如改用1g（mL）、0.1g（mL）和0.01g（mL）时，表内数字应相应降低10倍；如改用0.01g（mL）、0.001g（mL）、0.0001g（mL）时，则表内数字应相应增高10倍，其余类推。

项目五　黄酒检验

① 了解黄酒的相关标准。
② 掌握黄酒常规检验项目。
③ 会进行黄酒的主要参数检验操作。

检验前准备

黄酒是指以稻米、黍米、玉米、小米、小麦等为主要原料，经蒸煮、加曲、糖化、发酵、压榨、过滤、煎酒、储存、勾兑而成的酿造酒。

黄酒的相关标准见表1。

表 1　黄酒相关标准

标准号	标准名称
GB 2758—2012	《食品安全国家标准 发酵酒及其配制酒》
GB 10344—2005	《饮料酒标签标准》
GB/T 17946—2008	《绍兴酒（绍兴黄酒）》
GB/T 13662—2008	《黄酒》

黄酒的检验项目见表2。

表 2　黄酒检验项目

序号	检验项目	发证	监督	出厂	检验标准	备注
1	感官	√	√	√	GB/T 13662—2008	
2	净含量	√		√	GB/T 13662—2008	
3	总糖	√		√	GB/T 13662—2008	
4	非糖固形物	√	√	√	GB/T 13662—2000	
5	酒精度	√	√	√	GB/T 13662—2008	
6	总酸	√	√	√	GB/T 13662—2008	
7	氨基酸态氮	√	√	√	GB/T 13662—2008	
8	挥发酯	√	√	*	GB/T 17946—2008	绍兴酒（绍兴黄酒）检验项目
9	pH	√		√	GB/T 13662—2008	
10	氧化钙	√		√	GB/T 13662—2008	
11	β-苯乙醇	√		*	GB/T 13662—2008	稻米类黄酒检验项目

序号	检验项目	发证	监督	出厂	检验标准	备注
12	食品添加剂（苯甲酸、山梨酸、糖精钠、甜蜜素等）	√	√	*	GB/T 5009.28—2003 GB/T 5009.29—2003 GB/T 5009.97—2003	其他食品添加剂根据具体情况
13	黄曲霉毒素 B_1	√	√	*	GB/T 5009.22—2003	
14	铅	√	√	*	GB/T 5009.12—2010	
15	菌落总数	√	√	√	GB 4789.2—2016 GB/T 4789.25—2003	
16	大肠菌群	√	√	*	GB 4789.3—2016 GB/T 4789.25—2003	
17	标签	√	√		GB/T 10344—2005 GB/T 17946—2008	

注：1. 企业出厂检验项目中有√标记的，为常规检验项目。
　　2. 企业出厂检验项目中有 * 标记的，企业应当每年检验两次。

任务一　净含量的测定

(一)仪器

① 量筒：100～2000 mL。

② 台秤：最大称量 50 kg。

③ 电子天平：最大称量 1000 g，感量 0.01 g。

(二)操作步骤

当单件包装样品净含量小于 2 L 时采用容量法，2 L 以上可采用称量法。

1. 容量法

在 20℃±2℃环境下，将样品沿容器壁缓慢倒入干燥洁净的量筒中，待酒样液面静止时，观察液位的凹液面是否与量筒刻度相平。读取凹液面刻度即为该酒样的体积，并计算其负偏差值。

2. 称量法

直接用台秤称重，然后除以该酒样的密度（kg/L），将重量换算成体积，再求出净含量偏差。

(三)误差标准

20℃时，20 瓶的平均净容量允许偏差见表1。

表1　定量包装商品的净含量与其标注的负偏差标准

净含量	负偏差	
	百分比	g 或 mL
5～50 mL	9	—
50～100 mL	—	4.5
100～200 mL	4.5	—

续表

净含量	负偏差	
	百分比	g 或 mL
200~300 mL	—	9
300~500 mL	3	—
500~1000 mL	—	15
1~10 kg 或 1~10 L	1.5	—

任务二　酒精度的测定

酒精度是白酒产品理化要求的首要检测指标。它是指在 20℃时 100 mL 酒中含乙醇的体积或 100 g 酒样中含有酒精的量。酒精度可以用体积分数（％）表示。

方法一　比重瓶法

(一)原理

酒精相对密度是指在 20℃时酒精重量与同体积纯水重量的比值，通常以 d_{20}^{20} 表示。然后查"不同温度下酒精溶液相对密度与酒精度对照表"（以下简称"对照表"）将酒精相对密度换算成酒精度。适用于任何酒液中酒精度的测定。

(二)仪器

① 全玻璃蒸馏器：500 mL。
② 超级恒温水浴锅：准确度±0.1℃。
③ 附温度计相对密度瓶：25 mL 或 50 mL。
④ 实验室常规仪器。

(三)操作步骤

① 样品制备。准确移取 100 mL 酒样于 500 mL 蒸馏瓶中，加 100 mL 水和数粒玻璃珠（或沸石），装上冷凝器，以 100 mL 容量瓶为接收器（外加冰浴），开启冷凝水（水温应低于 15℃），然后开启电炉缓慢加热，收集约 95 mL 馏出液后取下，盖上瓶塞，放入 20℃水浴中恒温 30 min，再定容至刻度，混匀，备用。

② 称量。将密度瓶洗净，烘干，称量，直至恒重（前后两次称量差小于 0.2 mg）。

③ 将煮沸后冷却至 15℃的蒸馏水注满恒重的密度瓶，插上带温度计的瓶塞，立即浸入 20℃±0.1℃的恒温水浴锅，待内容物温度达到 20℃并保持 20 min 不变后，用滤纸快速吸去溢出支管的蒸馏水，立即盖好小帽，将密度瓶取出，擦干后称量。

④ 将水倒出，先用无水乙醇再用乙醚冲洗密度瓶，吹干（或用烘箱烘干），用制备好的样品溶液冲洗 3~5 次，然后装满。重复上述操作。

(四)结果计算

酒样的相对密度为：

$$d_{20}^{20}=\frac{m_2-m}{m_1-m}$$

式中　d_{20}^{20}——酒样的相对密度；

　　　　m——密度瓶的重量，g；

　　　　m_1——20℃时密度瓶与充满密度瓶蒸馏水的总重量，g；

　　　　m_2——20℃时密度瓶与充满密度瓶酒样的总重量，g。

根据酒样的相对密度 d_{20}^{20}，查"对照表"求得酒精度（体积分数）。

(五)精密度

在重复性条件下获得的两次独立测定结果的绝对差值不应超过平均值的 0.5％，所得结果应表示至一位小数。

方法二　酒精比重计法

(一)原理

用酒精比重计直接读取酒精体积分数示值，按"对照表"进行温度校正，换算出 20℃时的酒精度。适用于酒精含量较高且是酒液中主要成分的样品酒精度的测定。

(二)仪器

酒精比重计：分度值为 0.1％（体积分数），实验室常规仪器。

(三)操作步骤

将比重瓶法中制得的酒样倒入洁净、干燥的 100 mL 量筒中，倒入量以放入酒精计后液面稍低于量筒口为宜。静置数分钟，待酒样中气泡消失后，放入洁净、擦干的酒精计和温度计，再轻轻按一下，静止后，平衡约 5 min，观察酒精计与酒液弯月面相切处的刻度示值及酒液温度。根据测得的温度和酒精计示值，查"对照表"，换算成 20℃时酒精度。

(四)精密度

在重复性条件下获得的两次独立测定结果的绝对差值不得超过平均值的 0.5％，所得结果应表示至一位小数。

任务三　总糖的测定

本方法适用于甜酒和半甜酒。

(一)原理

斐林溶液与还原糖共沸，生成氧化亚铜沉淀，以亚甲基蓝为指示液，用试样水解液滴定沸腾状态的斐林溶液。达到终点时，稍微过量的还原糖将亚甲基蓝还原成无色为终点，依据试样水解液的消耗体积，计算总糖含量。

(二)仪器

分析天平（感量 0.1 mg）；恒温水浴锅；电炉（300～500 W），实验室常规仪器。

(三)试剂

① 斐林甲液。称取 69.28 g 硫酸铜，加水溶解并定容至 1000 mL。

② 斐林乙液。称取酒石酸钾钠 346 g 及氢氧化钠 100 g，加水溶解并定容至 1000 mL，摇匀，过滤备用。

③ 葡萄糖标准溶液（2.5 g/L）。准确称取 2.5000 g 经 98～100 ℃干燥至恒重的无水葡

萄糖，加水溶解后移入 1000 mL 容量瓶中，加入 5 mL 盐酸（防止微生物生长）并定容。

④ HCl 溶液（6 mol/L）。移取 50 mL 浓盐酸，稀释至 100 mL。

⑤ NaOH 溶液（200 g/L）。称取 20 g 氢氧化钠，用水溶解并稀释至 100 mL。

⑥ 甲基红指示剂（1 g/L）。称取甲基红 0.10 g，溶于乙醇并稀释至 100 mL。

⑦ 亚甲基蓝指示剂（10 g/L）。称取亚甲基蓝 1.0 g，溶于乙醇并稀释至 100 mL。

(四)操作步骤

1. 碱性酒石酸铜溶液的预滴定

吸取碱性酒石酸铜甲、乙液各 5.0 mL，置于 250 mL 锥形瓶中，加水 30 mL，然后放入 2 粒玻璃珠，控制在 2 min 内加热至沸，趁沸以每 2s 1 滴的速度滴加葡萄糖标准溶液，待试液蓝色即将消失时，加入 2 滴亚甲基蓝指示剂，继续用葡萄糖标准溶液滴定至溶液蓝色刚好褪去为终点，记录消耗葡萄糖标准溶液的总体积。平行操作 3 份，取其平均值。

2. 碱性酒石酸铜溶液的标定

吸取碱性酒石酸铜甲、乙液各 5.0 mL，置于 250 mL 锥形瓶中，加水 30 mL，然后放入 2 粒玻璃珠，从滴定管滴加比预测体积少 1 mL 的葡萄糖标准溶液，控制在 2 min 内加热至沸，加入 2 滴亚甲基蓝指示剂，保持沸腾 2 min，趁沸以每 2s 1 滴的速度滴加葡萄糖标准溶液，直至溶液蓝色刚好褪去为终点，记录消耗葡萄糖标准溶液的总体积。平行操作 3 份，取其平均值。全部滴定必须在 3 min 内完成。

3. 酒样制备

吸取试样 2.00～10.00 mL（控制水解液总糖量为 1～2 g/L）于 500 mL 容量瓶中，加 50 mL 水和 5 mL 盐酸溶液（6 mol/L），在 68～70℃ 水浴中加热 15 min。冷却后加入 2 滴甲基红指示液，用 200 g/L 氢氧化钠溶液中和至红色消失（接近于中性）。加水定容，摇匀，用滤纸过滤后备用。

4. 样品溶液预滴定及滴定

以酒样代替葡萄糖标准溶液，测定方法同操作步骤 1、操作步骤 2。

(五)结果计算

① 碱性酒石酸铜溶液浓度的标定按式（1）计算：

$$F = \frac{mV}{1000} \tag{1}$$

式中　F——碱性酒石酸铜甲、乙液各 5 mL 相当于葡萄糖的重量，g；

　　　m——称取葡萄糖的重量，g；

　　1000——葡萄糖标准溶液的体积，mL；

　　　V——标定碱性酒石酸铜标准溶液时消耗葡萄糖溶液的体积，mL。

② 酒样中总糖含量的测定按式（2）计算：

$$X = \frac{F}{\frac{V_1}{500} \times V_2} \times 1000 \tag{2}$$

式中　X——酒样中总糖的含量，g/L；

　　　F——碱性酒石酸铜甲、乙液各 5 mL 相当于葡萄糖的重量，g；

　　　V_1——移取酒样的体积，mL；

　　　V_2——滴定时消耗酒样稀释液的体积，mL。

计算结果精确至三位有效数字。

(六)精密度

同一试样的两次滴定结果之差不得超过 0.10 mL。

任务四　非糖固形物的测定

(一)原理

试样在 100~105℃ 加热，其中的水分、乙醇等可挥发性物质被蒸发，剩余的残留物即为总固形物，总固形物减去总糖即为非糖固形物。

(二)仪器

分析天平（感量为 0.1 mg）；电热干燥箱（准确控温 ±1℃）；恒温水浴锅；干燥器（内置变色硅胶）；蒸发皿或称量瓶（直径 50 mm、高 30 mm）。

(三)操作步骤

先将蒸发皿或高称量瓶（内置小玻璃棒）洗净，烘干至恒重，准确移入 5.00 mL 酒样（干、半干黄酒可直接取样，半甜黄酒稀释 1~2 倍后取样，甜黄酒稀释 2~6 倍后取样），置于沸水浴上加热蒸发，不断用玻璃棒搅拌。蒸干后连同玻璃棒一起放入电热干燥箱中于 100~105℃ 烘干，称量，直至恒重（两次称量之差不超过 0.001 g）。

(四)结果计算

① 样中总固形物含量按式（1）计算：

$$X_1 = \frac{(m_1 - m_2)f}{V} \times 1000 \tag{1}$$

式中　X_1——酒样中总固形物含量，g/L；

　　　m_1——蒸发皿（或称量瓶）、玻璃棒和试样烘干后的重量，g；

　　　m_2——蒸发皿（或称量瓶）、玻璃棒烘干后的重量，g；

　　　f——酒样稀释倍数；

　　　V——移取酒样的体积，mL。

② 样中非糖固形物含量按式（2）计算：

$$X = X_1 - X_2 \tag{2}$$

式中　X——酒样中非糖固形物含量，g/L；

　　　X_1——酒样中总固形物含量，g/L；

　　　X_2——酒样中总糖含量，g/L。

计算结果保留三位有效数字。

(五)精密度

同一试样的两次测定结果之差不超过 0.5 g/L。

任务五　氨基酸态氮的测定

(一)原理

氨基酸具有酸性的 —COOH 和碱性的 —NH₂，利用氨基酸的两性作用，加入甲醛以固定氨基的碱性，使羧基显示出酸性，用氢氧化钠标准溶液滴定后定量，以酸度计测定终点。

(二)试剂

① 甲醛（36%）：应不含有聚合物。

② 氢氧化钠标准滴定溶液：$c(NaOH)=0.050\ mol/L$。

(三)仪器

酸度计；磁力搅拌器；10m 微量滴定管，实验室常规仪器。

(四)操作步骤

① 吸取 5.0 mL 试样，置于 100 mL 容量瓶中，加水至刻度，混匀后吸取 20.0 mL，置于 200 mL 烧杯中，加 60 mL 水，开动磁力搅拌器，用氢氧化钠标准滴定溶液（0.050mol/L）滴定至酸度计指示 pH=8.2，记下消耗氢氧化钠标准滴定溶液的体积（mL），以计算总酸度。

② 加入 10.0 mL 甲醛溶液，混匀。再用氢氧化钠标准滴定溶液（0.050 mol/L）继续滴定至 pH=9.2，记下消耗氢氧化钠标准滴定溶液（0.050 mol/L）的体积（mL）。

③ 取 80 mL 水，先用氢氧化钠溶液（0.050 mol/L）调节至 pH 值为 8.2，再加入 10.0 mL 甲醛溶液，用氢氧化钠标准滴定溶液（0.050mol/L）滴定至 pH=9.2，记录消耗氢氧化钠标准滴定溶液（0.050 mol/L）的体积（mL），此为测定氨基酸态氮含量的试剂空白实验。

(五)结果计算

$$X = \frac{(V_1 - V_2)c \times 0.014}{5 \times \dfrac{V_3}{100}} \times 1000$$

式中　X——试样中氨基酸态氮的含量，g/100 mL；

　　V_1——样品稀释液加入甲醛后消耗氢氧化钠标准滴定溶液的体积，mL；

　　V_2——试剂空白试验加入甲醛后消耗氢氧化钠标准滴定溶液的体积，mL；

　　V_3——实验用样品释液用量，mL；

　　c——氢氧化钠标准滴定溶液的浓度，mol/L；

0.014——与 1.00 mL 氢氧化钠标准滴定溶液[$c(NaOH)=1.000\ mol/L$]相当的氮含量，g/ mmol。

计算结果保留两位有效数字。

(六)精密度

在重复性条件下获得的两次独立测定结果的绝对差值不得超过算术平均值的10%。

任务六　总酸的测定（电位滴定法）

(一)原理

黄酒中的酸，以酚酞为指示剂，采用氢氧化钠进行中和滴定，当接近滴定终点时，利用 pH 值变化指示终点。

(二)试剂

0.1 mol/L 氢氧化钠标准溶液；标准缓冲溶液；酚酞指示剂（10 g/L），无二氧化碳的水。

(三)仪器

自动电位滴定仪(精度±0.02,附电磁搅拌器);碱式滴定管。

(四)操作步骤

① 仪器校正。

② 定容。

准确移取 10.0 mL 溶液于 150 mL 烧杯中,加入无二氧化碳的水 50 mL。将搅拌磁子放入烧杯中,然后将烧杯置于磁力搅拌器上,开启搅拌,用 0.1 mol/L 氢氧化钠标准溶液进行滴定。刚开始时,滴定速度可较快,当滴定至 pH=7.0 时,放慢滴定速度,直至 pH 8.20 即为终点,记录消耗的氢氧化钠的体积。同时做空白实验。

(五)结果计算

酒样中总酸含量按下式计算:

$$X = \frac{(V_1 - V_0)c \times 0.090}{10.0} \times 1000$$

式中 X——酒样中总酸的含量,g/L;

V_1——测定酒样时所消耗的氢氧化钠的体积,mL;

V_0——空白实验中所消耗的氢氧化钠的体积,mL;

c——氢氧化钠标准溶液的浓度,mol/L;

0.090——1.00mL 氢氧化钠溶液(0.1 mol/L)相当于乳酸的重量,g/mmol。

计算结果精确至两位有效数字。

(六)精密度

同一试样两次滴定结果之差不得超过 0.05 mL。

任务七 pH 值的测定

(一)原理

将玻璃电极作为指示电极、甘汞电极作为参比电极,放入试样中构成电化学原电池,其电动势的大小与溶液的 pH 值有关。因此,可通过电位测定仪测定其电动势,再换算成 pH 值,在 pH 计上直接显示待测溶液的 pH 值。

(二)试剂

① 0.05 mol/L 邻苯二甲酸氢钾标准缓冲溶液(pH=4.00) 称取于 110℃ 干燥 1 h 的邻苯二甲酸氢钾 10.21 g,用无二氧化碳的蒸馏水溶解并定容至 1 L。

② 0.01 mol/L 四硼酸钠标准缓冲溶液(pH=9.18) 称取四硼酸钠 3.81 g,用无二氧化碳的蒸馏水溶解并定容至 1 L。

(三)仪器

酸度计;复合电极。

(四)操作步骤

① 酸度计的安装及校正。按照仪器说明书的要求进行安装,用上述两种标准缓冲溶液校正酸度计。

② 样品的测定。将电极从标准缓冲溶液中取出,先用蒸馏水清洗干净,再用滤纸吸干,

然后将电极放入试样溶液中，小心摇动，待读数稳定 1 min 后直接读取试样溶液的 pH 值。

(五)精密度

在重复性条件下获得的两次独立测定结果的绝对差值不应超过 0.05 pH 单位。

任务八　氧化钙含量的测定(高锰酸钾法)

(一)原理

酒样中的钙离子与草酸铵反应生成草酸钙沉淀，用硫酸溶解草酸钙，再用高锰酸钾标准溶液滴定，当草酸完全被氧化后，过量的高锰酸钾使溶液呈现微红色。

(二)实验仪器

电炉（300～500W）；恒温水浴锅；酸式滴定管（50 mL），实验室常规仪器。

(三)实验试剂

① 0.01 mol/L 高锰酸钾标准溶液（准确浓度）。

② 1+10 氢氧化铵溶液：1 体积氢氧化铵+10 体积水。

③ 饱和草酸铵溶液。

④ 浓盐酸。

⑤ 1 g/L 甲基橙指示剂：称取 0.10 g 甲基橙，用水溶解并稀释至 100 mL。

⑥ 1+3 硫酸：1 体积硫酸+3 体积水。

(四)操作步骤

① 准确移取酒样 25.0 mL 于 400 mL 烧杯中，加 50 mL 蒸馏水稀释，再依次加入 3 滴 1 g/L 的甲基橙指示剂、2 mL 浓盐酸、30 mL 饱和草酸铵溶液，加热煮沸，搅拌，缓慢加入（1+10）氢氧化铵溶液直至试样变为黄色。

② 将烧杯置于 40℃ 恒温水浴中 2～3 h，过滤后用 500 mL（1+10）氢氧化铵溶液洗涤沉淀，直至无氯离子（硝酸酸化后，用硝酸银检验）。将滤纸及沉淀小心取出，放入烧杯中，加入 100 mL 沸水和 25 mL（1+3）硫酸溶液，加热控温在 60～80 ℃ 直至沉淀完全溶解。

③ 用 0.01 mol/L 高锰酸钾标准溶液进行滴定，直至出现微红色且 30 s 不褪色即为终点。同时做空白实验。

(五)结果计算

酒样中氧化钙的含量按下式计算：

$$X = \frac{(V_1 - V_0)c \times 0.028}{V} \times 1000$$

式中　X——酒样中氧化钙的含量，g/L；

　　　c——高锰酸钾标准溶液的浓度，mol/L；

　0.028——1.00 mL 0.01 mol/L 高锰酸钾标准溶液相当于氧化钙的含量，g/mmol；

　　　V_1——测定酒样时所消耗的高锰酸钾标准溶液的体积，mL；

　　　V_0——空白实验中所消耗的高锰酸钾标准溶液的体积，mL；

　　　V——移取酒样的体积，mL。

结算结果精确至两位有效数字。

(六)精密度

同一试样两次测定结果之差不得超过算术平均值的 5%。

项目六　果蔬汁饮料检验

实训目标

① 了解果蔬汁饮料的相关标准。
② 掌握果蔬汁饮料常规检验项目。
③ 会进行果蔬汁饮料的主要参数检验操作。

检验前准备

果蔬汁类饮料是以各种果（蔬）或其浓缩汁（浆）为原料，经预处理、榨汁、调配、杀菌、无菌灌装或热灌装等主要工序而生产的各种果汁及蔬菜汁类饮料产品。包括果蔬汁、果蔬汁饮料、带肉果蔬汁饮料等。不包括原果汁低于 5% 的果味饮料。

果蔬汁饮料的相关标准：GB 19297—2003《果、蔬汁饮料卫生标准》

果蔬汁饮料的检验项目见表 1。

表 1　果蔬汁饮料检验项目

序号	检验项目	发证	监督	出厂	检验标准	备注
1	感官	√	√	√	GB 19297—2003	
2	净含量	√	√	√	QB/T 2300—2006	
3	总酸	√	√	√	GB/T 12456—2008	
4	可溶性固形物	√	√	√	GB/T 12456—2008	
5	※原果汁含量	√	√	√	GB/T 12143—2008	
6	总砷	√	√	*	GB 5009.11—2014	
7	铅	√	√	*	GB 5009.12—2017	
8	铜	√	√	*	GB 5009.13—2017	
9	二氧化硫残留量	√	√	*	GB 5009.34—2016	
10	铁	√	√	*	GB 5009.90—2016	金属罐装产品
11	锌	√	√	*	GB 5009.14—2017	金属罐装产品
12	锡	√	√	*	GB 5009.16—2014	金属罐装产品
13	锌、铁、铜总和	√	√	*	GB 5009.14—2017 GB 5009.90—2016 GB 5009.13—2017	金属罐装产品
14	展青霉素	√	√	*	GB/T 5009.185—2003	苹果汁、山楂汁
15	☆菌落总数	√	√	√	GB 4789.2—2016	
16	☆大肠菌群	√	√	*	GB 4789.3—2016	
17	☆致病菌	√	√	*	GB 4789.4—2016 GB 4789.5—2012 GB 4789.10—2016	

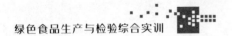

续表

序号	检验项目	发证	监督	出厂	检验标准	备注
18	☆霉菌	√	√	*	GB 4789.15—2016	
19	☆酵母	√	√	*	GB 4789.15—2016	
20	★商业无菌	√	√	√	GB 4789.26—2013	
21	苯甲酸	√	√	*	GB 5009.28—2016	其他防腐剂根据产品使用状况确定
22	山梨酸	√	√	*	GB 5009.28—2016	
23	糖精钠	√	√	*	GB 5009.28—2016	其他甜味剂根据产品使用状况确定
24	甜蜜素	√	√	*	GB 5009.28—2016	
25	着色剂	√	√	*	GB 5009.35—2016	根据产品色泽选择测定
26	标签	√	√		GB 7778—2011	

注：1. 企业出厂检验项目中有√标记的，为常规检验项目。

2. 企业出厂检验项目中有 * 标记的，企业应当每年检验两次。

3. 带※的项目为橙、柑、橘汁及其饮料的测定项目。

4. 带☆的项目为以非罐头加工工艺生产的罐装果蔬汁饮料的微生物测定项目。

5. 带★的项目为以罐头加工工艺生产的罐装果蔬汁饮料的微生物测定项目。

任务一　感官检验

(一)色泽、组织状态、杂质

取 50 mL 混合均匀的被测样品于洁净的样品杯（或 100 mL 小烧杯）中，置于明亮处，用肉 眼观察其色泽、组织状态及可见杂质。

(二)滋味和气味

取适量试样置于 50 mL 洁净烧杯中，先嗅其香气，然后用温开水漱口，再品尝其滋味。

任务二　净含量的测定

在 20℃±2℃ 条件下，将样液沿量筒壁缓慢倒入量筒中，静置，待泡沫消失后读取体积。

任务三　总酸的测定（指示剂法）

(一)原理

根据酸碱中和原理，用碱液滴定试液中的酸，以酚酞为指示剂确定滴定终点，按碱液的消耗量计算食品中的总酸含量。

(二)试剂

① 0.1 mol/L 氢氧化钠标准滴定溶液。

② 0.01mol/L 或 0.05 mol/L 氢氧化钠标准滴定溶液：将 0.1 mol/L 氢氧化钠标准滴定溶液稀释浓度（用时当天稀释）。

③ 1%酚酞指示剂溶液：1 g 酚酞溶于 60 mL 95%乙醇中，用水稀释至 100 mL。

(三)仪器

检验室常用仪器。

(四)操作步骤

1.试样的制备

样品充分混匀，总酸含量小于或等于 4 g/kg 的液体试样直接测定；大于 4 g/kg 的液体试样取 10～50 g 精确至 0.001 g，置于 100 mL 烧杯中。用 80℃热蒸馏水将烧杯中的内容物转移到 250 mL 容量瓶中（总体积约 150 mL）。置于沸水浴中煮沸 30 min（摇动 2～3 次，使固体中的有机酸全部溶解于溶液中），取出，冷却至室温（约 20℃），用快速滤纸过滤，收集滤液备测。

2.分析步骤

① 取 25.00～50.00 mL 试液，使之含 0.035～0.070 g 酸，置于 250 mL 锥形瓶中。加 40～60 mL 水及 0.2 mL 1%酚酞指示剂，用 0.1 mol/L 氢氧化钠标准滴定溶液（如样品酸度较低，可用 0.01 mol/L 或 0.05 mol/L 氢氧化钠标准滴定溶液）滴定至微红色，30 s 不褪色。记录消耗 0.1 mol/L 氢氧化钠标准滴定溶液的体积（V_1）。同一被测样品须测定两次。

② 空白试验用水代替试液。以下按（1）操作。记录消耗 0.1 mol/L 氢氧化钠标准滴定溶液的体积（V_2）。

(五)分析结果表述

总酸以每千克（或每升）样品中酸的含量（g）表示，按下式计算：

$$X = \frac{c(V_1 - V_2)KF}{m} \times 1000$$

式中　X——每千克（或每升）样品中酸的重量，g/kg（或 g/L）；

$\quad c$——氢氧化钠标准滴定溶液的浓度，mol/L；

$\quad V_1$——滴定试液时消耗氢氧化钠标准滴定溶液的体积，mL；

$\quad V_2$——空白试验时消耗氢氧化钠标准滴定溶液的体积，mL；

$\quad F$——试液的稀释倍数；

$\quad m$——试样的取样量，g 或 mL；

$\quad K$——酸的换算系数。

各种酸的换算系数分别为：苹果酸 0.067；乙酸 0.060；酒石酸 0.075；柠檬酸 0.064；柠檬酸 0.070（含 1 分子结晶水）；乳酸 090；盐酸 0.036；磷酸 0.049。

计算结果精确到小数点后第二位。

如两次测定结果差在允许范围内，则取两次测定结果的算术平均值报告结果。同一样品的两次测定值之差不得超过两次测定平均值的 2%。

任务四　可溶性固形物的测定（折光计法）

（一）原理

在 20℃时用折光计测量待测样液的折射率，在折光计上直接读出可溶性固形物含量。

（二）仪器

实验室常用仪器；阿贝折光计：测量范围 0～80 ％，精确度±0.5％。

（三）操作步骤

1.试液的制备

将试样充分混匀，直接测定。

2.分析步骤

① 测定前按说明书校正折光计。

② 分开折光计两面棱镜，用脱脂棉蘸乙醚或乙醇擦净，挥干乙醚或乙醇。

③ 用末端熔圆的玻璃棒蘸取试液 2～3 滴，滴于折光计棱镜面中央（注意勿使玻璃棒触及镜面）。

④ 迅速闭合棱镜，静置 1min，使试液均匀无气泡，并充满视野。

⑤ 对准光源，通过目镜观察接物镜。转动棱镜旋钮，使视野分成明暗两部，再旋转色散补偿旋钮，使明暗界限更清晰，并使其分界线恰在接物镜的十字交叉点上。读取目镜视野中的百分数即为可溶性固形物的百分含量，测定样液温度。

⑥ 将上述百分含量按"可溶性固形物对温度校正表"换算为 20℃时可溶性固形物百分含量。测定时温度最好控制在 20℃左右观察，尽可能缩小校正范围。

同一样品进行两次测试。

任务五　果汁中防腐剂山梨酸和苯甲酸的测定（气相色谱法）

（一）原理

样品酸化后，用乙醚提取山梨酸、苯甲酸，用附氢火焰离子化检测器的气相色谱仪进行分离测定，与标准系列比较定量。

（二）试剂

除特殊注明外，所用试剂均为分析纯。

① 乙醚：不含过氧化物。

② 石油醚：沸程 30～60℃。

③ 盐酸。

④ 无水硫酸钠。

⑤ 盐酸（1+1）：取 100 mL 盐酸，加水稀释至 200 mL。

⑥ 氯化钠酸性溶液（40 g/L）：于氯化钠溶液（40 g/L）中加少量盐酸（1+1）酸化。

⑦ 山梨酸、苯甲酸标准溶液

准确称取山梨酸、苯甲酸各 0.2000 g，置于 100 mL 容量瓶中，用石油醚-乙醚（3+1）混合溶剂溶解后并稀释至刻度。此溶液每毫升相当于 2.0 mg 山梨酸或苯甲酸。

⑧ 山梨酸、苯甲酸标准使用液

吸取适量的山梨酸、苯甲酸标准溶液，以石油醚-乙醚（3+1）混合溶剂稀释至每毫升相当于 50 μg、100 μg、150 μg、200 μg、250 μg 山梨酸或苯甲酸。

(三)仪器与设备

实验室常规仪器、设备及下列各项。

① 气相色谱仪：具有氢火焰离子化检测器，色谱条件如下。

a. 色谱柱。玻璃柱：内径 3 mm，长 2 m，内装涂以 5%（质量分数）DEGS+1%（质量分数）H_3PO_4 固定液的 60~80 目 Chromosorb WAW。

b. 气流速度。载气为氮气，50 mL/min（氮气和空气、氢气之比按各仪器型号不同选择各自的最佳比例条件）。

c. 温度。进样口 230℃；检测器 230℃；柱温 170℃。

② 微量注射器。

(四)操作步骤

1.试液的制备

称取 2.50 g 事先混合均匀的样品，置于 25 mL 带塞量筒中，加 0.5 mL 盐酸（1+1）酸化，用 15 mL、10 mL 乙醚提取两次，每次振摇 1 min，将上层乙醚提取液吸入另一个 25 mL 带塞量筒中。合并乙醚提取液。用 3 mL 氯化钠酸性溶液（40 g/L）洗涤两次，静置 15 min，用滴管将乙醚层通过无水硫酸钠滤 25 mL 容量瓶中。加乙醚至刻度，混匀。准确吸取 5 mL 乙醚提取液于 5 mL 带塞刻度试管中，置 40℃水浴上挥干，加入 2 mL 石油醚-乙酸（3+1）混合溶剂溶解残渣，备用。

2.测定

进样 2 μL 标准系列的各浓度标准使用液于气相色谱仪中，可测得不同浓度山梨酸、苯甲酸的峰高。以浓度为横坐标、相应的峰高值为纵坐标，绘制标准曲线。同时进样 2 μL 样品溶液，测得峰高与标准曲线比较定量。

(五)结果计算

$$X = \frac{m_1}{m_2 \times \frac{5}{25} \times \frac{V_2}{V_1}}$$

式中　X——样品中山梨酸或苯甲酸的含量，g/kg；

　　　m_1——测定用样品液中山梨酸或苯甲酸的量，μg；

　　　V_1——加入石油醚-乙醚（3+1）混合溶剂的体积，mL；

　　　V_2——测定时进样的体积，μL；

　　　m_2——样品的重量，g；

　　　5——测定时吸取乙醚提取液的体积，mL；

　　　25——样品乙醚提取液的总体积，mL。

由测得苯甲酸的量乘以 1.18，即为样品中苯甲酸钠的含量。

结果表述：报告算术平均值的二位有效数字。

(六)精密度

同一样品的两次测定值之差不得超过两次测定平均值的 10%。

（七）其他

在色谱图中，山梨酸保留时间为 2 min 53 s；苯甲酸保留时间为 6 min 8 s。

任务六 果汁中甜味剂糖精钠和甜蜜素的测定

（一）糖精钠：高效液相色谱法

1. 原理

试样加温除去二氧化碳和乙醇，调 pH 至中性，过滤后进高效液相色谱仪，经反相色谱分离后，根据保留时间和峰面积进行定性和定量。

2. 试剂

（1）甲醇　经 0.5 μm 滤膜过滤。

（2）氨水（1+1）　浓氨水加等体积水混合。

（3）乙酸铵溶液（0.02 mol/L）　称取 1.54 g 乙酸铵，加水至 1000 mL 溶解，经 0.45 μm 滤膜过滤。

（4）糖精钠标准储备溶液　准确称取 0.0851 g 经 120℃ 烘干 4 h 后的糖精钠（$C_6H_4CONNaSO_2 \cdot 2H_2O$），加水溶解定容至 100 mL。糖精钠含量 1.0 mg/mL，作为储备溶液。

（5）糖精钠标准使用溶液　吸取糖精钠标准储备溶液 10 mL 放入 100 mL 容量瓶中，加水到刻度，经 0.45 μm 滤膜过滤，该溶液每毫升相当于 0.10 mg 糖精钠。

3. 仪器

高效液相色谱仪（带紫外检测器），实验室常规仪器。

4. 操作步骤

（1）试样处理　称取 5.00～10.00 g 试样，用氨水（1+1）调 pH 值约 7，加水定容至适当的体积，离心沉淀，上清液经 0.45 μm 滤膜过滤。

（2）高效液相色谱参考条件

柱：YWG-C_{18} 4.6 mm×250 mm10μm 不锈钢柱。

流动相：甲醇-乙酸铵溶液（0.02 mol/L）（5+95）。

流速：1 mL/min。

检测器：紫外检测器，波长 230 nm，0.2 AUFS。

（3）测定　取处理液和标准使用液各 10 μL（或相同体积），注入高效液相色谱仪进行分离，以其标准溶液峰的保留时间为依据进行定性，以其峰面积求出样液中被测物质的含量，供计算。

5. 结果计算

试样中糖精钠含量按式（1）计算：

$$X = \frac{m_1}{m_2 \times \frac{5}{25} \times \frac{V_2}{V_1}} \tag{1}$$

式中　X　　试样中糖精钠含量，g/kg；

m_1——进样体积中糖精钠含量，mg；

V_1——试样稀释液总体积，mL；

V_2——进样体积，mL；

m_2——试样质量，g。

计算结果保留三位有效数字。

6. 精密度

在重复性条件下获得的两次独立测定结果的绝对差值不得超过算术平均值的10%。

7. 其他

应用4（2）的高效液相分离条件可以同时测定苯甲酸、山梨酸和糖精钠。

（二）糖精钠：薄层色谱法

1. 原理

在酸性条件下，食品中的糖精钠用乙醚提取、浓缩、薄层色谱分离、显色后，与标准比较，进行定性和半定量测定。

2. 试剂

除特殊注明外，所用试剂均为分析纯。

① 硫酸铜溶液（100 g/L）。

② 盐酸（1+1）　取100 mL盐酸，加水稀释至200 mL。

③ 氢氧化钠溶液（40 g/L）。

④ 乙醚　不含过氧化物。

⑤ 无水硫酸钠。

⑥ 无水乙醇及95%乙醇。

⑦ 展开剂。

a. 正丁醇＋氨水＋无水乙醇（7+1+2）。

b. 异丙醇＋氨水＋无水乙醇（7+1+2）。

⑧ 显色剂　溴甲酚紫溶液（0.4 g/L）：称取0.04 g溴甲酚紫，用乙醇（50%）溶解，加氢氧化钠溶液（4 g/L）1.1 mL调至pH值为8，定容至100 mL。

⑨ 聚酰胺粉　200目。

⑩ 糖精钠标准溶液。精密称取0.0851 g经120℃干燥4 h后的糖精钠，加乙醇溶解，移入100 mL容量瓶中，加95%乙醇稀释至刻度。此溶液每毫升相当于1 mg糖精钠（$C_6H_4CONNaSO_2 \cdot 2H_2O$）。

3. 仪器与设备

实验室常规仪器、设备及下列各项。

玻璃喷雾器，微量注射器，紫外灯（波长253.7 nm）；薄层板（10 cm×20 cm或20 cm×20 cm）；展开槽。

4. 操作步骤

（1）试液的制备　吸取20.0 mL均匀试样，置于100 mL容量瓶中，加水至约60 mL，加20 mL 10%硫酸铜溶液，混匀，再加4.4 mL 4%氢氧化钠溶液（40 g/L），加水至刻度，混匀。静置30 min，过滤，取50 mL滤液置于150 mL分液漏斗中，加2 mL盐酸（1+1），用30 mL、20 mL、20 mL乙醚提取三次，合并乙醚提取液，用5 mL盐酸酸化的水洗涤一次，弃去水层。乙醚层通过无水硫酸钠脱水后，挥发乙醚，加2.0 mL乙醇溶解残留渣，密塞保存，备用。

（2）薄层板的制备　聚酰胺薄层板：称取16 g聚酰胺，加0.4 g可溶性淀粉，加约7.0 mL水，研磨3～5 min，立即涂成0.25～0.30 mm厚的10 cm×20 cm的薄层板，室温干燥后，在80℃下干燥1 h。置于干燥器中保存。

（3）点样　在薄层板下端 2 cm 处，用微量注射器点 10 μL 和 20 μL 的样液两个点，同时点 3.0 μL、5.0 μL、7.0 μL、10.0 μL 糖精钠标准溶液，各点间距 1.5 cm。

（4）展开与显色　将点好的薄层板放入盛有展开剂［2⑦a. 或 b.］的展开槽中，展开剂液层约 0.5 cm，并预先已达到饱和状态。展开至 10 cm，取出薄层板，挥干，喷显色剂，斑点显黄色。根据试样点和标准点的比移值进行定性，根据斑点颜色深浅进行半定量测定。

5. 结果计算

试样中糖精钠的含量按式（2）计算：

$$X = \frac{A}{m \times \dfrac{V_2}{V_1}} \tag{2}$$

式中　X——试样中糖精钠含量，g/kg（或 g/L）；

A——进样体积中糖精钠的含量，mg；

V_1——样品提取液残留物加入乙醇的体积，mL；

V_2——点板液体积，mL；

m——试样重量（或体积），g（或 mL）。

(三) 甜蜜素：气相色谱法

1. 原理

在硫酸介质中甜蜜素（环己基氨基磺酸钠）与亚硝酸反应，生成环己醇亚硝酸酯，利用气相色谱法进行定性和定量。

2. 试剂

除特殊注明外，所用试剂均为分析纯。

① 正己烷。

② 氯化钠。

③ 50 g/L 亚硝酸钠溶液。

④ 100 g/L 硫酸溶液。

⑤ 环己基氨基磺酸钠标准溶液（含环己基氨基磺酸钠，98%）。精确称取 1.0000 g 环己基氨基磺酸钠，加入水溶解并定容至 100 mL，此溶液每毫升含环己基氨基磺酸钠 10 mg。

⑥ 40 g/L 氢氧化钠溶液。

3. 仪器与设备

实验室常规仪器、设备及下列各项。

① 气相色谱仪：附氢火焰离子化检测器。

② 旋涡混合器。

③ 离心机。

④ 10 μL 微量注射器。

⑤ 色谱条件如下。

a. 色谱柱：长 2 m，内径 3 mm，U 形不锈钢柱。

b. 固定相 Chromosorb WAW DMC 80～100 目，涂以 10% SE-30。

c. 测定条件：柱温 80℃，汽化温度 150℃，检测温度 150℃；流速：氮气 40 mL/min，氢气 30 mL/min，空气 300 mL/min。

4. 操作步骤

（1）试液的制备　试样处理摇匀后直接称取。含二氧化碳的试样先加热除去，含酒精的试样加 40 g/L 氢氧化钠溶液调至碱性，于沸水浴中加热除去，制成试样。

称取 20.0 g 试样于 100 mL 带塞比色管内，置冰浴中。

（2）测定

① 标准曲线的制备　准确吸取 1.00 mL 环己基氨基磺酸钠标准溶液于100 mL 带塞比色管中，加水 20 mL。置冰浴中，加入 5 mL 50 g/L 亚硝酸钠溶液、5 mL 100 g/L 硫酸溶液，摇匀，在冰浴中放置 30 min，并经常摇动，然后准确加入 10 mL 正己烷、5 g 氯化钠，摇匀后置旋涡混合器上振动 1 min（或振摇 80 次），待静止分层后吸出己烷层于 10 mL 带塞离心管中进行离心分离，每毫升己烷提取液相当于 1 mg 环己基氨基磺酸钠，将标准提取液进样 1~5 μL 于气相色谱仪中，根据响应值绘制标准曲线。

② 试样管按①自"加入 5 mL 50 g/L 亚硝酸钠溶液……"起依法操作，然后将试料同样进样 1~5 μL，测得响应值，从标准曲线图中查出相应含量。

5. 结果计算

试样中甜蜜素的含量按式（3）计算：

$$X = \frac{m_1 \times 10}{mV} \tag{3}$$

式中　X——试样中环己基氨基磺酸钠的含量，g/kg；

　　　m——试样重量，g；

　　　m_1——测定用试样中环己基氨基磺酸钠的含量，μg；

　　　V——进样体积，μL；

　　　10——正己烷加入量，mL。

计算结果保留两位有效数字。

6. 精密度

在重复性条件下获得的两次独立测定结果的绝对差值不得超过算术平均值的 10%。

项目七　酱腌菜检验

① 了解酱腌菜的相关标准。
② 掌握酱腌菜常规检验项目。
③ 掌握酱腌菜的主要检验方法。

检验前准备

　　酱腌菜是指以新鲜蔬菜为主要原料，经淘洗、腌制、脱盐、切分、调味、分装、密封、杀菌等工作，采用不同腌渍工艺制作而成的各种蔬菜制品的总称。

　　酱腌菜的相关标准见表1。

表 1　酱腌菜相关标准

标准号	标准名称
GB 2714—2015	《酱腌菜卫生标准》
GB/T 1011—2007	《榨菜》
GB/T 1012—2007	《方便榨菜》
SB/T 10439—2007	《酱腌菜》

　　酱腌菜的检验项目见表2。

表 2　酱腌菜检验项目

序号	检验项目	发证	监督	出厂	检验标准	备注
1	净含量	√	√		SN/T 0400.7—2005	
2	外观及感官	√	√	√	GB 2714—2003	
3	水分	√	√	√	GB/T 5009.3—2010	
4	食盐含量	√	√	√	GB/T 5009.39—2003	
5	总酸	√	√	√	GB/T 12456—2008	
6	氨基酸态氮	√	√	*	GB/T 5009.39—2003	
7	总糖	√	√	*	GB 5009.7—2016	有此项目的进行检验
8	还原糖	√	√	*	GB 5009.7—2016	有此项目的进行检验
9	砷	√	√	*	GB 5009.11—2014	
10	铅	√	√	*	GB 5009.12—2017	
11	锡	√	√	*	GB 5009.16—2014	
12	铜	√	√	*	GB 5009.13—2017	
13	防腐剂（山梨酸、苯甲酸）	√	√	*	GB 5009.29—2017	

续表

序号	检验项目	发证	监督	出厂	检验标准	备注
14	甜味剂（甜蜜素、糖精钠、安赛蜜）	√	√	*	GB 1886.37—2015 GB 5009.28—2003 GB/T 5009.140—2003	
15	着色剂（胭脂红、苋菜红、柠檬黄、日落黄、亮蓝）	√	√	*	GB 5009.35—2016	
16	亚硝酸盐	√	√	√	GB 5009.33—2016	
17	大肠菌群	√	√	√	GB 4789.3—2016	
18	致病菌	√	√	*	GB 4789.4—2016 GB/T 4789.5—2012 GB 4789.10—2016 GB 4789.11—2014 GB 4789.26—2013	
19	商业无菌	√	√	*	GB 4789.26—2013	仅酱腌菜罐头检
20	黄曲霉毒素 B_1	√	√	*	GB 5009.22—2016	仅酱渍菜、酱油渍菜检
21	标签	√	√		GB 7718—2011	

注：1.企业出厂检验项目中有√标记的，为常规检验项目。

2.企业出厂检验项目中有＊标记的，应在每次开始生产时进行一次检验，生产时间超过6个月的需再进行一次检验。

任务一　净含量检验

液体样品一般采用容量法（2 L以上可采用称量法）。在（20±2)℃条件下，将样品沿容器壁缓缓注入量筒内，读取体积，计算其负偏差值。

固体、半固体样品一般采用称量法。在（20±2)℃条件下，将样品全部倒入已称重的烧杯中，在分析天平上称取其量，并计算负偏差值。

任务二　外观及感官检验

酱腌菜应具有其固有的色、香、味，无杂质，无其他不良气味，不得有霉斑白膜。

任务三　食盐含量的测定

(一)原理

样品经处理后，以铬酸钾为指示剂，用硝酸银标准滴定溶液滴定试液中的氯化钠。根据硝酸银标准滴定溶液的消耗量，计算食品中氯化钠的含量。

(二)试剂

除特别注明外，所用试剂为分析纯。

① 蛋白质沉淀剂

试剂Ⅰ：称取 106 g 亚铁氰化钾溶于水中，转移到 1000 mL 容量瓶中，用水稀释至刻度。

试剂Ⅱ：称取 220 g 乙酸锌溶于水中，并加入 30 mL 冰醋酸，转移到 1000 mL 容量瓶中，用水稀释至刻度。

② 80％乙醇溶液：量取 80 mL 95％乙醇与 15 mL 水混匀。

③ 0.1 mol/L 硝酸银标准滴定溶液。

④ 5％铬酸钾溶液：称取 5 g 铬酸钾，溶于 95 mL 水中。

(三)仪器和设备

实验室常用仪器及下列各项：组织捣碎机，研钵，水浴锅，分析天平（感量 0.0001 g）。

(四)操作步骤

1. 样品制备

称取 200 g 样品，用组织捣碎机捣碎，混匀，储存于干燥洁净的玻璃瓶中。

2. 样品稀释液的制备

准确称取处理过的样品 10 g 于小烧杯中，加入 80 mL 煮沸的蒸馏水，浸泡 30 min（其间搅拌 3～5 次）。冷却至室温后，转移入 100 mL 容量瓶中，定容至刻度后充分摇匀。用滤纸过滤，弃去初滤液 5 mL，放至具塞锥形瓶中备用。此样品液稀释液的浓度为 10％。

3. 测定

取 A mL 试液［步骤 2］，使之含 25～50 mg 氯化钠，置于 250 mL 锥形瓶中。

加 50 mL 水及 1 mL 5％铬酸钾溶液。边猛烈摇动边用 0.1 mol/L 硝酸银标准滴定溶液滴定至出现红黄色，保持 1 min 不褪色，记录消耗 0.1 mol/L 硝酸银标准滴定溶液的体积（V_1）。

4. 空白试验

用 50 mL 水代替 A mL 试液。加 1 mL 5％铬酸钾溶液。以下按步骤 3 操作。记录消耗 0.1 mol/L 硝酸银标准滴定溶液的体积（V_2）。

(五)结果计算

食品中氯化钠的含量以质量分数表示，按下式计算：

$$X = \frac{0.05844 \times c(V_1 - V_2)K}{m} \times 100\%$$

式中　X——食品中氯化钠含量（质量分数），％；

　　V_1——滴定试样时消耗 0.1 mol/L 硝酸银标准滴定溶液的体积，mL；

　　V_2——空白试验时消耗 0.1 mol/L 硝酸银标准滴定溶液的体积，mL；

　　K——稀释倍数；

　　m——试样的重量，g；

　　c——硝酸银标准滴定溶液的实际浓度，mol/L；

0.05844——氯化钠的摩尔质量，kg/mol。

计算结果精确至小数点后第二位。

(六)精密度

同一样品两次测定值之差，每 100 g 样品不得超过 0.2 g。

任务四　亚硝酸盐的测定

(一)原理

在弱酸性条件下，亚硝酸盐与对氨基苯磺酸重氮化，再与 N-1-萘基乙二胺偶合形成紫红色染料，在 538 nm 处测定其吸光度，并与标准比较定量。

(二)仪器

组织捣碎机，分光光度计，具塞比色管（50 mL），实验室常规仪器与设备。

(三)试剂

1. 果蔬提取剂

称取 50 g 氯化镉与 50 g 氯化钡，溶于重蒸馏水中，用浓盐酸调节溶液 pH＝1。

2. 4 g/L 对氨基苯磺酸溶液

称取 0.4 g 对氨基苯磺酸，溶于 100 mL 20％盐酸中，置于棕色试剂瓶中，避光保存。

3. 2 g/L 盐酸萘乙二胺溶液

称取 0.2 g 盐酸萘乙二胺，溶于 1000 mL 水中，混匀后，置于棕色试剂瓶中，避光保存。

4. 亚硝酸钠储备液

准确称取 0.1000 g 于硅胶干燥器中干燥 24 h 的亚硝酸钠，加水溶解，移入 500 mL 容量瓶中，加水稀释至刻度，混匀。此溶液每毫升相当于 200 μg 亚硝酸钠。

5. 亚硝酸钠标准使用液

临用前，准确移取 25.00 mL 亚硝酸钠储备液于 1000 mL 容量瓶中，加水稀释至刻度，摇匀。此溶液每毫升相当于 5 μg 亚硝酸钠。

6. 2.5 mol/L 氢氧化钠溶液

7. 氢氧化铝乳液

溶解 125 g 硫酸铝于 1000 mL 重蒸馏水中，使氢氧化铝全部沉淀（溶液呈现弱碱性）。用蒸馏水反复洗涤沉淀，抽滤，直至洗液分别用氯化钡、硝酸银溶液检验均无浑浊为止。取出沉淀物，用适量重蒸馏水使其呈稀糊糊状，捣匀备用。

(四)操作步骤

1. 样品制备

准确称取 200 g 样品，用组织捣碎机捣碎，混匀，储存于洁净干燥的玻璃瓶中。

2. 样品稀释液的制备

准确移取 50 mL 匀浆于 500 mL 容量瓶中，加 100 mL 水、100 mL 果蔬提取剂，振摇提取 1 h 后，加入 40 mL 2.5 mol/L 氢氧化钠溶液，用重蒸馏水定容后立即过滤。取 60 mL 滤液于 100 mL 容量瓶中，加氢氧化铝乳液至刻度，用滤纸过滤，滤液应呈现无色透明。

3. 标准曲线的绘制

准确移取 0.00、0.20 mL、0.40 mL、0.60 mL、0.80 mL、1.00 mL、1.50 mL、2.00 mL、2.50 mL 亚硝酸盐标准使用液（相当于 0 μg、1 μg、2 μg、3 μg、4 μg、5 μg、7.5 μg、10 μg、12.5 μg 亚硝酸钠），分别置于 50 mL 具塞比色管中，加入 2 mL 4 g/L 对氨基苯磺酸溶液，混合均匀，静置 3～5 min 后加入 1 mL 2 g/L 盐酸萘乙二胺溶液，加水稀释至刻

度，混合均匀。静置 15 min 充分显色后，使用 2 cm 比色皿，以试剂空白作参比溶液，于 538 nm 处测定吸光度。以亚硝酸盐含量为横坐标、吸光度为纵坐标绘制标准曲线。

4. 测定

准确移取 40 mL 滤液于 50 mL 具塞比色管中，按标准曲线的步骤加入各种试剂，测定吸光度。

(五)结果计算

$$X = \frac{m_1}{m \times \dfrac{V_2}{V_1}}$$

式中　X——样品中亚硝酸盐的含量，mg/kg；

$\qquad$ m_1——测定用样品溶液亚硝酸盐的含量，μg；

$\qquad$ m——样品重量，g；

$\qquad$ V_1——样品溶液总体积，mL；

$\qquad$ V_2——测定时样品溶液的体积，mL。

计算结果保留两位有效数字。

(六)精密度

在重复性条件下获得两次独立测定结果的绝对差值不得超过算术平均值的 10%。

任务五　水分含量的测定

(一)原理

食品中的水分含量一般是指在 100℃ 左右直接干燥的情况下所失去物质的总量。直接干燥法适用于在 95～105℃ 下不含或含其他挥发性物质甚微的食品。

(二)试剂

1. 6 mol/L 盐酸

量取 100 mL 盐酸，加水稀释至 200 mL。

2. 6 mol/L 氢氧化钠溶液

称取 24 g 氢氧化钠，加水溶解并稀释至 100 mL。

3. 海砂

取用水洗去泥土的海砂或河砂，先用 6 mol/L 盐酸煮沸 0.5 h，用水洗至中性，再用 6 mol/L 氢氧化钠溶液煮沸 0.5 h，用水洗至中性，经 105℃ 干燥备用。

(三)仪器

扁形铝制或玻璃制称量瓶（内径 60～70 mm，高 35 mm 以下）；电热恒温干燥箱；分析天平，实验室常规仪器。

(四)操作步骤

1. 固体样品

取洁净铝制或玻璃制的扁形称量瓶，置于 95～105℃ 干燥箱中，瓶盖斜支于瓶边，加热 0.5～1.0 h，盖好取出，置干燥器内冷却 0.5 h，称量，并重复干燥至恒重。称取 2.00～10.0 g 切碎或磨细的样品，放入此称量瓶中，样品厚度约为 5 mm，加盖称量后，置 95～

105℃干燥箱中，瓶盖斜支于瓶边，干燥 2～4 h 后，盖好取出，放入干燥器内冷却 0.5 h 后称量。然后再放入 95～105℃干燥箱中干燥 1 h 左右，盖好取出，放干燥器内冷却 0.5 h 后再称量。至前后两次重量差不超过 2 mg，即为恒重。

2.半固体或液体样品

取洁净的蒸发器，内加 10.0 g 海砂及一根小玻璃棒，置于 95～105℃干燥箱中，干燥。0.5～1.0 h 后取出，放入干燥器内冷却 0.5 h 后称量，并重复干燥至恒重。然后精密称取 5～10 g 样品，置于蒸发器中，用小玻璃棒搅匀，放在沸水浴上蒸干，并随时搅拌，擦去皿底的水滴，置 95～105℃干燥箱中干燥 4 h 后盖好取出，放入干燥器内冷却 0.5 h 后称量。以下按步骤 1 自"然后再放入 95～105℃干燥箱中干燥 1 h 左右"起依法操作。

（五）结果计算

试样中的水分含量按下式进行计算：

$$X = \frac{m_1 - m_2}{m_1 - m_3} \times 100\%$$

式中　X——样品中水分的含量，%；

m_1——称量瓶（或蒸发皿加海砂、玻棒）和样品的重量，g；

m_2——称量瓶（或蒸发皿加海砂、玻棒）和样品干燥后的重量，g；

m_3——称量瓶（或蒸发皿加海砂、玻棒）的重量，g；

计算结果保留三位有效数字。

（六）精密度

在重复性条件下获得的两次独立测定结果的绝对差值不得超过算术平均值的 5%。

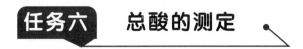

任务六　总酸的测定

（一）原理

食品中的有机弱酸在用标准碱液滴定时被中和成盐类，用酚酞作指示剂，当滴定至终点（pH 8.2，指示剂显红色）时，根据滴定时消耗的标准碱液体积可计算出样品中的总酸量。

（二）试剂

1.0.1000 mol/L NaOH 标准溶液

称取氢氧化钠 4 g，加水溶解后转移至 1000 mL 容量瓶中定容至刻度，摇匀，放置后过滤备用（配制使用的水应为新煮沸并冷却的蒸馏水）。

（1）标定　精密称取 0.4～0.6 g 邻苯二甲酸氢钾（预先于 105～110℃烘箱中烘干 2 h，冷却后于干燥器中保存），加 50 mL 新煮沸过的冷蒸馏水振摇使其溶解，加 2 滴酚酞指示剂，用配制的 NaOH 标准溶液滴定至溶液呈微红色 30 s 不褪。平行滴定 3 次。

（2）计算

$$c = \frac{m \times 1000}{V \times 204.22} \tag{1}$$

式中　c——氢氧化钠标准溶液的摩尔浓度，mol/L；

m——基准试剂邻苯二甲酸氢钾的含量，g；

V——标定时所消耗氢氧化钠标准溶液的体积，mL；

204.22——邻苯二甲酸氢钾的摩尔质量，g/mol。

2.1%酚酞乙醇溶液

称取酚酞 1 g，溶解于 100 mL 95％乙醇中。

(三)仪器

碱式滴定管，分析天平，水浴锅，组织捣碎机，实验室常规仪器。

(四)操作步骤

1.样液制备

(1) 固体样品、干鲜果蔬、蜜饯及罐头样品　将样品用粉碎机或高速组织捣碎机捣碎并混合均匀。取适量样品（按其总酸含量而定），用 15 mL 无 CO_2 蒸馏水（果蔬干品须加 8～9 倍无 CO_2 蒸馏水）将其移入 250 mL 容量瓶中，在 75～80℃水浴中加热 0.5 h（果脯类沸水浴加热 1 h），冷却后定容，用干燥滤纸过滤，弃去初始滤液 25 mL，收集滤液备用。

(2) 含 CO_2 的饮料、酒类　将样品置于 40℃水浴上加热 30 min，以除去 CO_2，冷却后备用。

(3) 调味品及不含 CO_2 的饮料、酒类　将样品混匀后直接取样，必要时加适量水稀释（若样品浑浊，则需过滤）。

(4) 咖啡样品　将样品粉碎通过 40 目筛，取 10 g 粉碎的样品于锥形瓶中，加入 75 mL 80％乙醇，加塞放置 16 h，并不时摇动，过滤。

(5) 固体饮料　称取 5～10 g 样品，置于研钵中，加少量无 CO_2 蒸馏水，研磨成糊状，用无 CO_2 蒸馏水移入 250 mL 容量瓶中，充分振摇，过滤。

2.滴定

准确吸取上法制备滤液 50 mL。加入酚酞指示剂 3～4 滴，用 0.1 mol/L NaOH 标准溶液滴定至微红色 30 s 不褪色。记录消耗的体积（V）。

(五)结果计算

$$X = \frac{c(V - V_0)Kn}{m} \times 100 \tag{2}$$

式中　X——样品中总酸的含量，g/100 g 或 g/100 mL；

c——标准 NaOH 溶液的浓度，mol/L；

V——样品滴定消耗标准 NaOH 溶液体积，mL；

V_0——空白实验滴定消耗标准 NaOH 溶液体积，mL；

m——样品重量或体积，g 或 mL；

n——样品的稀释倍数；

K——换算为主要酸的系数，即 1 mmol 氢氧化钠相当于主要酸的质量，g/mmol。

因食品中含有多种有机酸，总酸度测定结果通常以样品中含量最多的那种酸表示。一般分析葡萄及其制品时用酒石酸表示，其 $K = 0.075$；分析柑橘类果实及其制品时，用柠檬酸表示，$K = 0.064$；分析苹果、核果类果实及其制品时，用苹果酸表示，$K = 0.067$；分析乳品、肉类、水产及其制品时，用乳酸表示，$K = 0.090$；分析酒类、调味品时，用乙酸表示，$K = 0.060$。

计算结果保留三位有效数字。

(六)精密度

在重复性条件下获得的两次独立测定结果的绝对差值不得超过算术平均值的 5％。

氨基酸态氮的测定

(一)原理

氨基酸具有酸性的—COOH和碱性的—NH₂，利用氨基酸的两性作用，加入甲醛以固定氨基的碱性，使羧基显示出酸性，用氢氧化钠标准溶液滴定后定量，以酸度计测定终点。

(二)试剂

① 甲醛（36％）：应不含有聚合物。

② 氢氧化钠标准滴定溶液：$c(NaOH)＝0.050$ mol/L。

(三)仪器

酸度计，磁力搅拌器，10 m微量滴定管，实验室常规仪器。

(四)操作步骤

① 吸取5.0 mL试样，置于100 mL容量瓶中，加水至刻度，混匀后吸取20.0 mL，置于200 mL烧杯中，加60 mL水，开动磁力搅拌器，用氢氧化钠标准滴定溶液滴定至酸度计指示pH＝8.2，记下消耗氢氧化钠标准滴定溶液的体积（mL），以计算总酸度。

② 加入10.0 mL甲醛溶液，混匀。再用氢氧化钠标准滴定溶液继续滴定至pH＝9.2，记下消耗氢氧化钠标准滴定溶液的体积（mL）。

③ 取80 mL水，先用氢氧化钠溶液调节至pH值为8.2，再加入10.0 mL甲醛溶液，用氢氧化钠标准滴定溶液滴定至pH＝9.2，记录消耗氢氧化钠标准滴定溶液的体积（mL），此为测定氨基酸态氮含量的试剂空白实验。

(五)结果计算

$$X = \frac{(V_1 - V_2)c \times 0.014}{5 \times \dfrac{V_3}{100}} \times 1000$$

式中　X——试样中氨基酸态氮的含量，g/100 mL；

$\quad V_1$——样品稀释液加入甲醛后消耗氢氧化钠标准滴定溶液的体积，mL；

$\quad V_2$——试剂空白试验加入甲醛后消耗氢氧化钠标准滴定溶液的体积，mL；

$\quad V_3$——实验用样品释液用量，mL；

$\quad c$——氢氧化钠标准滴定溶液的浓度，mol/L；

0.014——与1.00 mL氢氧化钠标准滴定溶液相当的氮含量，g/mmol。

计算结果保留两位有效数字。

(六)精密度

在重复性条件下获得的两次独立测定结果的绝对差值不得超过算术平均值的10％。

项目八 方便面检验

实训目标

① 了解方便面的相关标准。

② 掌握方便面常规检验项目。

③ 会进行方便面的主要参数检验操作。

检测前准备

方便面是以小麦粉、荞麦粉、绿豆粉、米粉等为主要原料，添加食盐或面质改良剂，加适量水调制、压延、成型、汽蒸，经油炸或干燥处理，达到一定熟度的方便食品，又称为速煮面、即食面，在欧美等国又叫快速面（instant noodle）、点心面（snack noodle）或预煮面（precooked noodle）。通常有油炸方便面（简称油炸面）、热风干燥方便面（简称风干面）等。

方便面的相关标准见表1。

表 1 方便面相关标准

标准号	标准名称
GB 17400—2015	《食品安全国家标准 方便面》
JB/T 4410—1999	《方便面生产线》
SB/T 10250—1995	《方便面》
CCGF 119.1—2010	《方便面》

方便面的检验项目见表2。

表 2 方便面检验项目

序号	检验项目	发证	监督	出厂	检验标准	备注
1	外观和感官	√		√	GB 17400—2003	
2	净含量允许偏差	√		√	SB/T 10250—1995	
3	水分	√	√	√	GB 5009.3—2016	
4	脂肪	√	√	*	GB 5009.6—2016	
5	酸价	√	√	√	GB/T 5009.229—2016 GB/T 5009.37—2003	油炸型产品
6	羰基价	√	√	*	GB/T 5009.56—2003 GB/T 5009.37—2003	油炸型产品
7	过氧化值	√	√	√	GB/T 5009.227—2016 GB/T 5009.37—2003	油炸型产品
8	总砷	√	√	*	GB/T 5009.11—2014	油炸型产品

续表

序号	检验项目	发证	监督	出厂	检验标准	备注
9	铅	√	√	*	GB/T 5009.12—2017	
10	碘呈色度	√	√	√	SB/T 10250—1995	
11	氯化物	√	√	*	LS/T 3211—1995	
12	复水时间	√	√	√	LS/T 3211—1995	
13	食品添加剂（山梨酸、苯甲酸）	√	√	*	GB/T 5009.37—2003	仅适用于调料包，按照GB 2760 中"酱料"要求判定
14	细菌总数	√	√	√	GB 4789.2—2016	
15	大肠菌群	√	√	√	GB 4789.3—2016	
16	致病菌	√	√	*	GB 4789.4—2016 GB 4789.5—2012 GB 4789.10—2016 GB 4789.11—2014	
17	标签	√	√		GB 7718—2011	

注：1. 企业出厂检验项目中有√标记的，为常规检验项目。

2. 企业出厂检验项目中有＊标记的，企业应当每年检验两次。

任务一　外观和感官检验方法

取两袋（碗）以上样品观察其色泽、滋味、气味和形状。

取一袋（碗）样品，放入盛有 500 mL 沸水的容器中冲泡 3～5 min 后，观察其复水性。

任务二　净含量偏差检验方法

用感量为 0.5 g 天平，分 3 次称量 10 包净面块，净含量偏差按下式计算：

$$P = \frac{W - G}{G} \times 100\%$$

式中　P——净含量偏差，%；

W——10 包净面块总量，g；

G——10 包样品面块标志量总和，g。

任务三　水分的测定

（一）原理

食品中的水分含量一般是指在 100℃ 左右直接干燥的情况下所失去物质的总量。直接干燥法适用于在 95～105℃下不含或含其他挥发性物质甚微的食品。

(二)试剂

1.6 mol/L 盐酸
量取 100 mL 盐酸，加水稀释至 200 mL。

2.6 mol/L 氢氧化钠溶液
称取 24 g 氢氧化钠，加水溶解并稀释至 100 mL。

3.海砂
取用水洗去泥土的海砂或河砂，先用 6 mol/L 盐酸煮沸 0.5 h，用水洗至中性，再用 6 mol/L 氢氧化钠溶液煮沸 0.5 h，用水洗至中性，经 105℃干燥备用。

(三)仪器

扁形铝制或玻璃制称量瓶（内径 60～70 mm，高 35 mm 以下），电热恒温干燥箱，分析天平，其他实验室常规仪器。

(四)操作步骤

1.固体样品
取洁净铝制或玻璃制的扁形称量瓶，置于 95～105℃干燥箱中，瓶盖斜支于瓶边，加热 0.5～1.0 h，盖好取出，置干燥器内冷却 0.5 h，称量，并重复干燥至恒重。称取 2.00～10.0 g 切碎或磨细的样品，放入此称量瓶中，样品厚度约为 5 mm，加盖称量后，置 95～105℃干燥箱中，瓶盖斜支于瓶边，干燥 2～4 h 后，盖好取出，放入干燥器内冷却 0.5 h 后称量。然后再放入 95～105℃干燥箱中干燥 1 h 左右，盖好取出，放干燥器内冷却 0.5 h 后再称量。至前后两次重量差不超过 2 mg，即为恒重。

2.半固体或液体样品
取洁净的蒸发器，内加 10.0 g 海砂及一根小玻璃棒，置于 95～105℃干燥箱中，干燥 0.5～1.0 h 后取出，放入干燥器内冷却 0.5 h 后称量，并重复干燥至恒重。然后精密称取 5～10 g 样品，置于蒸发器中，用小玻璃棒搅匀，放在沸水浴上蒸干，并随时搅拌，擦去皿底的水滴，置 95～105℃干燥箱中干燥 4 h 后盖好取出，放入干燥器内冷却 0.5 h 后称量。以下按步骤 1 自"然后再放入 95～105℃干燥箱中干燥 1h 左右"起依法操作。

(五)结果计算

试样中的水分含量按下式进行计算：

$$X = \frac{m_1 - m_2}{m_1 - m_3} \times 100\%$$

式中　X——样品中水分的含量，%；

m_1——称量瓶（或蒸发皿加海砂、玻棒）和样品的重量，g；

m_2——称量瓶（或蒸发皿加海砂、玻棒）和样品干燥后的重量，g；

m_3——称量瓶（或蒸发皿加海砂、玻棒）的重量，g。

计算结果保留三位有效数字。

(六)精密度

在重复性条件下获得的两次独立测定结果的绝对差值不得超过算术平均值的 5%。

任务四　脂肪含量的测定（索式提取法）

（一）原理

将样品制备成分散状并除去水分，用无水乙醚或石油醚等溶剂回流抽提后，样品中的脂肪进入溶剂中，回收溶剂后所得到的残留物，即为脂肪（或粗脂肪）。

一般食品用有机溶剂抽提，蒸去有机溶剂后获得的物质主要是游离脂肪，此外还含有部分磷脂、色素、树脂、蜡状物、挥发油、糖脂等物质。因此，用索氏抽提法获得的脂肪也称为粗脂肪。

此法适用于脂类含量较高、结合态的脂类含量较少、能烘干磨细、不易吸湿结块的食品样品，如肉制品、豆制品、坚果制品、谷物油炸制品、中西式糕点等脂肪含量的分析检测。食品中的游离脂肪一般能直接被乙醚、石油醚等有机溶剂抽提，而结合态脂肪不能直接被乙醚、石油醚提取，需在一定条件下进行水解等处理，使之转变为游离脂肪后方能提取，故索氏提取法测得的只是游离态脂肪，而结合态脂肪测不出来。

（二）试剂

无水乙醚（分析纯，不含过氧化物），石油醚（沸程 30～60℃），海砂。

（三）仪器

索氏抽提器，电热鼓风干燥箱（温控 103℃±2℃），分析天平（感量 0.1 mg），实验室常规仪器。

（四）操作步骤

1. 样品的制备

（1）固体样品　精密称取干燥并研细的样品 2～5 g，必要时拌以海砂，无损地移入滤纸筒内。

（2）半固体或液体样品　称取 5.0～10.0 g 于蒸发皿中，加入海砂约 20 g，于沸水浴蒸干后，再于 96～10℃烘干、研细，全部移入滤纸筒内。蒸发皿及黏附有样品的玻璃棒都用沾有乙醚的脱脂棉擦净，将棉花一同放进滤纸筒内。滤纸筒上方用少量脱脂棉塞住。

2. 索氏抽提器的清洗

将索氏抽提器各部位充分洗涤并用蒸馏水清洗后烘干。接收瓶在 103℃±2℃的电热鼓风干燥箱内干燥至恒重（前后两次称量差不超过 0.002 g）。

3. 抽提

将滤纸筒放入脂肪抽提器的抽提筒内，连接已干燥至恒重的接收瓶，由抽提器冷凝管上端加入无水乙醚或石油醚至瓶内容积的 2/3 处，于水浴上（夏天约 65℃，冬天约 80℃）加热，使乙醚或石油醚不断回流提取（6～8 次/h），用一小块脱脂棉轻轻塞入冷凝管上口。

一般样品提取约 6～12 h。提取结束时，用毛玻璃板接取 1 滴提取液，如无油斑则表明提取完毕。

4. 称量

取下接收瓶，回收乙醚或石油醚，待接收瓶内乙醚剩 1～2 mL 时在水浴上蒸干，再于100℃±5℃干燥 2 h，放干燥器冷却 0.5 h 后称量。重复以上操作直至前后两次称量差不超过 0.002 g 即为恒重，以最小称量为准。

(五)结果计算

$$X = \frac{m_1 - m_0}{m_2} \times 100\%$$

式中 X——样品中粗脂肪的含量，%；

　　m_1——接收瓶和粗脂肪的重量，g；

　　m_0——接收瓶的重量，g；

　　m_2——试样的重量（如是测定水分后的试样，则按测定水分前的质量计），g。

计算结果精确至小数点后第一位。

(六)精密度

在重复性条件下获得的两次独立测定结果的绝对差值不得超过算术平均值的10%。

任务五　酸价的测定

(一)原理

样品中的游离脂肪酸用氢氧化钾标准溶液滴定，每克样品消耗氢氧化钾的量（mg）称为酸价。游离脂肪酸含量高，则酸价高，样品质量差。酸价是判定样品质量好坏的一个重要指标。

(二)试剂

① 乙醚-乙醇混合液。按乙醚：乙醇为 2：1 取相应适量的溶液混合，后用氢氧化钾溶液（3 g/L）中和至酚酞指示液呈中性。

② 氢氧化钾标准滴定溶液[c(KOH)＝0.050 mol/L]。

③ 酚酞指示液。10 g/L 乙醇溶液。

(三)分析步骤

称取 0.5 kg 油炸方便面样品，然后用对角线取 2/4 或 2/6 或根据试样情况取有代表性试样，在玻璃乳钵中研碎，混合均匀后放置于广口瓶内，保存于冰箱中。称取混合均匀的试样 100 g 左右，置于 500 mL 具塞锥形瓶中，加 100～200 mL 石油醚（沸程 30～60℃），放置过夜，用快速滤纸过滤后，减压回收溶剂，得到油脂供测定用。

称取 3.00～5.00 g 混匀的油脂试样，置于锥形瓶中，加入 50 mL 中性乙醚-乙醇混合液，振摇使油溶解，必要时可置热水中，温热促其溶解。冷至室温，加入酚酞指示液 2～4 滴，以氢氧化钾标准滴定溶液（0.050 mol/L）滴定，至出现微红色且 0.5 min 内不褪色为终点。

(四)结果计算

试样的酸价按下式计算：

$$X = \frac{Vc \times 56.11}{m}$$

式中 X——试样的酸价（以氢氧化钾计），mg/g；

　　V——试样消耗氢氧化钾标准滴定溶液体积，mL；

　　c——氢氧化钾标准滴定的实际浓度，mol/L；

　　m——试样重量，g；

56.11——与 1.0 mL 氢氧化钾标准滴定溶液[c(KOH)＝ 1.000 mol/L]相当的氢氧化钾
含量，mg/mmol。

计算结果保留两位有效数字。

(五)精密度

在重复性条件下获得的两次独立测定结果的绝对差值不得超过算术平均值的 10%。

任务六　羰基价的测定

(一)原理

羰基化合物和 2,4-二硝基苯肼的反应产物在碱性溶液中形成褐红色或酒红色，在 440 nm 下测定吸光度，计算羰基价。

(二)试剂

① 精制乙醇。取 1000 mL 无水乙醇，置于 2000 mL 圆底烧瓶中，加入 5 g 铝粉、10 g 氢氧化钾，接好标准磨口的回流冷凝管，水浴中加热回流 1 h，然后用全玻璃蒸馏装置蒸馏收集馏液。

② 精制苯。取 500 mL 苯，置于 1000 mL 分液漏斗中，加入 50 mL 硫酸，小心振摇 5 min，开始振摇时注意放气。静置分层，弃除硫酸层，再加 50 mL 硫酸重复处理一次，将苯层移入另一分液漏斗，用水洗涤 3 次，然后经无水硫酸钠脱水，用全玻璃蒸馏装置蒸馏收集馏液。

③ 2,4-二硝基苯肼溶液。称取 50 mg 2,4-二硝基苯肼，溶于 100 mL 精制苯中。

④ 三氯乙酸溶液。称取 4.3 g 固体三氯乙酸，加 100 mL 精制苯溶解。

⑤ 氢氧化钾-乙醇溶液。称取 4 g 氢氧化钾，加 100 mL 精制乙醇使其溶解，置冷暗处过夜，取上部澄清液使用。溶液变黄褐色则应重新配制。

(三)仪器

分光光度计及实验室常规仪器。

(四)分析步骤

1.取样和样品处理

参见本项目任务五（酸价的测定）。

2.样品分析

精密称取约 0.025～0.5 g 处理过的步骤 1 中试样，置于 25 mL 容量瓶中，加苯溶解试样并稀释至刻度。吸取 5.0 mL，置于 25 mL 具塞试管中，加 3 mL 三氯乙酸溶液及 5 mL 2,4-二硝基苯肼溶液，仔细振摇混匀，在 60℃水浴中加热 30 min，冷却后，沿试管壁慢慢加入 10 mL 氢氧化钾-乙醇溶液，使成为二液层，塞好，剧烈振摇混匀，放置 10 min。以 1 cm 比色杯，用试剂空白调节零点，于波长 440 nm 处测吸光度。

(五)结果计算

试样的羰基价按下式进行计算：

$$X = \frac{A}{854 \times m \times \frac{V_2}{V_1}} \times 1000$$

式中　　X——试样的羰基价，meq/kg；

　　　　A——测定时样液吸光度；

　　　　m——试样重量，g；

　　　　V_1——试样稀释后的总体积，mL；

　　　　V_2——测定用试样稀释液的体积，mL；

　　　　854——各种醛的毫摩尔吸光系数的平均值。

结果保留三位有效数字。

(六)精密度

在重复性条件下获得的两次独立测定结果的绝对差值不得超过算术平均值的 5%。

任务七　过氧化值的测定

(一)原理

样品油脂氧化过程中产生过氧化物，与碘化钾作用生成游离碘，以硫代硫酸钠溶液滴定，计算含量。

(二)试剂

① 饱和碘化钾溶液。称取 14 g 碘化钾，加 10 mL 水溶解，必要时微热使其溶解，冷却后储于棕色瓶中。

② 三氯甲烷-冰醋酸混合液。量取 40 mL 三氯甲烷，加 60 mL 冰醋酸，混匀。

③ 硫代硫酸钠标准滴定溶液 $[c(Na_2S_2O_3)=0.0020\ mol/L]$。

④ 淀粉指示剂 (10 g/L)。称取可溶性淀粉 0.5 g，加少许水，调成糊状，倒入 50 mL 沸水中调匀，煮沸。临用时现配。

(三)分析步骤

取样和样品处理参见本项目任务五。

称取 2.00～3.00 g 混匀 (必要时过滤) 的脂肪试样，置于 250 mL 碘瓶中，加 30 mL 三氯甲烷-冰醋酸混合液，使试样完全溶解。加入 1.00 mL 饱和碘化钾溶液，紧密塞好瓶盖，并轻轻振摇 0.5 min，然后在暗处放置 3 min。取出，加 100 mL 水，摇匀，立即用硫代硫酸钠标准滴定溶液 (0.0020 mol/L) 滴定，至淡黄色时，加 1 mL 淀粉指示液，继续滴定至蓝色消失为终点。取相同量三氯甲烷、冰醋酸溶液、碘化钾溶液、水，按同一方法做试剂空白试验。

(四)结果计算

试样的过氧化值按式 (1)、式 (2) 进行计算：

$$X_1 = \frac{(V_1 - V_2)c \times 0.1269}{m} \times 100 \tag{1}$$

$$X_2 = X_1 \times 78.8 \tag{2}$$

式中　　X_1——试样的过氧化值，g/100g；

　　　　X_2——试样的过氧化值，meq/kg；

　　　　V_1——试样消耗硫代硫酸钠标准滴定溶液体积，mL；

　　　　V_2——试剂空白消耗硫代硫酸钠标准滴定溶液体积，mL；

c——硫代硫酸钠标准滴定溶液的浓度，mol/L；

m——试样重量，g；

0.1269——与 1.00 mL 硫代硫酸钠标准滴定溶液$[c(Na_2S_2O_3)=1.0000mol/L]$相当的碘含量，g/mmol；

78.8——换算因子。

计算结果保留两位有效数字。

（五）精密度

在重复性条件下获得的两次独立测定结果的绝对差值不得超过算术平均值的 10%。

任务八 总砷含量的测定（氢化物原子荧光光度法）

（一）原理

食品试样经湿消解或干灰化后，加入硫脲使五价砷预还原为三价砷，再加入硼氢化钠或硼氢化钾使之还原生成砷化氢。由氢气载入石英原子化器中分解为原子态砷，在特制砷空心阴极灯的发射光激发下产生原子荧光，其荧光强度在固定条件下与被测液中的砷浓度成正比，与标准系列比较定量。

本方法检出限：0.01 mg/kg，线性范围为 0～200 ng/mL。

（二）试剂

① 氢氧化钠溶液（2 g/L）。

② 硼氢化钠溶液（10 g/L）。称取硼氢化钠 10.0 g，溶于 2 g/L 氢氧化钠溶液 1000 mL 中，混匀。此液于冰箱可保存 10 天，取出后应当日使用（也可称取 14 g 硼氢化钾代替 10 g 硼氢化钠）。

③ 硫脲溶液（50 g/L）。

④ 硫酸溶液（1+9）。量取硫酸 100 mL，小心倒入 900 mL 水中，混匀。

⑤ 氢氧化钠溶液（100 g/L）。供配制砷标准溶液用，少量即够。

⑥ 砷标准溶液

a. 砷标准储备液。含砷 0.1 mg/mL。精确称取于 100℃ 干燥 2 h 以上的三氧化二砷 0.1320 g，加 100 g/L 氢氧化钠溶液 10 mL 溶解，用适量水转入 1000 mL 容量瓶中，加（1+9）硫酸 25 mL，用水定容至刻度。

b. 砷使用标准液（含砷 1 μg/mL）。吸取 1.00 mL 砷标准储备液于 100 mL 容量瓶中，用水稀释至刻度线。此液应当日配制使用。

⑦ 湿消解试剂 硝酸、硫酸、高氯酸。

⑧ 干灰化试剂 六水硝酸镁（150 g/L）、氯化镁、盐酸（1+1）。

（三）仪器

原子荧光光度计及实验室常规仪器。

（四）分析步骤

1. 试样消解

（1）湿消解 固体试样称样 1～2.5 g，液体试样称样 5～10 g（或 mL）（精确至小数点后第二位），置入 50～100 mL 锥形瓶中，同时做两份试剂空白。加硝酸 20～40 mL、硫酸

1.25 mL，摇匀后放置过夜，置于电热板上加热消解。若消解液处理至 10 mL 左右时仍有未分解物质或色泽变深，取下放冷，补加硝酸 5～10 mL，再消解至 10 mL 左右观察，如此反复两三次，注意避免炭化。如仍不能消解完全，则加入高氯酸 1～2 mL，继续加热至消解完全后，再持续蒸发至高氯酸的白烟散尽，硫酸的白烟开始冒出。冷却，加水 25 mL，再蒸发至冒硫酸白烟。冷却，用水将内容物转入 25 mL 容量瓶或比色管中，加入 50 g/L 硫脲 2.5 mL，补水至刻度并混匀，备测。

（2）干灰化　一般应用于固体试样。称取 1～2.5 g（精确至小数点后第二位）于 50～100 mL 坩埚中，同时做两份试剂空白。加 150 g/L 硝酸镁 10 mL 混匀，低热蒸干，将氧化镁 1 g 仔细覆盖在干渣上，于电炉上炭化至无黑烟，移入 550℃ 高温炉灰化 4 h。取出放冷，小心加入（1+1）盐酸 10 mL 以中和氧化镁并溶解灰分，转入 25 mL 容量瓶或比色管中，向容量瓶或比色管中加入 50g/L 硫脲 2.5 mL，另用（1+9）硫酸分次涮洗坩埚后转出合并，直至 25 mL 刻度，混匀备测。

2. 标准系列制备

取 25 mL 容量瓶或比色管 6 支，依次准确加入 1 μg/mL 砷使用标准液 0、0.05 mL、0.2 mL、0.5 mL、2.0 mL、5.0 mL（各相当于砷浓度 0、2.0 ng/mL、8.0 ng/mL、20.0 ng/mL、80.0 ng/mL、200.0 ng/mL），各加（1+9）硫酸 12.5 mL、50 g/L 硫脲 2.5 mL，补加水至刻度，混匀备测。

3. 测定

（1）仪器参考条件　光电倍增管电压 400 V；砷空心阴极灯电流 35 mA。原子化器温度 820～850℃，高度 7 mm。氩气流速：载气 600 mL/min。测量方式：荧光强度或浓度直读。读数方式：峰面积。读数延迟时间 1s；读数时间 15s；硼氢化钠溶液加入时间 5 s。标液或样液加入体积 2 mL。

（2）浓度方式测量　如直接测荧光强度，则在开机并设定好仪器条件后，预热稳定约 20 min。按"B"键进入空白值测量状态，连续用标准系列的"0"管进样，待读数稳定后，按空档键记录下空白值（即让仪器自动扣底）即可开始测量。先依次测标准系列（可不再测"0"管）。标准系列测完后应仔细清洗进样器（或更换一支），并用"0"管测试使读数基本回零后，才能测试剂空白和试样。每测不同的试样前都应清洗进样器，记录（或打印）下测量数据。

（3）仪器自动方式　利用仪器提供的软件功能可进行浓度直读测定，为此在开机、设定条件和预热后，还需输入必要的参数，即：试样量（g 或 mL）；稀释体积（mL）；进样体积（mL）；结果的浓度单位；标准系列各点的重复测量次数；标准系列的点数（不计零点）；以及各点的浓度值。首先进入空白值测量状态，连续用标准系列的"0"管进样以获得稳定的空白值并执行自动扣底后，再依次测标准系列（此时"0"管需再测一次）。在测样液前，需再进入空白值测量状态，先用标准系列"0"管测试使读数复原并稳定后，再用两个试剂空白各进一次样，让仪器取其均值作为扣底的空白值，随后即可依次测试样。测定完毕后退回主菜单，选择"打印报告"即可将测定结果打出。

（五）结果计算

如果采用荧光强度测量方式，则需先对标准系列的结果进行回归运算（由于测量时"0"管强制为 0，故零点值应该输入以占据一个点位），然后根据回归方程求出试剂空白液和试样被测液的砷浓度，再按下式计算试样的砷含量：

$$X = \frac{c_1 - c_0}{m} \times \frac{25}{1000}$$

式中　X——试样的砷含量，mg/kg 或 mg/L；

　　　c_1——试样被测液的浓度，ng/mL；

　　　c_0——试剂空白液的浓度，ng/mL；

　　　m——试样的重量或体积，g 或 mL。

计算结果保留两位有效数字。

(六)精密度

湿消解法在重复性条件下获得的两次独立测定结果的绝对差值不得超过算术平均值的 10%。

干灰化法在重复性条件下获得的两次独立测定结果的绝对差值不得超过算术平均值的 15%。

任务九　铅含量的测定

(一)原理

试样经灰化或酸消解后，注入原子吸收分光光度计石墨炉中，电热原子化后吸收 283.3 nm 共振线，在一定浓度范围其吸收值与铅含量成正比，与标准系列比较定量。

(二)试剂

① 硝酸、硝酸 (1+1)、硝酸 (0.5 mol/L)、硝酸 (1 mol/L)。

② 过硫酸铵。

③ 过氧化氢 (30%)。

④ 高氯酸。

⑤ 磷酸铵溶液 (20 g/L)。

⑥ 混合酸。硝酸+高氯酸 (4+1)。取 4 份硝酸与 1 份高氯酸混合。

⑦ 铅标准储备液。每毫升含 1.0 mg 铅。

⑧ 铅标准使用液。每次吸取铅标准储备液 1 mL 于 100 mL 容量瓶中，加 0.5 mol/L 硝酸或 1 mol/L 硝酸至刻度。如此经多次稀释成每毫升含 10.0 ng、20.0 ng、40.0 ng、60.0 ng、80.0 ng 铅的标准使用液。

(三)仪器

所用玻璃仪器均需以硝酸 (1+5) 浸泡过夜，用水反复冲洗，最后用去离子水冲洗干净。包括原子吸收分光光度计 (附石墨炉及铅空心阴极灯)；马弗炉；干燥恒温箱；瓷坩埚；压力消解器、压力消解罐或压力溶弹；可调式电热板、可调式电炉；实验室常规仪器。

(四)分析步骤

1.试样预处理

将样品磨碎，过 20 目筛，储于塑料瓶中，保存备用；在采样和制备过程中，应注意不使试样污染。

2.试样消解 (可根据实验条件选用以下任何一种方法消解)

(1) 压力消解罐消解法　称取 1.00～2.00 g 样品于聚四氟乙烯内罐，加硝酸 2～4 mL 浸泡过夜。再加过氧化氢 (30%) 2～3 mL (总量不得超过罐容积的 1/3)。盖好内盖，旋紧不锈钢外套，放入恒温干燥箱，使其保持 120～140℃下 3～4 h，在箱内自然冷却至室温，用滴管将消化液洗入或过滤入（视消化后试样的盐分而定）10～25 mL 容量瓶中，用水少量多次洗涤罐，洗液合并于容量瓶中并定容至刻度，混匀备用。同时做试剂空白。

（2）干法灰化　称取 1.00～5.00 g 样品（根据铅含量而定）于瓷坩埚中，先小火炭化至无烟，再移入马弗炉 500℃ 灰化 6～8 h 后，冷却。若试样灰化不彻底，则加适量混合酸溶解残留物，加热炭化后再进行灰化，反复多次直到消化完全，放冷，用硝酸（0.5 mol/L）将灰分溶解，用滴管将试样消化液洗入或过滤入（视消化后试样的盐分而定）10～25 mL 容量瓶中，用水少量多次洗涤瓷坩埚，洗液合并于容量瓶中并定容至刻度，混匀备用。同时做试剂空白。

（3）温式消解法　称取试样 1.00～5.00 g 于锥形瓶中，放数粒玻璃珠，加 2～4 mL 混合酸，加盖浸泡过夜，在漏斗电炉上消解，若变棕黑色，再加混合酸，直至冒白烟。消化液呈无色透明或略带黄色，放冷，用滴管将试样消化液洗入或过滤入（视消化后试样的盐分而定）10～25 mL 容量瓶中，用水少量多次洗涤锥形瓶，洗液合并于容量瓶中并定容至刻度，混匀备用。同时做试剂空白。

3. 测定

（1）仪器条件　根据各自仪器性能调至最佳状态。参考条件为：波长 283.3 nm，狭缝 0.2～1.0 nm，灯电流 5～7 mA。干燥温度 120℃，20 s；灰化温度 450℃，15～30 s；原子化温度 1700～2300℃，4～5 s。背景校正为氘灯或塞曼效应。

（2）标准曲线绘制　吸取上面配制的铅标准使用液 10.0 ng/mL、20.0 ng/mL、40.0 ng/mL、60.0 ng/mL、80.0 ng/mL 各 10 mL，注入石墨炉，测得其吸光度并求得吸光度与浓度关系的一元线性回归方程。

（3）试样测定　分别吸取样液和试剂空白液各 10 μL，注入石墨炉，测得其吸光度，代入标准系列的一元线性回归方程中求得样液中铅含量。

（4）基体改进剂的使用　对有干扰试样，则注入适量的基体改进剂磷酸二氢铵溶液（20 g/L），一般为 5 μL 或与试样同量，消除干扰。绘制铅标准曲线时也要加入与试样测定时等量的基体改进剂磷酸二氢铵溶液。

（五）结果计算

试样中铅含量按下式进行计算：

$$X = \frac{(c_1 - c_0) \times V}{m}$$

式中　X——试样中铅含量，μg/kg 或 μg/L；

　　　c_1——测定样液中铅含量，ng/mL；

　　　c_0——空白液中铅含量，ng/mL；

　　　V——试样消化液定量总体积，mL；

　　　m——试样重量或体积，g 或 mL。

计算结果保留两位有效数字。

（六）精密度

在重复性条件下获得的两次独立测定结果的绝对差值不得超过算术平均值的 20%。

碘呈色度的测定

(一)原理

油炸面饼经脱脂后，以水为溶剂，在一定温度下提取，提取液与碘起呈色反应，用吸光度表示该样品的碘呈色度。根据碘呈色度的高低可判断方便面面饼的熟化程度。

(二)试剂

① 0.05 mol/L 碘-碘化钾溶液。称取 13 g I_2 及 35 g KI 溶于 100 g 蒸馏水中，稀释至 1000 mL，摇匀，保存于棕色瓶中冷藏备用。

② pH 5.8 磷酸二氢钾-磷酸氢二钾缓冲溶液。

a 液：称取 1.36 g 磷酸二氢钾，溶于蒸馏水中，定容至 100 mL。

b 液：称取 1.642 g 磷酸氢二钾，溶于蒸馏水中，定容至 100 mL。

c 液：吸取 a 液 50 mL、b 液 4.5 mL，混合后用蒸馏水定容至 100 mL。

③乙醚（或石油醚）。

(三)仪器

① 恒温振荡器：振幅 12 mm，振荡频率 140 r/min。

② 电动离心机。

③ 分光光度计。

④ 分析天平：感量 0.0001 g。

⑤ CB 36 号（100 目）筛绢。

⑥ 研钵等其他实验室常规仪器。

(四)分析步骤

1. 试样制备

称取混合均匀的样品 100 g 左右，置于 250 mL 具塞锥形瓶中，加 100～200 mL 乙醚（或石油醚），放置过夜，用快速滤纸过滤后，回收溶剂，取约 5 g 立即研磨，并全部通过 100 目筛绢，备用。

2. 提取

称取步骤 1 制备的样品 2.0000 g 于 150 mL 锥形瓶中，加入 20.0 mL 蒸馏水，置于 50℃±1℃ 恒温振荡器中振荡 30 min，摇匀后倒入离心管，以 3000 r/min 的转速离心 10 min。

3. 定容

取上清液 1.00 mL，置于 50 mL 容量瓶中，加入 5 mL 缓冲溶液和 1.00 mL 0.05 mol/L 碘-碘化钾溶液，用蒸馏水定容，摇匀。同时取 1.00 mL 蒸馏水代替上清液制备空白溶液。

4. 测定

用分光光度计，在波长 570 nm 处，用 1 cm 比色皿，以空白溶液调整零点，测定上清液吸光度。

(五)结果计算

$$I_{OD} = 2 \times A$$

式中 I_{OD}——碘呈色度；

A——吸光度；

2——稀释倍数。

计算结果精确至小数点后第二位。

(六)精密度

在重复性条件下获得的两次独立测定结果的绝对差值不得超过 5％。

(七)注意事项

① 面饼脂肪需提取干净，因为脂类会与碘结合，同直链淀粉形成竞争反应。

② 面块要全部研磨至通过 100 目筛。

③ 加碘量控制在 1.00 mL，过多或过少都直接影响显色和测定结果。

④ 加缓冲溶液可保证样品在一定的 pH 值范围内测定，以免受方便面中添加物的影响而改变溶液的酸碱度，测定条件偏酸性则结果较稳定。

⑤ 脱脂后面块会老化，故脱脂后样品应尽快测试。

任务十一 氯化钠的测定（铬酸钾指示剂法）

(一)原理

样品经处理后，以铬酸钾为指示剂，用硝酸银标准滴定溶液滴定试液中的氯化钠。根据硝酸银标准滴定溶液的消耗量，计算食品中氯化钠的含量。

(二)试剂

除特别注明外，所用试剂为分析纯。

① 蛋白质沉淀剂

试剂 I：称取 106 g 亚铁氰化钾溶于水中，转移到 1000 mL 容量瓶中，用水稀释至刻度。

试剂 II：称取 220 g 乙酸锌溶于水中，并加入 30 mL 冰醋酸，转移到 1000 mL 容量瓶中，用水稀释至刻度。

② 80％乙醇溶液：量取 80 mL 95％乙醇与 15 mL 水混匀。

③ 0.1 mol/L 硝酸银标准滴定溶液。

④ 5％铬酸钾溶液：称取 5 g 铬酸钾，溶于 95 mL 水中。

(三)仪器、设备

实验室常用仪器及下列各项：组织捣碎机，研钵，水浴锅，分析天平（感量 0.0001 g）。

(四)操作步骤

1. 样品处理及试液制备

用天平称取经粉碎的试样 20.00 g，精确至 0.01 g。移入 250 mL 锥形瓶中，加入 100 mL 蒸馏水，摇动（或用振荡器振荡）40 min，用抽滤瓶抽滤至干，滤液供测试用。

2. 测定

取 A mL 待测液，使之含 25～50 mg 氯化钠，置于 250 mL 锥形瓶中。

加 50 mL 水及 1 mL 5％铬酸钾溶液。边猛烈摇动边用 0.1 mol/L 硝酸银标准滴定溶液滴定至出现红黄色，保持 1 min 不褪色，记录消耗 0.1 mol/L 硝酸银标准滴定溶液的体积（V_1）。

3. 空白试验

用 50 mL 水代替 A mL 试液。加 1 mL 5％铬酸钾溶液。以下按步骤 2 操作。记录消耗 0.1 mol/L 硝酸银标准滴定溶液的体积 (V_2)。

(五)结果计算

食品中氯化钠的含量以质量分数表示，按下式计算：

$$X = \frac{0.05844 \times c(V_1 - V_2)K}{m} \times 100\%$$

式中 X——食品中氯化钠含量（质量分数），％；

V_1——滴定试样时消耗 0.1 mol/L 硝酸银标准滴定溶液的体积，mL；

V_2——空白试验时消耗 0.1 mol/L 硝酸银标准滴定溶液的体积，mL；

K——稀释倍数；

m——试样的重量，g；

c——硝酸银标准滴定溶液的实际浓度，mol/L。

计算结果精确到小数点后第二位。

(六)精密度

同一样品两次测定值之差，每 100 g 样品不得超过 0.2 g。

任务十二　复水时间的测定

(一)仪器

带盖保温容器（约 1000 mL）；筷子；玻璃片（20 cm× 20 cm）；秒表。

(二)步骤

取面块一块置于带盖保温容器中，加入约 5 倍于面块重量的沸水，立即将容器加盖，同时用秒表计时。当用玻璃片夹紧软化面条，观察糊化状态无明显硬心时，记录所用复水时间。

任务十三　食品添加剂(山梨酸、苯甲酸)的测定(气相色谱法)

(一)原理

样品酸化后，用乙醚提取山梨酸、苯甲酸，用附氢火焰离子化检测器的气相色谱仪进行分离测定，与标准系列比较定量。

(二)试剂

除特殊注明外，所用试剂均为分析纯。

① 乙醚：不含过氧化物。

② 石油醚：沸程 30～60℃。

③ 盐酸。

④ 无水硫酸钠。

⑤ 盐酸（1＋1）

取 100 mL 盐酸，加水稀释至 200 mL。

⑥ 氯化钠酸性溶液（40 g/L）。于氯化钠溶液（40 g/L）中加少量盐酸（1＋1）酸化。

⑦ 山梨酸、苯甲酸标准溶液。

准确称取山梨酸、苯甲酸各 0.2000 g，置于 100 mL 容量瓶中，用石油醚-乙醚（3＋1）混合溶剂溶解后并稀释至刻度。此溶液每毫升相当于 2.0 mg 山梨酸或苯甲酸。

⑧ 山梨酸、苯甲酸标准使用液。吸取适量的山梨酸、苯甲酸标准溶液，以石油醚-乙醚（3＋1）混合溶剂稀释至每毫升相当于 50 μg、100 μg、150 μg、200 μg、250 μg 山梨酸或苯甲酸。

(三) 仪器与设备

实验室常规仪器、设备及下列各项。

1. 气相色谱仪

具有氢火焰离子化检测器。色谱条件如下。

（1）色谱柱　玻璃柱：内径 3 mm，长 2 m，内装涂以 5%（质量分数）DEGS＋1%（质量分数）H_3PO_4 固定液的 60～80 目 Chromosorb WAW。

（2）气流速度　载气为氮气，50 mL/min（氮气和空气、氢气之比按各仪器型号不同选择各自的最佳比例条件）。

（3）温度　进样口 230℃；检测器 230℃；柱温 170℃。

2. 微量注射器

(四) 操作步骤

1. 试液的制备

称取 2.50 g 事先混合均匀的样品，置于 25 mL 带塞量筒中，加 0.5 mL 盐酸（1＋1）酸化，用 15 mL、10 mL 乙醚提取两次，每次振摇 1 min，将上层乙醚提取液吸入另一个 25 mL 带塞量筒中。合并乙醚提取液。用 3 mL 氯化钠酸性溶液（40 g/L）洗涤两次，静置 15 min，用滴管将乙醚层通过无水硫酸钠滤 25 mL 容量瓶中。加乙醚至刻度，混匀。准确吸取 5 mL 乙醚提取液于 5 mL 带塞刻度试管中，置 40℃水浴上挥干，加入 2 mL 石油醚-乙酸（3＋1）混合溶剂溶解残渣，备用。

2. 测定

进样 2 μL 标准系列中各浓度标准使用液于气相色谱仪中，可测得不同浓度山梨酸、苯甲酸的峰高。以浓度为横坐标、相应的峰高值为纵坐标，绘制标准曲线。同时进样 2 μL 样品溶液，测得峰高与标准曲线比较定量。

(五) 结果计算

$$X = \frac{m_1}{m_2 \times \dfrac{5}{25} \times \dfrac{V_2}{V_1}}$$

式中　X——样品中山梨酸或苯甲酸的含量，g/kg；

　　　m_1——测定用样品液中山梨酸或苯甲酸的含量，μg；

　　　V_1——加入石油醚-乙醚（3＋1）混合溶剂的体积，mL；

　　　V_2——测定时进样的体积，μL；

　　　m_2——样品的重量，g；

　　　5——测定时吸取乙醚提取液的体积，mL；

　　　25——样品乙醚提取液的总体积，mL。

由测得苯甲酸的量乘以 1.18，即为样品中苯甲酸钠的含量。

结果表述：报告算术平均值的二位有效数字。

(六)精密度

同一样品的两次测定值之差不得超过两次测定平均值的 10%。

项目九 中国腊肠检验

实训目标

① 了解中国腊肠的相关标准。
② 掌握中国腊肠常规检验项目。
③ 掌握中国腊肠的主要检验方法。

检验前准备

腊肠也称香肠，是指以肉类为主要原料，经切、绞成丁，配以辅料，灌入动物肠衣再晾晒或烘焙而成的肉制品。香肠是我国肉类制品中品种最多的一大类产品，也是我国著名的传统风味肉制品。传统中式香肠以猪肉为主要原料，瘦肉与肥膘切成小肉丁，或用粗孔眼筛板绞成肉粒，原料经较长时间的晾挂或烘烤成熟，使脂肪、蛋白质在适宜条件下受微生物作用发酵产生独特的风味。

我国较有名的腊肠有广东腊肠、武汉香肠、哈尔滨风干肠等。由于原材料配制和产地不同，风味及命名不尽相同，但生产方法大致相同。

中国腊肠的相关标准见表1。

表1 中国腊肠相关标准

标准号	标准名称
SN/T 0222—2011	《进出口加工肉制品检验规程》
GB/T 5009.44—2003	《肉与肉制品卫生标准的分析方法》
GB 2726	《熟肉制品卫生标准》
GB 2730—2005	《腌腊肉制品卫生标准》
GB/T 23493—2009	《中式香肠》
SB/T 10003—1992	《广式腊肠》

中国腊肠的检验项目见表2。

表2 中国腊肠质量检验项目

序号	检验项目	发证	监督	出厂	检验标准	备注
1	感官	√	√	√	GB 2730—2005	
2	水分	√	√	√	GB/T 5009.44—2003	
3	食盐	√	√	*	GB/T 5009.44—2003	
4	蛋白质	√	√	*	GB 5009.5—2016	香肚不检验此项目
5	酸价	√	√	√	GB/T 5009.229—2016	
6	过氧化值	√	√	√	GB/T 5009.227—2016	
7	铅	√	√	*	GB/T 5009.12—2017	

续表

序号	检验项目	发证	监督	出厂	检验标准	备注
8	无机砷	√	√	*	GB 5009.11—2014	
9	镉	√	√	*	GB 5009.15—2014	
10	总汞	√	√		GB 5009.17—2014	
11	亚硝酸盐	√	√	*	GB 5009.33—2016	
12	食品添加剂（山梨酸、苯甲酸）	√	√	*	GB 5009.28—2016	
13	净含量	√	√	√	JJF1070—2005	定量包装产品检验此项目
14	总糖	√	√		GB 5009.7—2016	
15	菌落总数	√	√	√	GB/T 4789.2—2016	
16	大肠菌群	√	√	*	GB/T 4789.3—2010	
	致病菌			*	GB/T 4789.4—2016 GB/T 4789.5—2012 GB/T 4789.10—2016	
17	标签	√	√		GB 7718—2011 GB/T 6388—1986	

注：1.企业出厂检验项目中有√标记的，为常规检验项目。

2.企业出厂检验项目中有＊标记的，企业应当每年检验两次。

任务一 感官检验

对产品的色泽、香气、滋味、形态进行评定，以五级评分制评分，再将各项分值加和。总分≥18分且各项没有3分的定为优级品；≥15分且各项没有2.5分的定为一级品；≥12分且各项没有1.5分的定为二级品。中式香肠（腊肠）感官检验评分办法见表1。

表1 中式香肠（腊肠）感官检验评分办法

项目	评分标准
色泽	1.瘦肉呈红色、枣红色，脂肪透明或乳白色，分界处色泽分明，外表有光泽，评5分 2.色泽良好，可视其程度评3～4分 3.色泽较差，评2分 4.色泽差或有变色现象，评1分
滋味	1.腊香味纯正浓郁，具有中式香肠（腊肠）固有风味，评5分 2.香味良好，可视其程度评3～4分 3.香味稍差，评2分 4.香味较差或有异味，评1分或0分
香气	1.咸甜适口，评5分 2.滋味良好，可视其程度评3～4分 3.滋味较差，咸甜不均，评2分 4.滋味不正，评1分或0分
形态	1.外形完整，长短、粗细均匀，表面干爽呈收缩后的自然皱纹，评5分 2.外形良好，可视其程度评2～4分 3.外形不整齐，评1分

任务二　食盐含量的测定

(一)原理

试样中食盐采用炭化浸出法或灰化浸出法。浸出液以铬酸钾为指示液,用硝酸银标准滴定溶液滴定,根据硝酸银消耗量计算含量。

(二)试剂

硝酸银标准滴定溶液$[c(AgNO_3)=0.100\ mol/L]$;铬酸钾溶液(50 g/L)。

(三)分析步骤

1. 试样处理

(1) 炭化浸出法　称取$1.00\sim2.00$ g绞碎均匀的试样,置于瓷坩埚中,用小火炭化完全,炭化成分用玻棒轻轻研碎,然后加$25\sim30$ mL水,用小火煮沸冷却后,过滤于100 mL容量瓶中,并用热水少量分次洗涤残渣及滤器,洗液并入容量瓶中,冷至室温,加水至刻度,混匀备用。

(2) 灰化浸出法　称取$1.00\sim10.0$ g绞碎均匀的试样,在瓷坩埚中,先以小火炭化后,再移入高温炉中于$500\sim550℃$灰化,冷后取出。残渣用50 mL热水分数次浸渍溶解,每次浸渍后过滤于250 mL容量瓶中,冷至室温,加水至刻度,混匀备用。

2. 滴定

吸取25.0 mL滤液于100 mL锥形瓶中,加1 mL铬酸钾溶液(50 g/L),搅匀,用硝酸银标准滴定溶液(0.100 mol/L)滴定至初显橘红色即为终点。同时做试剂空白试验。

(四)结果计算

试样中食盐的含量(以氯化钠计)按下式进行计算:

$$X = \frac{(V_1 - V_2)c \times 0.0585}{m \times \dfrac{V_3}{V_4}} \times 100$$

式中　X——试样中食盐的含量(以氯化钠计),g/100g;

V_1——试样消耗硝酸银标准滴定溶液的体积,mL;

V_2——试剂空白消耗硝酸银标准滴定溶液的体积,mL;

V_3——滴定时吸取的试样滤液的体积,mL;

V_4——试样处理时定容的体积,mL;

c——硝酸银标准滴定溶液的实际浓度,mol/L;

0.0585——与1.00 mL硝酸银标准滴定溶液$[c(AgNO_3)=0.100\ mol/L]$相当的氯化钠含量,g/mmol;

m——试样重量,g。

计算结果表示到小数点后一位。

(五)精密度

在重复性条件下获得的两次独立测定结果的绝对差值不得超过算术平均值的5%。

任务三 **　酸价的测定**

(一)原理

样品中的游离脂肪酸用氢氧化钾标准溶液滴定，每克样品消耗氢氧化钾的量（mg）称为酸价。游离脂肪酸含量高，则酸价高，样品质量差。酸价是判定样品的质量好坏的一个重要指标。

(二)试剂

① 乙醚-乙醇混合液。按乙醚：乙醇为 2：1 取相应适量的溶液混合，后用氢氧化钾溶液（3 g/L）中和至酚酞指示液呈中性。

② 氢氧化钾标准滴定溶液[c(KOH)＝0.050 mol/L]。

③ 酚酞指示液

10 g/L 乙醇溶液。

(三)分析步骤

称取用绞肉机绞碎的 100 g 试样于 500 mL 具塞三角瓶中，加 100～200 mL 石油醚（30～60℃沸程）振荡 10 min 后，放置过夜，用快速滤纸过滤后，减压回收溶剂，得到油脂试样。

称取 3.00～5.00 g 混匀的油脂试样，置于锥形瓶中，加入 50 mL 中性乙醚-乙醇混合液，振摇使油溶解，必要时可置热水中，温热促其溶解。冷至室温，加入酚酞指示液 2～4滴，以氢氧化钾标准滴定溶液（0.050 mol/L）滴定，至出现微红色且 0.5min 内不褪色为终点。

(四)结果计算

试样的酸价按下式计算：

$$X = \frac{Vc \times 56.11}{m}$$

式中　X——试样的酸价（以氢氧化钾计），mg/g；

　　　V——试样消耗氢氧化钾标准滴定溶液体积，mL；

　　　c——氢氧化钾标准滴定的实际浓度，mol/L；

　　　m——试样重量，g；

56.11——与 1.0 mL 氢氧化钾标准滴定溶液[c(KOH)＝1.000 mol/L]相当的氢氧化钾含量，mg/mmol。

计算结果保留两位有效数字。

(五)精密度

在重复性条件下获得的两次独立测定结果的绝对差值不得超过算术平均值的 10％。

任务四　过氧化值的测定

(一)原理

样品油脂氧化过程中产生过氧化物，与碘化钾作用生成游离碘，以硫代硫酸钠溶液滴定，计算含量。

(二)试剂

① 饱和碘化钾溶液。称取 14 g 碘化钾，加 10 mL 水溶解，必要时微热使其溶解，冷却后储于棕色瓶中。

② 三氯甲烷-冰醋酸混合液。量取 40 mL 三氯甲烷，加 60 mL 冰醋酸，混匀。

③ 硫代硫酸钠标准滴定溶液 $[c(Na_2S_2O_3)=0.0020 \text{ mol/L}]$。

④ 淀粉指示剂（10 g/L）。称取可溶性淀粉 0.5 g，加少许水，调成糊状，倒入 50 mL 沸水中调匀，煮沸。临用时现配。

(三)分析步骤

称取用绞肉机绞碎的 100 g 试样于 500 mL 具塞三角瓶中，加 100～200 mL 石油醚（30～60℃沸程）振荡 10 min 后，放置过夜，用快速滤纸过滤后，减压回收溶剂，得到油脂试样。

称取 2.00～3.00 g 混匀（必要时过滤）的脂肪试样，置于 250 mL 碘瓶中，加 30 mL 三氯甲烷-冰醋酸混合液，使试样完全溶解。加入 1.00 mL 饱和碘化钾溶液，紧密塞好瓶盖，并轻轻振摇 0.5 min，然后在暗处放置 3 min。取出，加 100 mL 水，摇匀，立即用硫代硫酸钠标准滴定溶液（0.0020 mol/L）滴定，至淡黄色时，加 1 mL 淀粉指示液，继续滴定至蓝色消失为终点。取相同量三氯甲烷、冰醋酸溶液、碘化钾溶液、水，按同一方法，做试剂空白试验。

(四)结果计算

试样的过氧化值按式（1）、式（2）进行计算：

$$X_1 = \frac{(V_1 - V_2)c \times 0.1269}{m} \times 100 \tag{1}$$

$$X_2 = X_1 \times 78.8 \tag{2}$$

式中　X_1——试样的过氧化值，g/100 g；

　　　X_2——试样的过氧化值，meq/kg；

　　　V_1——试样消耗硫代硫酸钠标准滴定溶液体积，mL；

　　　V_2——试剂空白消耗硫代硫酸钠标准滴定溶液体积，mL；

　　　c——硫代硫酸钠标准滴定溶液的浓度，mol/L；

　　　m——试样重量，g；

　0.1269——与 1.00 mL 硫代硫酸钠标准滴定溶液 $[c(Na_2S_2O_3)=1.0000 \text{ mol/L}]$ 相当的碘含量，g/mmol；

　　78.8——换算因子。

计算结果保留两位有效数字。

(五)精密度

在重复性条件下获得的两次独立测定结果的绝对差值不得超过算术平均值的 10%。

任务五 亚硝酸盐含量的测定

(一)原理

样品经沉淀蛋白质、除去脂肪后,在弱酸性条件下亚硝酸盐与对氨基苯磺酸重氮化后,再与盐酸萘乙二胺偶合形成紫红色染料,与标准比较定量。

(二)试剂

实验用水为蒸馏水,试剂不加说明者均为分析纯试剂。

1. 亚铁氰化钾溶液(106 g/L)

称取 106.0 g 亚铁氰化钾,用水溶解,并稀释至 1000 mL。

2. 乙酸锌溶液(220 g/L)

称取 220.0 g 乙酸锌,先加 30 mL 冰醋酸溶解,用水稀释至 1000 mL。

3. 饱和硼砂溶液(50 g/L)

称取 5.0 g 硼酸钠,溶于 100 mL 热水中,冷却后备用。

4. 对氨基苯磺酸溶液(4 g/L)

称取 0.4g 对氨基苯磺酸,溶于 100 mL 20 %(V/V)盐酸中,置棕色瓶中混匀,避光保存。

5. 盐酸萘乙二胺溶液(2 g/L)

称取 0.2 g 盐酸萘乙二胺,溶于 100 mL 水中,混匀后,置棕色瓶中,避光保存。

6. 亚硝酸钠标准溶液

准确称取 250.0 mg 于硅胶干燥器中干燥 24 h 的亚硝酸钠,加水溶解,移入 500 mL 容量瓶中,加 100 mL 氯化铵缓冲液,加水稀释至刻度,混匀,4℃避光保存。此溶液每毫升相当于 500 μg 的亚硝酸钠。

7. 亚硝酸钠标准使用液

临用前,吸取亚硝酸钠标准溶液 1.00 mL,置于 100 mL 容量瓶中,加水稀释至刻度。此溶液每毫升相当于 5.0 μg 亚硝酸钠。

(三)仪器和设备

捣碎机,分光光度计,实验室常规仪器。

(四)操作步骤

1. 样品制备

称取约 10.00 g 经捣碎机绞碎混匀的试样(如制备过程中加水,应按加水量折算),置于 50 mL 烧杯中,加 12.5 mL 饱和硼砂溶液,搅拌均匀,以 70 ℃左右的水约 300 mL 将试样洗入 500 mL 容量瓶中,于沸水浴中加热 15 min,取出置冷水浴中冷却,并放置至室温。

在振荡上述提取液时加入 5 mL 亚铁氰化钾溶液,摇匀,再加入 5 mL 乙酸锌溶液,以沉淀蛋白质。加水至刻度,摇匀,放置 30 min,除去上层脂肪,上清液用滤纸过滤,弃去初滤液 30 mL,滤液备用。

2. 测定

吸取 40.0 mL 上述滤液于 50 mL 带塞比色管中,另吸取 0.00、0.20 mL、0.40 mL、0.60 mL、0.80 mL、1.00 mL、1.50 mL、2.00 mL、2.50 mL 亚硝酸钠标准使用液(相当

于 0.0 μg、1.0 μg、2.0 μg、3.0 μg、4.0 μg、5.0 μg、7.5 μg、10.0 μg、12.5 μg 亚硝酸钠），分别置于 50 mL 带塞比色管中。于标准管与试样管中分别加入 2 mL 对氨基苯磺酸溶液，混匀，静置 3～5 min 后各加入 1 mL 盐酸萘乙二胺溶液，加水至刻度，混匀，静置 15 min，用 2 cm 比色杯，以零管调节零点，于波长 538 nm 处测吸光度，绘制标准曲线比较。同时做试剂空白。

(五)亚硝酸盐含量计算

亚硝酸盐（以亚硝酸钠计）的含量按下式进行计算。

$$X = \frac{A \times 1000}{m \times \dfrac{V_1}{V_0} \times 1000}$$

式中　X——试样中亚硝酸钠的含量，mg/kg；

　　　A——测定用样液中亚硝酸钠的含量，μg；

　　　m——试样重量，g；

　　　V_1——测定用样液体积，mL；

　　　V_0——试样处理液总体积，mL。

以重复性条件下获得的两次独立测定结果的算术平均值表示，结果保留两位有效数字。

(六)精密度

在重复性条件下获得的两次独立测定结果的绝对差值不得超过算术平均值的 10％。

任务六　胆固醇含量的测定

(一)原理

当固醇类化合物与酸作用时，可脱水并发生聚合反应，产生颜色物质。香肠样品经有机溶剂氯仿抽提、皂化后，用石油醚提取。挥干乙醚，用冰醋酸溶解残渣，与加入的硫酸铁铵显色剂作用，生成青紫色的物质。溶液颜色的深浅与胆固醇的含量成正比，可用比色法定量。

(二)试剂

① 硫酸铁铵储备液。溶解 4.463 g 硫酸铁铵 $[NH_4Fe(SO_4)_2 \cdot 12H_2O]$ 于 100 mL 85％（质量分数）硫酸中。

② 硫酸铁铵显色剂。取 10 mL 硫酸铁铵储备液，用浓硫酸稀释至 100 mL，将此溶液放置于干燥器内，备用。可存放 2 个月。

③ 胆固醇标准溶液。准确称量重结晶胆固醇 100 mg，溶于冰醋酸中，并稀释至 100 mL。此液为 1 mL 含有 1 mg 胆固醇的标准储备液。

④ 胆固醇标准使用液：取胆固醇标准液 10 mL，用冰醋酸稀释至 100 mL。此液为 1 mL 含有 100 μg 胆固醇的标准使用液。

⑤ 氢氧化钾溶液（500 g/L）。

⑥ 石油醚：重蒸馏。

⑦ 氯仿：重蒸馏。

⑧ 甲醇：重蒸馏。

⑨ 氯化钠溶液（50 g/L）。

⑩ 钢瓶氮气：纯度 99.99％。

⑪ 冰醋酸。

(三)仪器

小型绞肉机，组织捣碎机，721 型分光光度计，电热恒温水浴，电动振荡器，实验室常规仪器。

(四)分析步骤

1. 样品处理和提取

① 称取 10.0 g 小型绞肉机绞碎的香肠样品，加入 30 mL 甲醇、10 mL 氯仿，在组织捣碎机中打碎 2 min，再加入 20 mL 氯仿，继续捣碎 1 min，加水 15 mL，再捣碎 1 min。

② 用布氏漏斗过滤于 100 mL 带塞量筒中，滤渣加入 30 mL 氯仿溶解，再次捣碎 1 min，过滤于同一量筒中，用氯仿清洗滤渣。

③ 混匀量筒中的滤液，将氮气通入滤液 5 min。静置过夜，以待分层。

④ 次日记下氯仿体积，弃去上层醇水溶液，保存下层的氯仿溶液供测定用。

2. 胆固醇标准线的绘制

分别吸取胆固醇标准使用液 0.0 mL、0.4 mL、0.8 mL、1.0 mL、1.2 mL 置于 25 mL 带塞比色管内，在各管内加入冰醋酸使总体积皆达 4 mL，此时溶液的浓度分别为 0 μg/mL、10 μg/mL、20 μg/mL、25 μg/mL、30 μg/mL。沿管壁加入 2 mL 硫酸铁铵显色剂，混匀，在 30～60 min 内，于 560 nm 波长下比色。以加入显色剂前胆固醇标准溶液浓度为横坐标、吸光度值为纵坐标，作标准曲线。

3. 样品分析

① 取 2 mL 样品氯仿提取液于带塞的 25 mL 比色管中，在 65℃ 水浴中用氮气吹干。加入无水乙醇 4 mL、0.5 mL 500 g/L 氢氧化钾溶液。

② 混匀后，65℃ 水浴中皂化 1.5 h，每隔 20 min 振摇一次试管。

③ 皂化后，在每支试管中加入 50 g/L 的 NaCl 溶液 3 mL 和石油醚 10 mL，盖好玻璃塞，在电动振荡器上振摇 2 min。

④ 吸取上层醚层 2～4 mL 于另外一支试管中，于 65℃ 水浴中用氮气吹干。

⑤ 加 4 mL 冰醋酸溶解残渣，加入 2 mL 硫酸铁铵显色剂，混匀，30 min 后用分光光度计于 560 nm 处进行比色测定，按测得的吸光度，从标准曲线上查得相应的胆固醇浓度。

(五)结果计算

$$A = ac \tag{1}$$

式中 A——标准曲线上的吸光度值；

a——标准曲线的斜率；

c——加入显色剂前胆固醇溶液的浓度，μg/mL。

样品中胆固醇的含量为：

$$X = \frac{A_s}{a} \times 4 \times \frac{V}{V_1} \times \frac{1}{m} \tag{2}$$

式中 X——样品中胆固醇的含量，mg/kg；

$\dfrac{A_s}{a}$——测得样品中胆固醇的吸光度值对应的加入显色剂前样品中胆固醇的浓度，

μg/mL；

4——加入显色剂前胆固醇溶液的体积，mL；

V——样品处理液的总体积，mL；

V_1——测定时所取样品溶液相当于处理液的体积，mL；

m——样品重量，g。

测定结果表示到小数点后一位数字。

(六)精密度

在重复性条件下获得的两次独立测定结果的绝对差值不得超过算术平均值的 10%。

(七)说明

① 氯仿提取液必须吹干，否则易出现浑浊。

② 皂化必须完全，否则易出现浑浊，65℃时皂化 1.5 h 可避免。

③ 测定中加入氯化钠的原因是可以防止产生乳状，并加强石油醚的分离。

项目十　全脂乳粉检验

实训目标

① 了解全脂乳粉的相关标准。
② 掌握全脂乳粉常规检验项目。
③ 掌握全脂乳粉的主要检验方法。

检验前准备

以新鲜牛乳或羊乳为原料，标准化后，经杀菌、浓缩、干燥等加工工序而制成的粉状产品。由于脂肪含量高易被氧化，在室温下可保藏 3 个月。

全脂乳粉的相关标准见表 1。

表 1　全脂乳粉相关标准

标准号	标准名称
GB 19644—2010	《乳粉卫生标准》
GB/T 5410—2008	《乳粉（奶粉）》
RHB 602—2005	《牛初乳粉》

全脂乳粉的检验项目见表 2。

表 2　全脂乳粉质量检验项目

序号	检验项目	发证	监督	出厂	检验标准	备注
1	感官	√	√	√	GB/T 5410—2008	
2	净含量	√	√	√	GB/T 5410—2008	
3	脂肪	√	√	√	GB 5413.3—2010	
4	蛋白质	√	√	√	GB 5009.5—2016	
5	复原乳酸度	√	√	√	GB 5009.239—2016	不适用于调味乳粉
6	蔗糖	√	√	√	GB/T 5413.5—2010	
7	水分	√	√	√	GB/T 5009.3—2016	
8	不溶度指数	√	√	√		
9	杂质度	√	√	√	GB/T 5413.30—2010	
10	维生素、微量元素及其他营养强化剂	√	√	*	GB/T 5413.9～14—2010 GB/T 5413.18—2010	只适用于添加营养强化剂的产品
11	铅	√	√	*	GB/T 5009.12—2017	
12	氯	√	√	*	GB/T 5413.24—2010	只适用于特殊配方乳粉
13	无机砷	√	√	*	GB/T 5009.11—2014	
14	硝酸盐	√	√	*	GB 5009.33—2016	

续表

序号	检验项目	发证	监督	出厂	检验标准	备注
15	亚硝酸盐	√	√		GB 5009.33—2016	
16	黄曲霉毒素 M_1	√	√	*	GB/T 5009.24—2003	
17	菌落总数	√	√	√	GB/T 4789.2—2016	
18	大肠菌群	√	√	√	GB/T 4789.3—2010	
19	致病菌	√	√	*	GB/T 4789.4—2016 GB/T 4789.5—2012 GB/T 4789.10—2010	
20	标签	√	√		GB 7718—2011	

注：1. 企业出厂检验项目中有√标记的，为常规检验项目。

2. 企业出厂检验项目中有＊标记的，企业应当每年检验两次。

任务一 感官检验和净含量的测定

1. 感官检验

将乳粉倒入盛样盘中，然后按"组织状态"、"色泽"、"滋味和气味"、"冲调性"的先后顺序依据标准逐项进行评定（表1），记扣分或得分于评分表中，最后将各项得分累加得总分，再根据产品等级评分标准评定出产品等级。具体评定方法如下。

（1）组织状态和色泽　将适量试样散放在白色平盘中，在自然光下观察色泽和组织状态。

（2）滋味和气味　取适量试样置于平盘中，先闻气味，然后用温开水漱口，再品尝样品的滋味。

（3）冲调性　将11.2 g（全脂乳粉、全脂加糖乳粉）试样放入盛有100 mL 40℃水的200 mL 烧杯中，用搅拌棒搅拌均匀后观察样品溶解状况。

表1　全脂乳粉的感官评分

项目	特征	扣分	得分
滋味和气味 65分	有消毒牛乳的纯香味，无其他异味者 滋气味稍淡，但无异味者 有过度消毒的滋味和气味者 有焦粉味者 有饲料味者 滋气味平淡，无乳香味者 有不清洁或不新鲜滋味和气味者 有脂肪氧化味者 有其他异味者	0 2～5 3～7 5～8 6～10 7～12 8～13 14～17 12～20	65 60～63 58～62 57～60 55～59 53～58 52～57 48～51 45～53
组织状态 25分	干燥粉末无凝块者 凝块易松散或有少量硬粒者 凝块较结实者（储存时间较长） 有肉眼可见的杂质或异物者	0 2～4 8～12 5～15	25 21～23 13～17 10～20
色泽 5分	全部一色，呈浅黄色者 黄色特殊或带浅白色者 有焦粉粒者	0 1～2 2～3	5 3～4 2～3

续表

项目	特征	扣分	得分
冲调性 5分	润湿下沉快，冲调后完全无团块，杯底无沉淀物者 冲调后有少量团块者 冲调后团块较多者	0 1～2 2～3	5 3～4 2～3

等级评定：每人按感官评定表统计出总得分，并评定出等级。再将每人评定结果综合平衡后，得出最终评定结果（表2）。

表2　总评分与分级标准

等级	总评分	滋味和气味最低得分
特级	≥90	60
一级	≥85	55
二级	≥80	50

2. 净含量

用感为1.0 g的天平，称量单件定量包装产品的重量，再称量包装容器的重量，计算称量差。

任务二　脂肪含量的测定（罗紫-哥特里法）

（一）原理

利用氨-乙醇溶液破坏乳的胶体性状及脂肪球膜，使非脂成分溶解于氨-乙醇溶液中，而脂肪游离出来，再用乙醚-石油醚提取出脂肪，蒸馏去除溶剂后，残留物即为乳脂肪。

（二）试剂

25％氨水（相对密度0.9），95％乙醇，乙醚（不含过氧化物），石油醚（沸程30～60℃）。

（三）仪器

抽脂瓶：内径2.0～2.5 cm，体积100 mL；实验室常规仪器。

（四）操作步骤

① 乳粉精密称取约1.00 g，用10 mL 60℃水分数次溶解于抽脂瓶中，加入1.25 mL氨水，充分混匀，置60℃水浴中加热5 min，再振摇2 min，加入10 mL乙醇，充分摇匀，于冷水中冷却。

② 向抽脂瓶中加25 mL乙醚，振摇0.5 min，加入25 mL石油醚，再振摇0.5 min，静置30 min，待上层液澄清时，读取醚层体积，放出一定体积醚层于已恒重的烧瓶中，记录剩余液体的体积。

③ 蒸馏回收乙醚和石油醚，挥干残余醚后，放入100℃±5℃烘箱中干燥1.5 h，取出放入干燥器中，冷却至室温后称重，重复操作直至前后两次重量相差不超过1 mg即为恒重。

（五）结果计算

$$X = \frac{m_2 - m_1}{m} \times \frac{V}{V_1} \times 100\%$$

式中　X——样品中脂肪的含量,%;

　　　m_1——烧瓶重量,g;

　　　m_2——烧瓶和脂肪重量,g;

　　　m——样品重量(吸取体积与牛乳密度的乘积),g;

　　　V——读取醚层总体积,mL;

　　　V_1——放出醚层体积,mL。

计算结果保留三位有效数字。

(六)精密度

在重复性条件下获得的两次独立测定结果的绝对差值不得超过算术平均值的10%。

任务三　蛋白质的测定(凯式定氮法)

(一)原理

蛋白质是含氮的有机化合物。食品与硫酸和硫酸铜、硫酸钾一同加热消化,使蛋白质分解,分解的氨与硫酸结合生成硫酸铵。然后碱化蒸馏使氨游离,用硼酸吸收后以硫酸或盐酸标准滴定溶液滴定,根据酸的消耗量乘以换算系数,即为蛋白质的含量。

(二)试剂

所有试剂均用不含氨的蒸馏水配制。

① 硫酸铜($CuSO_4 \cdot 5H_2O$)。

② 硫酸钾。

③ 硫酸。

④ 硼酸溶液(20 g/L)。

⑤ 混合指示液

1份甲基红乙醇溶液(1 g/L)与5份溴甲酚绿乙醇溶液(1 g/L)临用时混合。也可用2份甲基红乙醇溶液(1 g/L)与1份亚甲基蓝乙醇溶液(1 g/L),临用时混合。

⑥ 氢氧化钠溶液(400 g/L)。

⑦ 盐酸标准溶液:$c(HCl)=0.0500$ mol/L。

(三)仪器

定氮蒸管装置,凯式烧瓶,分析天平,酸式滴定管,实验室常规仪器。

(四)操作步骤

① 样品处理。精密称取0.20~2.00 g固体样品(约相当于氮30~40 mg),移入干燥的100 mL或500 mL定氮瓶(凯式烧瓶)中,加入0.2 g硫酸铜、6 g硫酸钾及20 mL硫酸,稍摇匀后于瓶口放一小漏斗,将瓶以45°斜于小孔的石棉网上,小心加热,待内容物全部炭化,泡沫完全停止后,加强火力,并保持瓶内液体微沸,至液体呈蓝绿色澄清透明后,再继续加热0.5 h。取下放冷,小心加20 mL水,放冷后,移入100 mL容量瓶中,并用少量水洗定氮瓶,洗液并入容量瓶中,再加水至刻度,混匀备用。同时做试剂空白试验。

② 测定。装好定氮装置,于水蒸气发生瓶内装水至约2/3处,加甲基红指示剂数滴及数毫升硫酸,以保持水呈酸性,加入数粒玻璃珠以防爆沸,用调压器控制,加热煮沸水蒸气发生瓶内的水。

③ 向接收瓶内加入 10 mL 20 g/L 硼酸溶液及混合指示剂 1～2 滴，并使冷凝管下端插入液面下，吸取 10.0 mL 样品消化稀释液，由小漏斗流入反应室，并以 10 mL 水洗涤小烧杯使流入反应室内，塞紧小玻杯的棒状玻塞，将 10 mL 400 g/L 氢氧化钠溶液倒入小玻杯，提起玻塞，使其缓慢流入反应室，立即将玻塞盖紧，并加水于小烧杯中，以防漏气，夹紧螺旋夹，开始蒸馏，蒸气通入反应室，使氨通过冷凝管而入接收瓶内，蒸馏 5 min，移动接收瓶，使冷凝管下端离开液面，再蒸馏 1 min，然后用少量水冲洗冷凝管下端外部。取下接收瓶，以硫酸或盐酸标准溶液（0.05 mol/L）滴定至灰色或蓝紫色为终点。

同时准确吸取 10 mL 试剂空白消化液按步骤 3 操作。

（五）结果计算

$$X = \frac{(V_1 - V_2) \times c \times 0.014}{m \times \frac{10}{100}} \times F \times 100$$

式中　X——样品中蛋白质的含量，g/100 g 或 g/100 mL；

　　　V_1——样品消耗硫酸或盐酸标准溶液的体积，mL；

　　　V_2——试剂空白消耗硫酸或盐酸标准溶液的体积，mL；

　　　c——硫酸或盐酸标准溶液的浓度，mol/L；

　0.014——1.00 mL 盐酸 $[c(HCl) = 1.000 \text{ mol/L}]$ 标准溶液中相当的氮的含量，g/mmol；

　　　m——样品的重量（或体积），g 或 mL；

　　　F——氮换算为蛋白质的系数，一般食物为 6.25，纯乳及乳制品为 6.38，面粉为 5.70，玉米、高粱为 6.2，花生为 5.46，米为 5.95，大豆及其制品为 5.71，肉与肉制品为 6.2，大麦、小米、燕麦、裸麦为 5.83，芝麻、向日葵为 5.30。

计算结果保留三位有效数字。

（六）精密度

在重复性条件下获得的两次独立测定结果的绝对差值不得超过算术平均值的 10％。

任务四　复原乳酸度的测定

（一）原理

新鲜正常的乳酸度为 16～18°T。乳的酸度由于微生物的作用而增高。酸度（°T）是指以酚酞作指示剂，中和 100 mL 乳所需氢氧化钠标准滴定溶液（0.1000 mol/L）的体积（mL）。

（二）试剂

① 酚酞指示液。称取 1.0 g 酚酞，用 95％乙醇溶解并定容至 100 mL。

② 氢氧化钠标准滴定溶液：$c(NaOH) = 0.1$ mol/L。

（三）操作步骤

称取 4.00 g 试样于 50 mL 烧杯中，用 96 mL 新煮沸冷却后的水分数次将试样溶解并移入 250 mL 锥形瓶中，加数滴酚酞指示液，混匀。用氢氧化钠标准滴定溶液（0.1 mol/L）滴定至初显粉红色并在 0.5 min 内不褪色为终点，记录消耗氢氧化钠标准溶液的体积。

(四)结果计算

$$X = \frac{cV \times 12}{m(1-w) \times 0.1}$$

式中　X——试样中的酸度，°T；

V——试样消耗氢氧化钠标准溶液的体积，mL；

c——氢氧化钠标准滴定溶液（0.1 mol/L）的实际浓度，mol/L；

m——试样重量，g；

w——试样中水分的质量分数，g/100 g；

12——12 g 干燥乳粉相当于鲜乳 100 mL；

0.1——酸度理论定义氢氧化钠的摩尔浓度，mol/L。

计算结果保留三位有效数字。

(五)精密度

在重复性条件下获得的两次独立测定结果的绝对差值不得超过算术平均值的10%。

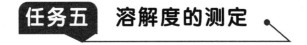

任务五　溶解度的测定

(一)原理

试样溶于水后，称取不溶物重量，再计算溶解度。

(二)仪器

50 mL 离心管；离心机（1000r/min），实验室常规仪器。

(三)操作步骤

称取约 5.00 g 试样于 50 mL 烧杯中，用 25～30℃水 38 mL 分数次将试样溶解于离心管中，加塞，将离心管放于 30℃水浴中保温 5 min 后取出，上下充分振摇 3 min，使试样充分溶解。于离心机中以 1000 r/min 转速离心 10 min 使不溶物沉淀，倾出上清液并用棉栓拭清管壁，再加入 30℃ 的水 38 mL，加塞，上下充分振摇 3 min，使沉淀悬浮，再于离心机中以 1000 r/min 转速离心 10 min，倾出上清液，用棉栓仔细拭清管壁。用少量水将沉淀物洗入已恒重的称量皿中，先在水浴上蒸干，然后于 100℃干燥 1h，置干燥器中冷却 30 min，称量，再于 100℃干燥 30 min 后，取出冷却称量，至前后两次重量相差不超过 1.0 mg。

(四)结果计算

$$X = 100 - \frac{(m_1 - m_2) \times 100}{m_3}$$

式中　X——试样的溶解度，g/100 g；

m_1——称量皿加不溶物重量，g；

m_2——称量皿重量，g；

m_3——试样重量，g。

计算结果保留三位有效数字。

(五)精密度

在重复性条件下获得的两次独立测定结果的绝对差值不得超过算术平均值的5%。

任务六　蔗糖含量的测定

(一)原理

试样经除去蛋白质后，其中蔗糖经盐酸水解转化为还原糖，再按还原糖测定。水解前后还原糖的差值为蔗糖含量。

(二)试剂

① 盐酸（1+1）。量取 50 mL 盐酸，用水稀释至 100 mL。

② 氢氧化钠溶液（200 g/L）。

③ 甲基红指示液。称取甲基红 0.01 g，用少量乙醇溶解后，稀释至 100 mL。

④ 碱性酒石酸铜甲液。称取 15 g 硫酸铜（$CuSO_4 \cdot 5H_2O$）及 0.05 g 亚甲基蓝，溶于水中并稀释至 1000 mL。

⑤ 碱性酒石酸铜乙液。称取 50 g 酒石酸钾钠及 75 g 氢氧化钠，溶于水中，再加 4 g 亚铁氰化钾，完全溶解后，用水稀释至 1000 mL，储存于橡皮塞玻璃瓶中。

⑥ 乙酸锌溶液。称取 21.9 g 乙酸锌，加 3 mL 冰醋酸，加水溶解并稀释至 100 mL。

⑦ 亚铁氰化钾溶液。称取 10.6 g 亚铁氰化钾，加水溶解并稀释至 100 mL。

⑧ 0.1%葡萄糖标准溶液。准确称取 1.0000 g 经过 96℃±2℃ 干燥 2 h 的纯葡萄糖，加水溶解后移入 1000 mL 容量瓶中，加入 5 mL 盐酸（防止微生物生长），用水稀释至 1000 mL。

(三)仪器

酸式滴定管（25 mL），可调电炉（带石棉网），恒温水浴锅，实验室常规仪器。

(四)分析步骤

1. 样品处理

称取 2.50～5.00 g 固体样品（吸取 25.00～50.00 mL 液体样品），置于 250 mL 容量瓶中，加 50 mL 水，摇匀后慢慢加入 5 mL 乙酸锌和 5 mL 亚铁氰化钾溶液，加水至刻度，混匀，沉淀，静置 30 min，用干燥滤纸过滤，弃去初滤液，滤液备用。

吸取两份 50 mL 样品滤液，分别置于 100 mL 容量瓶中。其中一份加 5 mL 盐酸（1+1），在 68～70℃水浴中加热 15 min，冷后加两滴甲基红指示液，用氢氧化钠溶液（200 g/L）中和至中性，加水至刻度，混匀。另一份直接加水稀释至 100 mL，分别测定样品不经过水解处理和水解处理后的还原糖含量。

2. 标定碱性酒石酸铜溶液

准确吸取碱性酒石酸铜甲液和乙液各 5 mL 于锥形瓶中，加水 10 mL 和玻璃珠 2 粒，从滴定管滴加约 9 mL 葡萄糖标准溶液，控制在 2 min 内加热至沸，趁沸以每 2 s 1 滴的速度继续滴加葡萄糖标准溶液，直至溶液蓝色刚好褪去为终点，记录消耗葡萄糖标准溶液的总体积。同时平行操作 3 份，取其平均值，按式（1）计算每 10 mL（甲、乙液各 5 mL）碱性酒石酸铜溶液相当于还原糖（以葡萄糖计）的重量（mg）。

$$F = c \times V \tag{1}$$

式中　F——10 mL 碱性酒石酸铜溶液（甲、乙液各 5 mL）相当于还原糖的重量，mg；

　　　c——葡萄糖标准溶液的浓度，mg/mL；

V——标定时平均消耗还原糖（以葡萄糖计）标准溶液的体积，mL。

3. 样品溶液预测

吸取 5.0 mL 碱性酒石酸铜甲液及 5.0 mL 乙液，置于 150 mL 锥形瓶中，加水 10 mL，加入玻璃珠 2 粒，控制在 2 min 内加热至沸，趁沸以先快后慢的速度从滴定管中滴加试样溶液，并保持溶液沸腾状态，待溶液颜色变浅时，以每 2s 1 滴的速度滴定，直至溶液蓝色刚好褪去为终点，记录样液消耗体积。

当样液中还原糖浓度过高时应适当稀释，再进行正式测定，使每次滴定消耗样液的体积控制在与标定碱性酒石酸铜溶液时所消耗的还原糖标准溶液的体积相近，约 10 mL。当浓度过低时则采取直接加入 10 mL 样品液，免去加水 10 mL，再用还原糖标准溶液滴定至终点，记录样液消耗的体积与标定时消耗的还原糖标准溶液体积之差相当于 10 mL 样液中所含还原糖的量。

4. 样品溶液测定

吸取 5.0 mL 碱性酒石酸铜甲液及 5.0 mL 乙液，置于 150 mL 锥形瓶中，加水 10 mL，加入玻璃珠 2 粒，从滴定管滴加比预测体积少 1 mL 的试样溶液至锥形瓶中，控制其在 2min 内加热至沸，趁沸继续以每 2s 1 滴的速度滴定，直至蓝色刚好褪去为终点，记录样液消耗体积。同法平行操作 3 份，得出平均消耗体积。

（五）结果计算

按式（2）计算试样中还原糖含量：

$$R_1 = \frac{F}{m \times \frac{V_1}{250} \times \frac{50}{100} \times 1000} \times 100\% \tag{2}$$

以葡萄糖为标准标定溶液时，按式（3）计算试样中总糖含量：

$$R_2 = \frac{F}{m \times \frac{V_2}{250} \times \frac{50}{100} \times 1000} \times 100\% \tag{3}$$

以葡萄糖为标准标定溶液时，按式（4）计算试样中蔗糖含量：

$$X = (R_2 - R_1) \times 0.95 \tag{4}$$

式中　X——试样中蔗糖的含量，g/100g 或 g/100 mL；

$\quad R_1$——不经水解处理还原糖含量，g/100g 或 g/100 mL；

$\quad R_2$——水解处理后还原糖含量，g/100g 或 g/100 mL；

$\quad V_1$——不经水解处理样液滴定消耗体积，mL；

$\quad V_2$——经水解处理样液滴定消耗体积，mL；

$\quad m$——称取试样的重量，g。

0.95——还原糖（以葡萄糖计）换算为蔗糖的系数。

计算结果保留三位有效数字。

任务七　杂质度的测定

（一）原理

乳粉因挤乳及生产运输过程中夹杂杂质，用牛粪、园土、木炭混合胶状液作为标准。

（二）试剂

1. 胃酶-盐酸液

称取 5.0 g 胃酶粉，溶于 25 mL 水中，加 15 mL 盐酸，加水稀释至 500 mL。

2. 杂质标准的制备

使牛粪、园土、木炭通过一定筛孔，然后在 100℃烘干，按照下列比例配合混匀。

牛粪：过 40 目，53％。

牛粪：过 20 目不通过 40 目，2％。

园土：过 20 目，27％。

木炭：过 40 目，14％。

木炭：过 20 目不通过 40 目，4％。

将上述各物混匀，称取 2 g，加 4 mL 水，搅匀后加入 46 mL 阿拉伯胶溶液（7.5 g/L），再加入已过滤的清洁的蔗糖溶液（500 g/L）使成 1000 mL。此溶液每毫升相当于 2 mg 杂质，取此溶液 5.0 mL 于 50 mL 容量瓶中，用蔗糖溶液（500 g/L）稀释至刻度。此溶液每毫升相当于 0.2 mg 杂质。

现以 500 mL 牛乳或 62.5 g 全脂牛乳粉配制成 500 mL 乳液，制备各标准过滤板，见表 1。

表 1　各牛乳杂质度标准过滤板的浓度

牛乳数量/mL	加入杂质量	浓度/（mg/L）
500	1.0 mL×2 mg/mL＝2 mg	4
	0.75 mL×2 mg/mL＝1.5 mg	3
	0.50 mL×2 mg/mL＝1 mg	2
	2.50 mL×0.2 mg/mL＝0.5 mg	1
	1.25 mL×0.2 mg/mL＝0.25 mg	0.5
	0.31 mL×0.2 mg/mL＝0.062 mg	0.125

将上述配好的各种不同浓度的溶液于棉质过滤板上过滤，用水冲洗黏附的牛乳，置于干燥箱中干燥即得。

上述杂质度的浓度，系以 500 mL 牛乳计的标准。若以 62.5 g 全脂牛乳粉为计算基础。则杂质度应以表中数字的 8 倍报告，其浓度单位为 mg/kg。

3. 辛醇

（三）分析步骤

称取 62.5 g 试样，用 60～70℃水 500 mL 溶解后，于棉质过滤板上过滤。为使过滤迅速，可用真空泵抽滤。用水冲洗黏附在棉质过滤板上的牛乳。将棉质过滤板置干燥箱中干燥，其上的杂质与标准比较即得。将表中所示杂质浓度乘以 8，即得牛乳的杂质度。

溶解度较差的牛乳粉及滚筒牛乳粉测定如下：称取 62.5 g 试样，加 250 mL 胃酶-盐酸溶液混合，置 45℃水浴中保持 20 min，加入约 0.5 mL 辛醇，加热使在 5～8 min 内沸腾，立即在棉质过滤板上过滤，并用沸水冲洗容器及棉质过滤板。将棉质过滤板干燥后，与标准比较，照上法计算杂质度。

任务八　黄曲霉毒素 M_1 的测定（柱色谱纯化-薄层测定简易法）

(一)原理

试样经用丙酮沉淀蛋白质，加入防乳化的氯化钠溶液后，用三氯甲烷提取黄曲霉毒素 M_1，再通过硅胶、色谱柱吸附；用正己烷和乙醚去除脂肪及杂质，然后用丙酮-氯甲烷混合液洗脱毒素，进行薄层测定，与标准比较定量。

(二)试剂

① 硅胶 H：一般用于柱色谱填充物，80～100 目。用于薄层色谱，200 目以上。

② 甲醇。

③ 丙酮。

④ 三氯甲烷。

⑤ 正己烷。

⑥ 乙醚：不含过氧化物。用碘化钾溶液检查，应不呈现黄色。

⑦ 氯化钠和氯化钠溶液（40 g/L）。

⑧ 黄曲霉毒素 M_1 标准使用液：用三氯甲烷配制，每毫升相当于 0.10 μg 黄曲霉毒素 M_1，置 4℃冰箱避光保存。

⑨ 羧甲基纤维素钠（CMC）溶液（4g/L）：配制时应取经 2000 r/min 离心 10 min 后的上清液。

⑩ 其他

无水硫酸钠、硫酸（1+3）。

(三)仪器

① 365 nm 紫外灯。

② 15 cm×15 cm 玻璃板。

③ 展开槽：内长 25 cm，内宽 65 cm，内高 3.5 cm。

④ 微量注射器：5 μL、50 μL。

⑤ 色谱柱：内径 1.5 cm，柱高 20 cm。具有砂芯及活塞。

⑥ 浓缩装置：带刻度支管浓缩瓶。

⑦ 实验室常规仪器。

(四)分析步骤

1.试样提取

称取 20.00 g 拌匀试样，置于 25 mL 具塞锥形瓶内，加入 20 mL 氯化钠溶液（40 g/L），摇匀使之湿润。加入 70 mL 丙酮，混匀，再加入 30 mL 三氯甲烷，置振荡器内振摇30 min，然后通过盛有约 10 g 无水硫酸钠的快速滤纸过滤，吸取 50 mL 澄清液于 150 mL 锥形瓶内，置于 65～70℃水浴上浓缩，直至三氯甲烷、丙酮全部挥散。

2.试样净化

(1) 色谱柱的制备

①硅胶 H 的处理。称取约 20 g 硅胶 H（可按试样的数量而定），先用甲醇浸没并用玻璃棒搅动、洗涤后抽干，再用三氯甲烷浸没，同样搅动洗涤抽干，待有机溶剂完全挥干后，置

110℃烘箱干燥 1 h，取出，放入瓶中置干燥器内保存备用，时间不超过 1 周。

②装柱。称取 2 g 经处理的硅胶 H，用三氯甲烷悬浮，移入已用研细的无水硫酸钠衬底、0.5～1.0 cm 高度的色谱柱内，待硅胶 H 柱内完全沉积后，上加 2 g 无水硫酸钠覆盖，最后让三氯甲烷流至上层无水硫酸钠处，待用。

（2）柱色谱净化　用 20 mL 三氯甲烷分 3 次将上述试样提取物溶解移入色谱柱内，待样液完全从柱内流出后，先用 30 mL 正己烷分 2 次洗柱，再用 30 mL 乙醚分 2 次洗柱，弃去洗液。用滤纸将柱下管口内外擦净后，用 30 mL 丙酮-三氯甲烷混合液（2∶3）分 3 次淋洗，收集在球形带支管浓缩管中，然后置于 65～70℃ 的水浴上浓缩至近干，再用少量三氯甲烷淋洗瓶壁，继续浓缩至干，冷却后加入 100 μL 三氯甲烷溶解混匀，供薄层色谱测定用。同时进行空白标准回收试验。

3. 薄层测定

（1）硅胶 H 板的制备　称取 1 g 硅胶 H，加 4 mL CMC 溶液（4 g/L），调成均匀糊液，倒于 15 cm×15 cm 的玻璃板上，均匀涂满整块板面。置于水平位置，在无尘条件下使其自然干燥，然后置于 105℃烘箱内干燥 1.5 h，取出，冷却，置于干燥器内保存备用。

（2）点板　在 15 cm×15 cm 薄层板上距下端 2 cm 的基线上滴加 3 个点，即在距离板的左边缘 1 cm 处滴加 3 μL 黄曲霉毒素 M_1 标准使用液（相当于 0.3 ng 黄曲霉毒素 M_1，最低检出量），在距离板的右边缘 2 cm 处滴加 50 μL 样液。在标准点与试样点之间再滴加 6 μL 黄曲霉毒素 M_1 标准使用液（相当于 0.3 ng 黄曲霉毒素 M_1，作定位用），边滴加边吹风，使溶剂加快挥发。

（3）展开　可分为纵展和横展两种方式。

①纵展。在展开槽内加入 10 mL 甲醇-三氯甲烷混合液（6+94），将点有试样及标准一端的薄层板插入槽内，使其倾斜，加盖，展开，待展开剂纵展至板前沿离原点距离 10 cm 处取出，使展开剂自然挥干（5 min）。

②横展。在展开槽内加入 10 mL 乙醚，将纵展挥干后的薄层板点有标准的长边一端横插入槽内，使其倾斜，加盖，展开，待横展至板端后过 5 min 取出，使展开剂自然挥干后观察（如需要时可继续展开一次）。

4. 观察结果

在紫外灯下观察薄层板。如板上试样点与标准点于相同位置上出现相同蓝紫色荧光点，即进一步进行确证试验。如试样点不出现蓝紫色荧光，则试样中黄曲霉毒素 M_1 含量在其所定的最低检出量以下，可作未检出处理。

5. 确证试验

在试样出现蓝紫色荧光的板上均匀喷以硫酸（1+3），使板微潮，室温放置 5 min 后继续在紫外灯下观察，如试样点原蓝紫色荧光与标准点一样，转变为黄色荧光，即为试样检出黄曲霉毒素 M_1。

6. 定量试验

根据试样点的荧光强度适当增减点板的样液量（μL），增减浓缩干物加入的三氯甲烷量，直至使试样点的荧光强度与板的最低检出量的荧光强度一致为止。

(五)结果计算

试样中黄曲霉毒素 M_1 的含量按下式进行计算：

$$X = \frac{0.3 \times V_2}{V_1 m}$$

式中　X——试样中黄曲霉素 M_1 的含量，μg/kg；

0.3——薄层板对黄曲霉毒素 M_1 的最低检出量，ng；

V_1——点板所用的三氯甲烷体积，μL；

V_2——浓缩干物加入的三氯甲烷体积，μL；

m——柱色谱分离时所用的试样提取液相当于试样的重量，g。

计算结果保留两位有效数字。

(六)精密度

在重复性条件下获得的两次独立测定结果的绝对差值不得超过算术平均值的 40%。

任务九　乳糖的测定

参见本项目任务六蔗糖含量的测定。

注：其中标定碱性酒石酸铜溶液，改用 0.1% 乳糖标准溶液。

任务十　水分的测定

(一)原理

食品中的水分含量一般是指在 100℃ 左右直接干燥的情况下所失去物质的总量。直接干燥法适用于在 95～105℃ 下不含或含其他挥发性物质甚微的食品。

(二)试剂

① 6 mol/L 盐酸。量取 100 mL 盐酸，加水稀释至 200 mL。

② 6 mol/L 氢氧化钠溶液。称取 24 g 氢氧化钠，加水溶解并稀释至 100 mL。

③ 海砂。取用水洗去泥土的海砂或河砂，先用 6 mol/L 盐酸煮沸 0.5h，用水洗至中性，再用 6 mol/L 氢氧化钠溶液煮沸 0.5 h，用水洗至中性，经 105℃ 干燥备用。

(三)仪器

扁形铝制或玻璃制称量瓶（内径 60～70 mm，高 35 mm 以下），电热恒温干燥箱，分析天平，实验室常规仪器。

(四)操作步骤

1.固体样品

取洁净铝制或玻璃制的扁形称量瓶，置于 95～105℃ 干燥箱中，瓶盖斜支于瓶边，加热 0.5～1.0 h，盖好取出，置干燥器内冷却 0.5 h，称量，并重复干燥至恒重。称取 2.00～10.0 g 切碎或磨细的样品，放入此称量瓶中，样品厚度约为 5 mm，加盖称量后，置 95～105℃ 干燥箱中，瓶盖斜支于瓶边，干燥 2～4 h 后，盖好取出，放入干燥器内冷却 0.5 h 后称量。然后再放入 95～105℃ 干燥箱中干燥 1 h 左右，盖好取出，放干燥器内冷却 0.5 h 后再称量。至前后两次重量差不超过 2 mg，即为恒重。

2.半固体或液体样品

取洁净的蒸发器，内加 10.0 g 海砂及一根小玻璃棒，置于 95～105℃ 干燥箱中，干燥 0.5～1.0 h 后取出，放入干燥器内冷却 0.5 h 后称量，并重复干燥至恒重。然后精密称取

5～10 g 样品，置于蒸发器中，用小玻璃棒搅匀放在沸水浴上蒸干，并随时搅拌，擦去皿底的水滴，置 95～105℃干燥箱中干燥 4 h 后盖好取出，放入干燥器内冷却 0.5 h 后称量。以下按步骤 1 自"然后再放入 95～105℃干燥箱中干燥 1 h 左右"起依法操作。

（五）结果计算

试样中的水分含量按下式进行计算：

$$X = \frac{m_1 - m_2}{m_1 - m_3} \times 100\%$$

式中　X——样品中水分的含量，%；

m_1——称量瓶（或蒸发皿加海砂、玻棒）和样品的重量，g；

m_2——称量瓶（或蒸发皿加海砂、玻棒）和样品干燥后的重量，g；

m_3——称量瓶（或蒸发皿加海砂、玻棒）的重量，g。

计算结果保留三位有效数字。

（六）精密度

在重复性条件下获得的两次独立测定结果的绝对差值不得超过算术平均值的 5%。

项目十一 酸乳检验

实训目标

① 了解酸乳的相关标准。

② 掌握酸乳常规检验项目。

③ 掌握酸乳的主要检验方法。

检验前准备

以牛乳或复原乳为原料，脱脂、部分脱脂或不脱脂，添加或不添加辅料，经发酵制成的产品，包括纯酸牛乳、调味酸牛乳、果料酸牛乳等产品。一般要在原料中接种发酵剂（如保加利亚乳杆菌和嗜热链球菌），经过乳酸发酵而成凝乳状产品，成品中必须含有大量相应的活菌。

酸乳的相关标准见表1。

表 1 酸乳相关标准

标准号	标准名称
GB 5009.46—2003	《乳与乳制品卫生标准的分析方法》
GB 19302—2010	《食品安全国家标准 发酵乳》
NY 5142—2002	《无公害食品 酸牛奶》2014年1月1日废止
CCGF 114.4—2008	《酸乳》

酸乳的检验项目见表2。

表 2 酸乳检验项目

序号	检验项目	发证	监督	出厂	检验标准	备注
1	感官	√	√	√	GB 19302—2010	
2	净含量	√	√	√	GB 19302—2010	
3	脂肪	√	√	√	GB 5009.6—2016	
4	蛋白质	√	√	√	GB/T 5009.5—2016	
5	非脂乳固体	√	√	√	GB 19302—2010	
6	酸度	√	√	√	GB 5009.239—2016	
7	苯甲酸	√	√	*	GB 5009.28—2016	
8	山梨酸	√	√	*	GB 5009.28—2016	
9	硝酸盐	√	√	*	GB 5009.33—2016	
10	亚硝酸盐	√	√	*	GB 5009.33—2016	
11	铅	√	√	*	GB 5009.12—2017	
12	无机砷	√	√	*	GB 5009.11—2014	

序号	检验项目	发证	监督	出厂	检验标准	备注
13	汞	√	√	*	GB 5009.17—2014	
14	黄曲霉毒素 M_1	√	√	*	GB 5009.24—2016	
15	大肠菌群	√	√	√	GB/T 4789.3—2016	
16	致病菌	√	√	*	GB/T 4789.4—2016 GB/T 4789.5—2012 GB/T 4789.10—2016	
17	乳酸菌数	√	√	*	GB/T 4789.35—2016	
18	标签	√	√		GB 7718—2011	

注：1. 企业出厂检验项目中有√标记的，为常规检验项目。

2. 企业出厂检验项目中有 * 标记的，企业应当每年检验两次。

任务一　感官检验

1. 色泽和组织状态

取适量试样置于 50 mL 烧杯中，在自然光下观察色泽和组织状态。

2. 滋味和气味

取适量试样置于 50 mL 烧杯中，先闻气味，然后用温开水漱口，再品尝样品的滋味。

任务二　脂肪含量的测定（盖勃法）

（一）原理

在牛乳中加入硫酸破坏牛乳胶质性和覆盖在脂肪球上的蛋白质外膜，离心分离脂肪后测量其体积。

（二）试剂

硫酸（相对密度 1.820～1.825），异戊醇。

（三）仪器

乳脂离心机；盖勃乳脂计（最小刻度值为 0.1%）；实验室常规仪器。

（四）分析步骤

① 将乳脂计置于乳脂计架上，取 10 mL 硫酸注入乳脂计中。

② 沿管壁小心加入 5.0 mL 已混匀的试样。

③ 吸 6 mL 水，仔细洗涤吸试样的吸管，洗液注入乳脂计中，再加入 1 mL 异戊醇。

④ 塞上橡皮塞，使瓶口向下，同时用布裹以防冲出，用拇指压住胶塞，塞端向下，使细部硫酸液流到乳脂计膨大部，用力振摇使呈均匀棕色液体，静置数分钟（瓶口向下）。

⑤ 置 65～70℃水浴中 5 min，取出后放乳脂离心机中以 1000 r/min 的转速离心 5 min，再置 65～70℃水浴中，注意水浴水面应高于乳脂计脂肪层，5 min 后取出，立即读数，即为

脂肪的含量。

⑥ 最后按照百分数乘以 2.2%，即为试样的脂肪含量。

(五)说明及注意事项

① 硫酸的浓度必须是在 15℃时相对密度为 1.820～1.825。浓度过高，反应后呈黑色，不易观察读数；浓度过稀，反应不完全，结果不准确。

一般市售硫酸相对密度多为 1.84，需进行调整。

② 离心时乳脂计应对称地放在离心机内，转速由慢而快。当达到规定速度时，应保持速度均匀，计时 5 min，后停止离心。

任务三　酸度的测定

(一)原理

新鲜正常的乳酸度为 16～18°T。乳的酸度由于微生物的作用而增高。酸度（°T）是指以酚酞作指示剂，中和 100 mL 乳所需氢氧化钠标准滴定溶液（0.1000 mol/L）的体积（mL）。

(二)试剂

① 酚酞指示液。称取 1.0 g 酚酞，用 95%乙醇溶解并定容至 100 mL。

② 氢氧化钠标准滴定溶液 c（NaOH）＝0.1 mol/L。

(三)操作步骤

称取 5.00 g 已搅拌均匀的试样，置于 150 mL 锥形瓶中，加 40 mL 新煮沸放冷至 40℃的水，混匀，然后加入 5 滴酚酞指示液，用氢氧化钠标准滴定溶液滴定至微红色在 0.5 min 内不消失为终点。消耗的氢氧化钠标准滴定溶液体积（mL）乘以 20，即为酸度（°T）。

(四)精密度

在重复性条件下获得的两次独立测定结果的绝对差值不得超过算术平均值的 10%。

任务四　黄曲霉毒素 M_1 的测定（柱色谱纯化-薄层测定简易法）

(一)原理

试样经用丙酮沉淀蛋白质，加入防乳化的氯化钠溶液后，用三氯甲烷提取黄曲霉毒素 M_1；再通过硅胶、色谱柱吸附；用正己烷和乙醚去除脂肪及杂质，然后用丙酮-氯甲烷混合液洗脱毒素，进行薄层测定，与标准比较定量。

(二)试剂

① 硅胶 H：一般用于柱色谱填充物，80～100 目。用于薄层色谱，200 目以上。

② 甲醇。

③ 丙酮。

④ 三氯甲烷。

⑤ 正己烷。

⑥ 乙醚：不含过氧化物。用碘化钾溶液检查，应不呈现黄色。

⑦ 氯化钠和氯化钠溶液（40 g/L）。

⑧ 黄曲霉毒素 M_1 标准使用液：用三氯甲烷配制，每毫升相当于 0.10 μg 黄曲霉毒素 M_1，置 4℃冰箱避光保存。

⑨ 羧甲基纤维素钠（CMC）溶液（4g/L）：配制时应取经 2000 r/min 离心 10 min 后的上清液。

⑩ 其他：无水硫酸钠、硫酸（1＋3）。

(三)仪器

① 365 nm 紫外灯。

② 15 cm×15 cm 玻璃板。

③ 展开槽：内长 25 cm，内宽 65 cm，内高 3.5 cm。

④ 微量注射器：5 μL、50 μL。

⑤ 色谱柱：内径 1.5 cm，柱高 20 cm。具有砂芯及活塞。

⑥ 浓缩装置：带刻度支管浓缩瓶。

(四)分析步骤

1.试样提取

称取 30.00 g 均匀试样，置于 250 mL 具塞锥形瓶内，加入 50 mL 丙酮置振荡器内振摇 30 min 后，用滤纸滤入 250 mL 分液漏斗中。滤渣用约 5 mL 丙酮淋洗，洗液并入分液漏斗内，然后加入 30 mL 三氯甲烷及 20 mL 氯化钠溶液（4 g/L），振摇 2min，静置使分层。下层液通过盛有约 10 g 无水硫酸钠的快速滤纸滤入 150 mL 锥形瓶内，再用少量三氯甲烷淋洗无水硫酸钠，洗液并入锥形瓶内，置 65～75℃水浴上浓缩，直至三氯甲烷、丙酮全部挥散。

2.试样净化

（1）色谱柱的制备

①硅胶 H 的处理。称取约 20 g 硅胶 H（可按试样的数量而定），先用甲醇浸没并用玻璃棒搅动、洗涤后抽干，再用三氯甲烷浸没，同样搅动洗涤抽干，待有机溶剂完全挥干后，置 110℃烘箱干燥 1 h，取出，放入瓶中置干燥器内保存备用，时间不超过 1 周。

②装柱。称取 2 g 经处理的硅胶 H，用三氯甲烷悬浮，移入已用研细的无水硫酸钠衬底、0.5～1.0 cm 高度的色谱柱内，待硅胶 H 柱内完全沉积后，上加 2 g 无水硫酸钠覆盖，最后让三氯甲烷流至上层无水硫酸钠处，待用。

（2）柱色谱净化　用 20 mL 三氯甲烷分 3 次将上述试样提取物溶解移入色谱柱内，待样液完全从柱内流出后，先用 30 mL 正己烷分 2 次洗柱，再用 30 m 乙醚分 2 次洗柱，弃去洗液。用滤纸将柱下管口内外擦净后，用 30 mL 丙酮-三氯甲烷混合液（2＋3）分 3 次淋洗，收集在球形带支管浓缩管中，然后置于 65～70℃的水浴上浓缩至近干，再用少量三氯甲烷淋洗瓶壁，继续浓缩至干，冷却后加入 100 μL 三氯甲烷溶解混匀，供薄层色谱测定用。同时进行空白标准回收试验。

3.薄层测定

（1）硅胶 H 板的制备　称取 1 g 硅胶 H，加 4 mL CMC 溶液（4 g/L），调成均匀糊液，倒于 15 cm×15 cm 的玻璃板上，均匀涂满整块板面。置于水平位置，在无尘条件下使其自然干燥，然后置于 105℃烘箱内干燥 1.5 h，取出，冷却，置于干燥器内保存备用。

（2）点板　在 15 cm×15 cm 薄层板上距下端 2 cm 的基线上滴加 3 个点，即在距离板的左边缘 1 cm 处滴加 3 μL 黄曲霉毒素 M₁ 标准使用液（相当于 0.3 ng 黄曲霉毒素 M₁，最低检出量），在距离板的右边缘 2 cm 处滴加 50 μL 样液。在标准点与试样点之间再滴加 6 μL 黄曲霉毒素 M₁ 标准使用液（相当于 0.3 ng 黄曲霉毒素 M₁，作定位用），边滴加边吹风，使溶剂加快挥发。

（3）展开　可分为纵展和横展两种方式。

①纵展。在展开槽内加入 10 mL 甲醇-三氯甲烷混合液（6+94），将点有试样及标准一端的薄层板插入槽内，使其倾斜，加盖，展开，待展开剂纵展至板前沿离原点距离 10 cm 处取出，使展开剂自然挥干（5 min）。

②横展。在展开槽内加入 10 mL 乙醚，将纵展挥干后的薄层板点有标准的长边一端横插入槽内，使其倾斜，加盖，展开，待横展至板端后过 5 min 取出，使展开剂自然挥干后观察（如需要时可继续展开一次）。

4. 观察结果

在紫外灯下观察薄层板。如板上试样点与标准点于相同位置上出现相同蓝紫色荧光点，即进一步进行确证试验。如试样点不出现蓝紫色荧光，则试样中黄曲霉毒素 M₁ 含量在其所定的最低检出量以下，可作未检出处理。

5. 确证试验

在试样出现蓝紫色荧光的板上均匀喷以硫酸（1+3），使板微潮，室温放置 5 min 后继续在紫外灯下观察，如试样点原蓝紫色荧光与标准点一样，转变为黄色荧光，即为试样检出黄曲霉毒素 M₁。

6. 定量试验

根据试样点的荧光强度适当增减点板的样液量（μL），增减浓缩干物加入的三氯甲烷量，直至使试样点的荧光强度与板的最低检出量的荧光强度一致为止。

（五）结果计算

试样中黄曲霉毒素 M₁ 的含量按下式进行计算：

$$X = \frac{0.3 \times V_2}{V_1 m}$$

式中　X——试样中黄曲霉素 M₁ 的含量，μg/kg；

　　0.3——薄层板对黄曲霉毒素 M₁ 的最低检出量，ng；

　　V_1——点板所用的三氯甲烷体积，μL；

　　V_2——浓缩干物加入的三氯甲烷体积，μL；

　　m——柱色谱分离时所用的试样提取液相当于试样的重量，g。

计算结果保留两位有效数字。

（六）精密度

在重复性条件下获得的两次独立测定结果的绝对差值不得超过算术平均值的 40%。

任务五　铅含量的测定

（一）原理

试样经灰化或酸消解后，注入原子吸收分光光度计石墨炉中，电热原子化后吸收 283.3 nm 共振线，在一定浓度范围，其吸收值与铅含量成正比，与标准系列比较定量。

(二)试剂

① 硝酸、硝酸（1+1）、硝酸（0.5 mol/L）、硝酸（1 mol/L）。

② 过硫酸铵。

③ 过氧化氢（30%）。

④ 高氯酸。

⑤ 磷酸铵溶液（20 g/L）。

⑥ 混合酸。硝酸+高氯酸（4+1）。取 4 份硝酸与 1 份高氯酸混合。

⑦ 铅标准储备液。每毫升含 1.0 mg 铅。

⑧ 铅标准使用液。每次吸取铅标准储备液 1 mL 于 100 mL 容量瓶中，加 0.5 mol/L 硝酸或 1 mol/L 硝酸至刻度。如此经多次稀释成每毫升含 10.0 ng、20.0 ng、40.0 ng、60.0 ng、80.0 ng 铅的标准使用液。

(三)仪器

所用玻璃仪器均需以硝酸（1+5）浸泡过夜，用水反复冲洗，最后用去离子水冲洗干净。包括：原子吸收分光光度计（附石墨炉及铅空心阴极灯）；马弗炉；干燥恒温箱；瓷坩埚；压力消解器、压力消解罐或压力溶弹；可调式电热板、可调式电炉；实验室常规仪器。

(四)分析步骤

1.试样预处理

① 在采样和制备过程中，应注意不使试样污染。

② 蔬菜、水果、鱼类、肉类及蛋类等水分含量高的鲜样，用食品加工机或匀浆机打成匀浆，储于塑料瓶中，保存备用。

2.试样消解（可根据实验条件选用以下任何一种方法消解）

（1）压力消解罐消解法　称取 1.00～2.00 g 酸乳样品于聚四氟乙烯内罐，加硝酸 2～4 mL 浸泡过夜。再加过氧化氢（30%）2～3 mL（总量不得超过罐容积的 1/3）。盖好内盖，旋紧不锈钢外套，放入恒温干燥箱，使其 120～140℃下保持 3～4 h，在箱内自然冷却至室温，用滴管将消化液洗入或过滤入（视消化后试样的盐分而定）10～25 mL 容量瓶中，用水少量多次洗涤罐，洗液合并于容量瓶中并定容至刻度，混匀备用。同时做试剂空白。

（2）干法灰化　称取 1.00～5.00 g 样品（根据铅含量而定）于瓷坩埚中，先小火炭化至无烟，再移入马弗炉 500℃灰化 6～8h 后，冷却。若试样灰化不彻底，则加适量混合酸溶解残留物，加热炭化后再进行灰化，反复多次直到消化完全，放冷，用硝酸（0.5 mol/L）将灰分溶解，用滴管将试样消化液洗入或过滤入（视消化后试样的盐分而定）10～25 mL 容量瓶中，用水少量多次洗涤瓷坩埚，洗液合并于容量瓶中并定容至刻度，混匀备用。同时做试剂空白。

（3）温式消解法　称取试样 1.00～5.00 g 于锥形瓶中，放数粒玻璃珠，加 2～4 mL 混合酸，加盖浸泡过夜，在漏斗电炉上消解，若变棕黑色，再加混合酸，直至冒白烟。消化液呈无色透明或略带黄色，放冷用滴管将试样消化液洗入或过滤入（视消化后试样的盐分而定）10～25 mL 容量瓶中，用水少量多次洗涤锥形瓶，洗液合并于容量瓶中并定容至刻度，混匀备用。同时做试剂空白。

3.测定

（1）仪器条件　根据各自仪器性能调至最佳状态。参考条件为：波长 283.3 nm，狭缝 0.2～1.0 nm，灯电流 5～7 mA。干燥温度 120℃，20 s；灰化温度 450℃，15～30 s；原子化温度 1700～2300℃，4～5 s。背景校正为氘灯或塞曼效应。

（2）标准曲线绘制　吸取上面配制的铅标准使用液 10.0 ng/mL、20.0 ng/mL、

40.0 ng/mL、60.0 ng/mL、80.0 ng/mL 各 10 mL，注入石墨炉，测得其吸光度，并求得吸光度与浓度关系的一元线性回归方程。

（3）试样测定　分别吸取样液和试剂空白液各 10 μL，注入石墨炉，测得其吸光度，代入标准系列的一元线性回归方程中，求得样液中铅含量。

（4）基体改进剂的使用　对有干扰试样，则注入适量的基体改进剂磷酸二氢铵溶液（20 g/L），一般为 5 μL 或与试样同量，消除干扰。绘制铅标准曲线时也要加入与试样测定时等量的基体改进剂磷酸二氢铵溶液。

（五）结果计算

试样中铅含量按下式进行计算：

$$X = \frac{(c_1 - c_0) \times V}{m}$$

式中　X——试样中铅含量，μg/kg 或 μg/L；

　　　c_1——测定样液中铅含量，ng/mL；

　　　c_0——空白液中铅含量，ng/mL；

　　　V——试样消化液定量总体积，mL；

　　　m——试样质量或体积，g 或 mL。

计算结果保留两位有效数字。

（六）精密度

在重复性条件下获得的两次独立测定结果的绝对差值不得超过算术平均值的 20%。

项目十二　糕点检验

检验前准备

　　糕点制品包括以粮、油、糖、蛋等为主要原料，添加适量辅料，并经调制、成型、熟制、包装等工序制成的食品，如月饼、面包、蛋糕等。包括烘烤类糕点（酥类、松酥类、松脆类、酥层类、酥皮类、松酥皮类、糖浆皮类、硬酥类、水油皮类、发酵类、烤蛋糕类、烘糕类等）；油炸类糕点（酥皮类、水油皮类、松酥类、酥层类、水调类、发酵类、上糖浆类等）；蒸煮类糕点（蒸蛋糕类、印模糕类、韧糕类、发糕类、松糕类、粽子类、糕团类、水油皮类等）；熟粉类糕点（冷调韧糕类、热调韧糕类、印模糕类、片糕类等）等。

　　糕点的相关标准见表1。

表1　糕点相关标准

标准号	标准名称
GB 7099—2015	《糕点、面包卫生标准》
GB 2762—2017	《食品安全国家标准 食品中污染物限量》
GB 2762—2005	《食品中污染物限量》（稀土指标部分有效）
GB 19855—2015	《月饼》
GB/T 20977—2007	《糕点通则》
SB/T 10377—2004	《粽子》
SB/T 10329—2010	《裱花蛋糕》
GB/T 20981—2007	《面包》
GB/T 21270—2007	《食品馅料》

　　糕点的检验项目见表2。

表2　糕点检验项目

序号	检验项目	发证	监督	出厂	检验标准	备注
1	外观和感官	√	√	√	GB 7099—2003	
2	净含量	√	√	√	JJF 1070—2005	
3	水分或干燥失重	√	√	√	GB/T 5009.3—2010	
4	总糖	√	√	*	GB/T 5009.8—2008	
5	脂肪	√	√	*	GB/T 5009.6—2016	

续表

序号	检验项目	发证	监督	出厂	检验标准	备注
6	碱度	√	√	*		
7	蛋白质	√	√	*	GB/T 5009.5—2016	
8	馅料含量	√	√	√	GB/T19855—2005	
9	装饰料占蛋糕总质量的比率	√	√	*	SB/T 10329—2010	
10	比容	√	√	*	GB/T 20981—2007	
11	酸度	√	√	*	GB/T 20981—2007	
12	酸价	√	√	*	GB/T 5009.229—2016	
13	过氧化值	√	√	*	GB/T 5009.227—2016	
14	总砷	√	√	*	GB 5009.11—2014	
15	铅	√	√	*	GB 5009.12—2017	
16	黄曲霉毒素 B_1	√	√	*	GB 5009.22—2016	
17	防腐剂：山梨酸、苯甲酸、丙酸钙（钠）	√	√	*	GB 5009.28—2016	
18	甜味剂：糖精钠、甜蜜素	√	√	*	GB 5009.28—2016 GB 5009.97—2016	
19	色素：胭脂红、苋菜红、柠檬黄、日落黄、亮蓝	√	√	*	GB 5009.35—2016	
20	铝	√	√	*	GB 5009.182—2017	
21	细菌总数	√	√	√	GB/T 4789.24—2003	
22	大肠菌群	√	√	√	GB/T 4789.24—2003	
23	致病菌	√	√	*	GB/T 4789.24—2003	
24	霉菌计数	√	√	*	GB/T 4789.24—2003	
25	商业无菌	√	√	*	GB/T 4789.24—2003	
26	标签	√	√		GB 7718—2011	

注：1. 企业出厂检验项目中有√标记的，为常规检验项目。

2. 企业出厂检验项目中有＊标记的，企业应当每年检验两次。

任务一　外观和感官、净含量检验

1. 外观、感官检验方法

取两块以上试样切开后观察其色泽、气味、滋味及组织状态是否正常，应具有糕点、面包各自的正常色泽、气味、滋味及组织状态，不得有酸败、发霉等异味，食品内外不得有霉变、生虫及其他外来异物。

2. 净含量检验方法

去除外包装，用感量为 0.1 g 的天平称量后，与标准规定对照。

任务二　水分的测定

(一)原理

食品中的水分含量一般是指在100℃左右直接干燥的情况下所失去物质的总量。直接干燥法适用于在95～105℃下不含或含其他挥发性物质甚微的食品。

(二)试剂

① 6 mol/L 盐酸：量取 100 mL 盐酸，加水稀释至 200 mL。

② 6 mol/L 氢氧化钠溶液：称取 24 g 氢氧化钠，加水溶解并稀释至 100 mL。

③ 海砂：取用水洗去泥土的海砂或河砂，先用 6 mol/L 盐酸煮沸 0.5 h，用水洗至中性，再用 6 mol/L 氢氧化钠溶液煮沸 0.5 h，用水洗至中性，经 105℃ 干燥备用。

(三)仪器

扁形铝制或玻璃制称量瓶（内径 60～70 mm，高 35 mm 以下），电热恒温干燥箱，分析天平，实验室常规仪器。

(四)操作步骤

1.固体样品

取洁净铝制或玻璃制的扁形称量瓶，置于 95～105℃ 干燥箱中，瓶盖斜支于瓶边，加热 0.5～1.0 h，盖好取出，置干燥器内冷却 0.5 h，称量，并重复干燥至恒重。称取 2.00～10.0 g 切碎或磨细的样品，放入此称量瓶中，样品厚度约为 5 mm，加盖称量后，置 95～105℃ 干燥箱中，瓶盖斜支于瓶边，干燥 2～4 h 后，盖好取出，放入干燥器内冷却 0.5 h 后称量。然后再放入 95～105℃ 干燥箱中干燥 1 h 左右，盖好取出，放干燥器内冷却 0.5 h 后再称量。至前后两次重量差不超过 2 mg，即为恒重。

2.半固体或液体样品

取洁净的蒸发器，内加 10.0 g 海砂及一根小玻璃棒，置于 95～105℃ 干燥箱中，干燥 0.5～1.0 h 后取出，放入干燥器内冷却 0.5 h 后称量，并重复干燥至恒重。然后精密称取 5～10 g 样品，置于蒸发器中，用小玻璃棒搅匀放在沸水浴上蒸干，并随时搅拌，擦去皿底的水滴，置 95～105℃ 干燥箱中干燥 4 h 后盖好取出，放入干燥器内冷却 0.5 h 后称量。以下按步骤 1 自"然后再放入 95～105℃ 干燥箱中干燥 1 h 左右"起依法操作。

(五)结果计算

试样中的水分含量按下式进行计算：

$$X = \frac{m_1 - m_2}{m_1 - m_3} \times 100\%$$

式中　X——样品中水分的含量，%；

　　　m_1——称量瓶（或蒸发皿加海砂、玻棒）和样品的重量，g；

　　　m_2——称量瓶（或蒸发皿加海砂、玻棒）和样品干燥后的重量，g；

　　　m_3——称量瓶（或蒸发皿加海砂、玻棒）的重量，g；

计算结果保留三位有效数字。

(六)精密度

在重复性条件下获得的两次独立测定结果的绝对差值不得超过算术平均值的 5%。

任务三 脂肪含量的测定（索式提取法）

(一)原理

将样品制备成分散状并除去水分，用无水乙醚或石油醚等溶剂回流抽提后，样品中的脂肪进入溶剂中，回收溶剂后所得到的残留物，即为脂肪（或粗脂肪）。

一般食品用有机溶剂抽提，蒸去有机溶剂后获得的物质主要是游离脂肪，此外还含有部分磷脂、色素、树脂、蜡状物、挥发油、糖脂等物质。因此，用索氏抽提法获得的脂肪也称为粗脂肪。

此法适用于脂类含量较高、结合态的脂类含量较少、能烘干磨细、不易吸湿结块的食品样品，如肉制品、豆制品、坚果制品、谷物油炸制品、中西式糕点等脂肪含量的分析检测。食品中的游离脂肪一般能直接被乙醚、石油醚等有机溶剂抽提，而结合态脂肪不能直接被乙醚、石油醚提取，需在一定条件下进行水解等处理，使之转变为游离脂肪后方能提取，故索氏提取法测得的只是游离态脂肪，而结合态脂肪测不出来。

(二)试剂

无水乙醚（分析纯，不含过氧化物），石油醚（沸程 30～60℃），海砂。

(三)仪器

索氏抽提器，电热鼓风干燥箱（温控 103℃±2℃），分析天平（感量 0.1 mg），实验室常规仪器。

(四)操作步骤

1. 样品的制备

（1）固体样品 精密称取干燥并研细的样品 2～5 g，必要时拌以海砂，无损地移入滤纸筒内。

（2）半固体或液体样品 称取 5.0～10.0 g 于蒸发皿中，加入海砂约 20 g，于沸水浴蒸干后，再于 96～10℃烘干、研细，全部移入滤纸筒内。蒸发皿及黏附有样品的玻璃棒都用沾有乙醚的脱脂棉擦净，将棉花一同放进滤纸筒内。滤纸筒上方用少量脱脂棉塞住。

2. 索氏抽提器的清洗

将索氏抽提器各部位充分洗涤并用蒸馏水清洗后烘干。接收瓶在 103℃±2℃的电热鼓风干燥箱内干燥至恒重（前后两次称量差不超过 0.002 g）。

3. 抽提

将滤纸筒放入脂肪抽提器的抽提筒内，连接已干燥至恒重的接收瓶，由抽提器冷凝管上端加入无水乙醚或石油醚至瓶内容积的 2/3 处，于水浴上（夏天约 65℃，冬天约 80℃）加热，使乙醚或石油醚不断回流提取（6～8 次/h），用一小块脱脂棉轻轻塞入冷凝管上口。

一般样品提取约 6～12 h。提取结束时，用毛玻璃板接取一滴提取液，如无油斑则表明提取完毕。

4. 称量

取下接收瓶，回收乙醚或石油醚，待接收瓶内乙醚剩 1～2 mL 时在水浴上蒸干，再于 100℃±5℃干燥 2 h，放干燥器冷却 0.5 h 后称量。重复以上操作直至前后两次称量差不超过 0.002 g 即为恒重，以最小称量为准。

（五）结果计算

$$X = \frac{m_1 - m_0}{m_2} \times 100\%$$

式中　X——样品中粗脂肪的含量，%；

m_1——接收瓶和粗脂肪的重量，g；

m_0——接收瓶的重量，g；

m_2——试样的重量（如是测定水分后的试样，则按测定水分前的重量计），g。

计算结果精确至小数点后第一位。

（六）精密度

在重复性条件下获得的两次独立测定结果的绝对差值不得超过算术平均值的 10%。

任务四　糕点中总糖的测定

（一）原理

试样经除去蛋白质后，其中蔗糖经盐酸水解转化为还原糖，再按还原糖测定。

（二）试剂

① 盐酸（1+1）：量取 50 mL 盐酸用水稀释至 100 mL。

② 氢氧化钠溶液（200 g/L）。

③ 甲基红指示液：称取甲基红 0.01 g，用少量乙醇溶解后，稀释至 100 mL。

④ 碱性酒石酸铜甲液：称取 15 g 硫酸铜（$CuSO_4 \cdot 5H_2O$）及 0.05 g 亚甲基蓝，溶于水中并稀释至 1000 mL。

⑤ 碱性酒石酸铜乙液：称取 50 g 酒石酸钾钠及 75 g 氢氧化钠，溶于水中，再加 4 g 亚铁氰化钾，完全溶解后，用水稀释至 1000 mL，储存于橡皮塞玻璃瓶中。

⑥ 乙酸锌溶液：称取 21.9 g 乙酸锌，加 3 mL 冰醋酸，加水溶解并稀释至 100 mL。

⑦ 亚铁氰化钾溶液：称取 10.6 g 亚铁氰化钾，加水溶解并稀释至 100 mL。

⑧ 0.1% 葡萄糖标准溶液：准确称取 1.0000 g 经过 96℃±2℃ 干燥 2 h 的纯葡萄糖，加水溶解后移入 1000 mL 容量瓶中，加入 5 mL 盐酸（防止微生物生长），用水稀释至 1000 mL。

（三）仪器

酸式滴定管（25 mL），可调电炉（带石棉网），恒温水浴锅，离心机，实验室常规仪器。

（四）分析步骤

1. 样品处理

在天平上准确称取样品 1.5～2.5 g，放入 100 mL 烧杯中，用 50 mL 蒸馏水浸泡 30 min（浸泡时多次搅拌）。转入离心试管，用 20 mL 蒸馏水冲洗烧杯，洗液一并转入离心试管中。置离心机上以 3000 r/min 离心 10 min，上层清液经快速滤纸滤入 250 mL 锥形瓶，用 30 mL 蒸馏水分 2～3 次冲洗原烧杯，然后转入离心试管搅洗样渣，再以 3000 r/min 离心 10 min，上清液经滤纸滤入 250 mL 锥形瓶。浸泡后的试样溶液也可直接用快速滤纸过滤（必要时加沉淀剂）。在滤液中加 6 mol/L 盐酸 10 mL，置 70℃ 水浴中水解 10 min。取出迅速冷却后加酚酞指示剂 1 滴，用 20% 氢氧化钠溶液中和至溶液呈微红色，转入 250 mL 容量瓶，加水至刻度，摇匀备用。

2. 标定碱性酒石酸铜溶液

准确吸取碱性酒石酸铜甲液和乙液各 5 mL 于锥形瓶中，加水 10 mL 和玻璃珠 2 粒，从滴定管滴加约 9 mL 葡萄糖标准溶液，控制在 2 min 内加热至沸，趁沸以每 2s 1 滴的速度继续滴加葡萄糖标准溶液，直至溶液蓝色刚好褪去为终点，记录消耗葡萄糖标准溶液的总体积。同时平行操作 3 份，取其平均值，按式（1）计算每 10 mL（甲、乙液各 5 mL）碱性酒石酸铜溶液相当于还原糖（以葡萄糖计）的重量（mg）。

$$F = c \times V \tag{1}$$

式中　F——10 mL 碱性酒石酸铜溶液（甲、乙液各 5 mL）相当于还原糖的含量，mg；

　　　c——葡萄糖标准溶液的浓度，mg/mL；

　　　V——标定时平均消耗还原糖（以葡萄糖计）标准溶液的体积，mL。

3. 样品溶液预测

吸取 5.0 mL 碱性酒石酸铜甲液及 5.0 mL 乙液，置于 150 mL 锥形瓶中，加水 10 mL，加入玻璃珠 2 粒，控制在 2 min 内加热至沸，趁沸以先快后慢的速度从滴定管中滴加试样溶液，并保持溶液沸腾状态，待溶液颜色变浅时，以每 2s 1 滴的速度滴定，直至溶液蓝色刚好褪去为终点，记录样液消耗体积。

当样液中还原糖浓度过高时应适当稀释，再进行正式测定，使每次滴定消耗样液的体积控制在与标定碱性酒石酸铜溶液时所消耗的还原糖标准溶液的体积相近，约 10 mL。当浓度过低时则采取直接加入 10 mL 样品液，免去加水 10 mL，再用还原糖标准溶液滴定至终点，记录样液消耗的体积与标定时消耗的还原糖标准溶液体积之差相当于 10 mL 样液中所含还原糖的量。

4. 样品溶液测定

吸取 5.0 mL 碱性酒石酸铜甲液及 5.0 mL 乙液，置于 150 mL 锥形瓶中，加水 10 mL，加入玻璃珠 2 粒，从滴定管滴加比预测体积少 1 mL 的试样溶液至锥形瓶中，控制其在 2 min 内加热至沸，趁沸继续以每 2s 1 滴的速度滴定，直至蓝色刚好褪去为终点，记录样液消耗体积。同法平行操作 3 份，得出平均消耗体积。

(五)结果计算

以葡萄糖为标准标定溶液时，按式（2）计算试样中总糖含量：

$$X = \frac{F}{m \times \dfrac{V_1}{250} \times 1000} \times 100\% \tag{2}$$

式中　X——试样中总的含量，g/100g 或 g/100 mL；

　　　V_1——处理后的样液滴定消耗体积，mL；

　　　m——称取试样的重量。

计算结果保留三位有效数字。

任务五　蛋白质的测定（凯式定氮法）

(一)原理

蛋白质是含氮的有机化合物。食品与硫酸和硫酸铜、硫酸钾一同加热消化，使蛋白质分解，分解的氨与硫酸结合生成硫酸铵。然后碱化蒸馏使氨游离，用硼酸吸收后以硫酸或盐酸标准滴定溶液滴定，根据酸的消耗量乘以换算系数，即为蛋白质的含量。

(二)试剂

所有试剂均用不含氨的蒸馏水配制。

① 硫酸铜（$CuSO_4 \cdot 5H_2O$）。

② 硫酸钾。

③ 硫酸。

④ 硼酸溶液（20 g/L）。

⑤ 混合指示液

1 份（1 g/L）甲基红乙醇溶液与 5 份 1 g/L 溴甲酚绿乙醇溶液临用时混合。也可用 2 份（1 g/L）甲基红乙醇溶液与 1 份 1 g/L 亚甲基蓝乙醇溶液，临用时混合。

⑥ 氢氧化钠溶液（400 g/L）。

⑦ 盐酸标准溶液：$c(HCl) = 0.0500$ mol/L。

(三)仪器

定氮蒸馏装置，凯式烧瓶，分析天平，酸式滴定管，实验室常规仪器。

(四)操作步骤

1. 样品处理

精密称取 0.2～2.00 g 固体样品或 2.00～5.00 g 半固体样品（约相当于氮 30～40 mg），移入干燥的 100 mL 或 500 mL 定氮瓶（凯式烧瓶）中，加入 0.2 g 硫酸铜、6 g 硫酸钾及 20 mL 硫酸，稍摇匀后于瓶口放一小漏斗，将瓶以 45° 斜于小孔的石棉网上，小心加热，待内容物全部炭化，泡沫完全停止后，加强火力，并保持瓶内液体微沸，至液体呈蓝绿色澄清透明后，再继续加热 0.5 h。取下放冷，小心加 20 mL 水，放冷后，移入 100 mL 容量瓶中，并用少量水洗定氮瓶，洗液并入容量瓶中，再加水至刻度，混匀备用。同时做试剂空白试验。

2. 测定

装好定氮装置，于水蒸气发生瓶内装水至约 2/3 处，加甲基红指示剂数滴及数毫升硫酸，以保持水呈酸性，加入数粒玻璃珠以防爆沸，用调压器控制，加热煮沸水蒸气发生瓶内的水。

向接收瓶内加入 10 mL 20 g/L 硼酸溶液及混合指示剂 1～2 滴，并使冷凝管下端插入液面下，吸取 10.0 mL 样品消化稀释液，由小漏斗流入反应室，并以 10 mL 水洗涤小烧杯使流入反应室内，塞紧小玻杯的棒状玻塞，将 10 mL 400 g/L 氢氧化钠溶液倒入小玻杯，提起玻塞，使其缓慢流入反应室，立即将玻塞盖紧，并加水于小烧杯中，以防漏气，夹紧螺旋夹，开始蒸馏，蒸气通入反应室，使氨通过冷凝管而入接收瓶内，蒸馏 5 min，移动接收瓶，使冷凝管下端离开液面，再蒸馏 1 min，然后用少量水冲洗冷凝管下端外部。取下接收瓶，以硫酸或盐酸标准溶液（0.05 mol/L）滴定至灰色或蓝紫色为终点。

同时准确吸取 10 mL 试剂空白消化液按步骤 3 操作。

(五)结果计算

$$X = \frac{(V_1 - V_2) \times c \times 0.014}{m \times \dfrac{10}{100}} \times F \times 100$$

式中　X——样品中蛋白质的含量，g/100 g 或 g/100 mL；

　　　V_1——样品消耗硫酸或盐酸标准溶液的体积，mL；

V_2——试剂空白消耗硫酸或盐酸标准溶液的体积，mL；

c——硫酸或盐酸标准溶液的浓度，mol/L；

0.014——1.00 mL 盐酸$[c(HCl)=1.000 \text{ mol/L}]$标准溶液中相当的氮的重量，g/mmol；

m——样品的重量（或体积），g 或 mL；

F——氮换算为蛋白质的系数，一般食物为 6.25，纯乳及乳制品为 6.38，面粉为 5.70，玉米、高粱为 6.2，花生为 5.46，米为 5.95，大豆及其制品为 5.71，肉与肉制品为 6.2，大麦、小米、燕麦、裸麦为 5.83，芝麻、向日葵为 5.30。

计算结果保留三位有效数字。

(六)精密度

在重复性条件下获得的两次独立测定结果的绝对差值不得超过算术平均值的 10%。

任务六　酸价的测定

(一)原理

样品中的游离脂肪酸用氢氧化钾标准溶液滴定，每克样品消耗氢氧化钾的量（mg）称为酸价。游离脂肪酸含量高，则酸价高，样品质量差。酸价是判定样品质量好坏的一个重要指标。

(二)试剂

① 乙醚-乙醇混合液。按乙醚∶乙醇为 2∶1 取相应适量的溶液混合，后用氢氧化钾溶液（3 g/L）中和至酚酞指示液呈中性。

② 氢氧化钾标准滴定溶液$[c(KOH)=0.050 \text{ mol/L}]$。

③ 酚酞指示液。10 g/L 乙醇溶液为溶剂。

(三)分析步骤

1.取样方法

称取 0.5 kg 含油脂较多的试样，面包、饼干等含脂肪少的试样取 1.0 kg，然后用对角线取 2/4 或 2/6，或根据试样情况取有代表性试样，在玻璃研钵中研碎，混合均匀后放置于广口瓶内保存在冰箱中。

2.试样处理

(1) 油脂含量高的试样　如桃酥等。称取混合均匀的试样 50 g，置于 250 mL 具塞锥形瓶中，加 50 mL 石油醚（沸程 30～60℃），放置过夜，用快速滤纸过滤后，减压回收溶剂，得到油脂供测定酸价、过氧化值用。

(2) 油脂含量中等的试样　如蛋糕、江米条等。称取混合均匀后的试样 100 g 左右，置于 500 mL 具塞锥形瓶中，加 100～200 mL 石油醚，以下按处理 (1) 自"放置过夜"起依法操作。

(3) 油脂含量少的试样　如面包、饼干等。称取混合均匀后的试样 250～300 g 于 500 mL 具塞锥形瓶中，加入适量石油醚浸泡试样，以下按处理 (1) 自"放置过夜"起依法操作。

3.酸价的测定

称取 3.00～5.00 g 混匀的油脂试样，置于锥形瓶中，加入 50 mL 中性乙醚-乙醇混合液，振摇使油溶解，必要时可置热水中，温热促其溶解。冷至室温，加入酚酞指示液 2～4 滴，以氢氧化钾标准滴定溶液（0.050 mol/L）滴定，至初现微红色，且 0.5 min 内不褪色为终点。

(四)结果计算

试样的酸价按下式计算：

$$X = \frac{Vc \times 56.11}{m}$$

式中　X——试样的酸价（以氢氧化钾计），mg/g；

　　　V——试样消耗氢氧化钾标准滴定溶液体积，mL；

　　　c——氢氧化钾标准滴定的实际浓度，mol/L；

　　　m——试样重量，g；

56.11——与 1.0 mL 氢氧化钾标准滴定溶液 [c（KOH）= 1.000mol/L] 相当的氢氧化钾重量，mg/mmol。

计算结果保留两位有效数字。

(五)精密度

在重复性条件下获得的两次独立测定结果的绝对差值不得超过算术平均值的 10%。

任务七　过氧化值的测定

(一)原理

样品油脂氧化过程中产生过氧化物，与碘化钾作用生成游离碘，以硫代硫酸钠溶液滴定，计算含量。

(二)试剂

① 饱和碘化钾溶液。称取 14 g 碘化钾，加 10 mL 水溶解，必要时微热使其溶解，冷却后储于棕色瓶中。

② 三氯甲烷-冰醋酸混合液。量取 40 mL 三氯甲烷，加 60 mL 冰醋酸，混匀。

③ 硫代硫酸钠标准滴定溶液 [c（$Na_2S_2O_3$）= 0.0020 mol/L]。

④ 淀粉指示剂（10 g/L）。称取可溶性淀粉 0.5 g，加少许水，调成糊状，倒入 50 mL 沸水中调匀，煮沸。临用时现配。

(三)分析步骤

1.取样方法

称取 0.5 kg 含油脂较多的试样，面包、饼干等含脂肪少的试样取 1.0 kg，然后用对角线取 2/4 或 2/6，或根据试样情况取有代表性试样，在玻璃研钵中研碎，混合均匀后放置于广口瓶内保存在冰箱中。

2.试样处理

(1) 油脂含量高的试样　如桃酥等。称取混合均匀的试样 50g，置于 250 mL 具塞锥形瓶中，加 50 mL 石油醚（沸程 30～60℃），放置过夜，用快速滤纸过滤后，减压回收溶剂，得到油脂供测定酸价、过氧化值用。

(2) 油脂含量中等的试样　如蛋糕、江米条等。称取混合均匀后的试样 100g 左右，置于 500 mL 具塞锥形瓶中，加 100～200 mL 石油醚，以下按（1）自"放置过夜"起依法操作。

（3）油脂含量少的试样　如面包、饼干等。称取混合均匀后的试样 250～300g 于 500 mL 具塞锥形瓶中，加入适量石油醚浸泡试样，以下按（1）自"放置过夜"起依法操作。

3. 样品测定

称取 2.00～3.00 g 混匀（必要时过滤）的脂肪试样，置于 250 mL 碘瓶中，加 30 mL 三氯甲烷-冰醋酸混合液，使试样完全溶解。加入 1.00 mL 饱和碘化钾溶液，紧密塞好瓶盖，并轻轻振摇 0.5 min，然后在暗处放置 3 min。取出加 100 mL 水，摇匀，立即用硫代硫酸钠标准滴定溶液（0.0020 mol/L）滴定，至淡黄色时，加 1 mL 淀粉指示液，继续滴定至蓝色消失为终点。取相同量三氯甲烷、冰醋酸溶液、碘化钾溶液、水，按同一方法，做试剂空白试验。

(四)结果计算

试样的过氧化值按式（1）和式（2）进行计算：

$$X_1 = \frac{(V_1 - V_2)c \times 0.1269}{m} \times 100 \tag{1}$$

$$X_2 = X_1 \times 78.8 \tag{2}$$

式中　X_1——试样的过氧化值，g/100 g；

$\quad\quad X_2$——试样的过氧化值，meq/kg；

$\quad\quad V_1$——试样消耗硫代硫酸钠标准滴定溶液体积，mL；

$\quad\quad V_2$——试剂空白消耗硫代硫酸钠标准滴定溶液体积，mL；

$\quad\quad c$——硫代硫酸钠标准滴定溶液的浓度，mol/L；

$\quad\quad m$——试样重量，g；

0.1269——与 1.00 mL 硫代硫酸钠标准滴定溶液[$c(\mathrm{Na_2S_2O_3})=1.0000$ mol/L] 相当的碘的重量，g/mmol；

78.8——换算因子。

计算结果保留两位有效数字。

(五)精密度

在重复性条件下获得的两次独立测定结果的绝对差值不得超过算术平均值的 10%。

任务八　面包酸度的测定

(一)原理

食品中的有机酸（弱酸）用标准碱液滴定时，被中和生成盐类。用酚酞作指示剂，当滴定到终点（pH8.2，指示剂显红色）时，根据消耗的标准碱液体积计算出样品总酸的含量。面包的酸度用中和 100 g 面包样品所需 0.1 mol/L NaOH 溶液的量表示。

(二)试剂和仪器

氢氧化钠（0.1 mol/L），酚酞指示液（1%乙醇溶液），碱式滴定管实验室常规仪器。

(三)分析步骤

精确称取面包芯 25 g，加入无二氧化碳蒸馏水 60 mL，用玻璃棒捣碎，移入 250 mL 容量瓶中，定容至刻度，摇匀。静置 10 min，用纱布或滤纸过滤。取滤液 25 mL 移入 125 mL 或 200 mL 锥形瓶中，加入 2～3 滴酚酞指示液，用 0.1 mol/L 氢氧化钠标准溶液滴定至显粉红色 1 min 不消失为止。

(四)计算

$$T = \frac{\dfrac{c}{0.1} \times V}{W \times \dfrac{25}{250}} \times 100$$

式中　T——酸度，°T；

　　　c——氢氧化钠标准溶液的浓度，mol/L；

　　　V——消耗 0.1 mol/L 氢氧化钠溶液的体积，mL；

　　　W——样品重量，g。

(五)精密度

两次分析结果值之差应小于 0.1°T。

任务九　面包比容的测定

(一)仪器

天平（感量 0.1 g），面包体积测定仪，实验室常规仪器。

(二)测定步骤

① 将待测面包称重（精确至 0.1 g）。

② 选择适当体积的面包模块（与待测面包体积相仿），放入体积仪底箱中，盖好，从体积仪顶端放入填充物，至标尺零线。盖好顶盖后反复颠倒几次，消除死角空隙，调整填充物加入量至标尺零线。

③ 取出面包模块，放入待测面包。拉开插板使填充物自然落下。在标尺上读出填充物的刻度 V_1。

④ 取出面包，再读出刻度尺上填充物刻度 V_2。

(三)计算

$$P = \frac{V_1 - V_2}{W}$$

式中　P——面包比容，mL/g；

　　　V_1——放入面包，标尺上填充物刻度，mL；

　　　V_2——取出面包，标尺上填充物刻度，mL；

　　　W——面包重量，g。

(四)精密度

两次测定值之差应小于 0.1 mL/g。

任务十　糕点中丙酸钙、丙酸钠的测定

(一)原理

试样酸化后，丙酸盐转化为丙酸，经水蒸气蒸馏，收集后直接进气相色谱，用氢火焰离子化检测器检测，与标准系列比较定量。

(二)试剂

① 磷酸溶液：取 10 mL 磷酸（85%）加水至 100 mL。

② 甲酸溶液：取 1 mL 甲酸（99%）加水至 50 mL。

③ 硅油。

④ 丙酸标准溶液

a.标准储备液（10 mg/mL）：准确称取 250 mg 丙酸于 25 mL 容量瓶中，加水至刻度。

b.标准使用液：将储备液用水稀释成 10~250 μg/mL 的标准系列。

(三)仪器

气相色谱仪〔具有氢火焰离子化检测器（FID）〕，水蒸气蒸馏装置，实验室常规仪器。

(四)分析步骤

1.提取

准确称取 30 g 事先均匀化的试样（面包、糕点试样需在室温下风干，磨碎），置于 500 mL 蒸馏瓶中，加入 100 mL 水，再用 50 mL 水冲洗容器，转移到蒸馏瓶中，加 10 mL 磷酸溶液、2~3 滴硅油，进行水蒸气蒸馏。将 250 mL 容量瓶置于冰浴中作为吸收液装置，待蒸馏约 250 mL 时取出，在室温下放置 30 min，加水至刻度，吸取 10 mL 该溶液于试管中，加入 0.5 mL 甲酸溶液，混匀，供色谱测定用。

2.色谱条件

① 色谱柱：玻璃柱，内径 3 mm，长 1 m，内装 80~100 目 Porapak QS。

② 仪器条件：柱温 180℃；进样口、检测器温度 220℃。

③ 气流条件：氮气 50 mL/min；氢气 50 mL/min；空气 500 mL/min。

3.测定

取标准系列中各种浓度的标准使用液 10 mL，加 0.5 mL 甲酸溶液，混匀。取 5 μL 进气相色谱，测定不同浓度丙酸的峰高，根据浓度和峰高绘制标准曲线。同时进试样溶液，根据试样的峰高与标准曲线比较定量。

(五)结果计算

$$X = \frac{A \times 250}{m \times 1000}$$

式中　X——试样中丙酸含量，g/kg；

　　　A——待测定液中丙酸含量，μg/mL；

　　　m——试样重量，g。

　　　注：丙酸钠含量＝丙酸含量×1.2967

　　　　　丙酸钙含量＝丙酸含量×1.2569

计算结果保留两位有效数字。

(六)精密度

在重复性条件下获得的两次独立测定结果的绝对差值不得超过算术平均值的10%。

任务十一 面制食品中铝的测定

(一)原理

试样经处理后,三价铝离子在乙酸-乙酸钠缓冲介质中与铬天青S及溴化十六烷基三甲胺反应形成蓝色三元配合物,于640 nm波长处测定吸光度并与标准比较定量。

(二)试剂

① 硝酸

② 高氯酸。

③ 硫酸。

④ 盐酸。

⑤ 6 mol/L盐酸:量取50 mL盐酸,加水稀释至100 mL。

⑥ 1%(体积分数)硫酸溶液。

⑦ 硝酸-高氯酸(5+1)混合液。

⑧ 乙酸-乙酸钠溶液:称取34 g乙酸钠(NaAc·3H_2O)溶于450 mL水中,加2.6 mL冰醋酸,调pH值至5.5,用水稀释至500 mL。

⑨ 0.5 g/L铬天青S(chrome azurol S)溶液:称取50 mg铬天青S,用水溶解并稀释至100 mL。

⑩ 0.2 g/L溴化十六烷基三甲胺溶液:称取20 mg溴化十六烷基三甲胺,用水溶解并稀释至100 mL。必要时加热助溶。

⑪ 10 g/L抗坏血酸溶液:称取1.0 g抗坏血酸,用水溶解并定容至100 mL。临用时现配。

⑫ 铝标准储备液:精密称取1.0000 g金属铝(纯度99.99%),加50 mL 6mol/L盐酸溶液,加热溶解,冷却后,移入1000 mL容量瓶中,用水稀释至刻度。该溶液每毫升相当于1 mg铝。

⑬ 铝标准使用液:吸取1.00 mL铝标准储备液,置于100 mL容量瓶中,用水稀释至刻度,再从中吸取5.00 mL于50 mL容量瓶中,用水稀释至刻度。该溶液每毫升相当于1 μg铝。

(三)仪器

分光光度计,食品粉碎机,电热板,实验室常规仪器。

(四)操作

1.试样处理

将试样(不包括夹心、夹馅部分)粉碎均匀,取约30 g置85℃烘箱中干燥4 h,称取1.000~2.000 g,置于100 mL锥形瓶中,加数粒玻璃珠,加10~15 mL硝酸-高氯酸(5+1)混合液,盖好玻片盖,放置过夜。置电热板上缓缓加热至消化液无色透明,并出现大量高氯酸烟雾,取下锥形瓶,加入0.5 mL硫酸,不加玻片盖,再置电热板上适当升高温度加热除去高氯酸。加10~15 mL水,加热至沸,取下放冷后用水定容至50 mL。如果试样稀释倍数不同，应保证试样溶液中含 1％硫酸。同时做两个试剂空白。

2.测定

吸取 0.0、0.5 mL、1.0 mL、2.0 mL、3.0 mL、4.0 mL、6.0 mL 铝标准使用液（相当于含铝 0、0.5 μg、1.0 μg、2.0 μg、3.0 μg、4.0 μg、6.0 μg）分别置于 25 mL 比色管中，依次向各管中加入 1 mL 硫酸溶液。吸取 1.0 mL 消化好的试样液，置于 25 mL 比色管中。向标准管、试样管、试剂空白管中依次加入 8.0 mL 乙酸-乙酸钠缓冲液、1.0 mL 10 g/L 抗坏血酸溶液，混匀，加 2.0 mL 0.2 g/L 溴化十六烷基三甲胺溶液，混匀，再加 2.0 mL 0.5g/L 铬天青 S 溶液，摇匀后，用水稀释至刻度。室温放置 20 min 后，用 1 cm 比色杯，于分光光度计上，以零管调零点，于 640 nm 波长处测其吸光度，绘制标准曲线比较定量。

（五）结果计算

$$X = \frac{A_1 - A_2}{m \times \frac{V_2}{V_1}}$$

式中　X——试样中铝的含量，mg/kg；

　A_1——测定用试样液中铝的含量，μg；

　A_2——试剂空白液中铝的含量，μg；

　m——试样重量，g；

　V_1——试样消化液总体积，mL；

　V_2——测定用试样消化液体积，mL。

计算结果表示到小数点后一位。

（六）精密度

在重复性条件下获得的两次独立测定结果的绝对差值不得超过算术平均值的 10％。

项目十三　蔬菜质量安全的检验

实训目标

① 了解蔬菜质量安全的相关标准。
② 掌握蔬菜常规检验项目。
③ 掌握蔬菜的主要检验方法。

检验前准备

蔬菜质量是指蔬菜中有毒有害物质控制在标准规定限量范围之内的商品蔬菜。

GB 2763—2016《食品安全国家标准　食品中农药最大残留量》

GB 2762—2017《食品安全国家标准　食品中污染物限量》

无公害蔬菜的检验项目见表1。

表1　无公害蔬菜的检验项目及方法

产品类别	适用产品	序号	检测项目	检测方法
一、茄果类蔬菜	番茄类（番茄、樱桃番茄、树茄等）和其他茄果类（茄子、辣椒、甜椒、黄秋葵、酸浆等）	1	克百威（carbofuran）	NY/T 761《蔬菜和水果中有机磷、有机氯、拟除虫菊酯和氨基甲酸酯类农药多残留的测定》
		2	氧乐果（omethoate）	
		3	氰戊菊酯（fenvalerate）	
		4	毒死蜱（chlorpyrifos）	GB 23200.8《食品安全国家标准　水果和蔬菜中500种农药及相关化学品残留量的测定　气相色谱-质谱法》
		5	腐霉利（procymidone）	
		6	氯氰菊酯（cypermethrin）	GB/T 5009.146《植物性食品中有机氯和拟除虫菊酯类农药多种残留量的测定》
		7	氯氟氰菊酯（cyhalothrin）	
		8	多菌灵（carbendazim）	GB/T 20769《水果和蔬菜中450种农药及相关化学品残留量的测定　液相色谱-串联质谱法》
		9	烯酰吗啉（dimethomorph）	
		10	吡虫啉（imidacloprid）	GB/T 23379《水果、蔬菜及茶叶中吡虫啉残留的测定　高效液相色谱法》
		11	阿维菌素（abamectin）	SN/T 1973《进出口食品中阿维菌素残留量的检测方法高效液相色谱-质谱/质谱法》
		12	苯醚甲环唑（difenoconazole）	SN/T 1975《进出口食品中苯醚甲环唑残留的检测方法　气相色谱-质谱法》
		13	铅（以Pb计）	GB 5009.12《食品安全国家标准　食品中铅的测定》
		14	镉（以Cd计）	GB/T 5009.15《食品中镉的测定》
二、瓜类蔬菜	黄瓜、小型瓜类（西葫芦、节瓜、苦瓜、丝瓜、线瓜、瓠瓜等）和大型瓜类（冬瓜、南瓜、笋瓜等）	1	克百威（carbofuran）	NY/T 761《蔬菜和水果中有机磷、有机氯、拟除虫菊酯和氨基甲酸酯类农药多残留的测定》
		2	氧乐果（omethoate）	
		3	氰戊菊酯（fenvalerate）	
		4	三唑酮（triadimefon）	

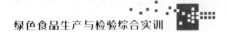

产品类别	适用产品	序号	检测项目	检测方法
二、瓜类蔬菜	黄瓜、小型瓜类（西葫芦、节瓜、苦瓜、丝瓜、线瓜、瓠瓜等）和大型瓜类（冬瓜、南瓜、笋瓜等）	5	毒死蜱（chlorpyrifos）	GB 23200.8《食品安全国家标准 水果和蔬菜中500种农药及相关化学品残留量的测定 气相色谱-质谱法》
		6	腐霉利（procymidone）	
		7	氯氰菊酯（cypermethrin）	GB/T 5009.146《植物性食品中有机氯和拟除虫菊酯类农药多种残留量的测定》
		8	多菌灵（carbendazim）	GB/T 20769《水果和蔬菜中450种农药及相关化学品残留量的测定 液相色谱-串联质谱法》
		9	烯酰吗啉（dimethomorph）	
		10	吡虫啉（imidacloprid）	GB/T 23379《水果、蔬菜及茶叶中吡虫啉残留的测定 高效液相色谱法》
		11	灭蝇胺（cyromazine）	NY/T 1725《蔬菜中灭蝇胺残留量的测定 高效液相色谱法》
		12	阿维菌素（abamectin）	SN/T 1973《进出口食品中阿维菌素残留量的检测方法 高效液相色谱-质谱/质谱法》
三、豆类蔬菜	荚可食类（豇豆、菜豆、食荚豌豆、四棱豆、扁豆、刀豆等）和荚不可食类（菜用大豆、蚕豆、豌豆、菜豆等）	1	克百威（carbofuran）	NY/T 761《蔬菜和水果中有机磷、有机氯、拟除虫菊酯和氨基甲酸酯类农药多残留的测定》
		2	氧乐果（omethoate）	
		3	三唑酮（triadimefon）	
		4	水胺硫磷（isocarbophos）	GB/T 5009.20《食品中有机磷农药残留量的测定》
		5	乙酰甲胺磷（acephate）	GB/T 5009.103《植物性食品中甲胺磷和乙酰甲胺磷农药残留量的测定》
		6	氯氰菊酯（cypermethrin）	GB/T 5009.146《植物性食品中有机氯和拟除虫菊酯类农药多种残留量的测定》
		7	多菌灵（carbendazim）	GB/T 20769《水果和蔬菜中450种农药及相关化学品残留量的测定 液相色谱-串联质谱法》
		8	灭蝇胺（cyromazine）	NY/T 1725《蔬菜中灭蝇胺残留量的测定 高效液相色谱法》
		9	阿维菌素（abamectin）	SN/T 1973《进出口食品中阿维菌素残留量的检测方法 高效液相色谱-质谱/质谱法》
四、叶菜类蔬菜	绿叶类〔菠菜、普通白菜（小白菜、小油菜、青菜）、苋菜、蕹菜、茼蒿、大叶茼蒿、莴苣、莴笋、苦苣、落葵、油麦菜、叶芥菜等〕、叶柄类（芹菜、小茴香、球茎茴香等）和大白菜	1	甲拌磷（phorate）	GB 23200.8《食品安全国家标准 水果和蔬菜中500种农药及相关化学品残留量的测定 气相色谱-质谱法》
		2	毒死蜱（chlorpyrifos）	
		3	二甲戊灵（pendimethalin）	
		4	克百威（carbofuran）	NY/T 761《蔬菜和水果中有机磷、有机氯、拟除虫菊酯和氨基甲酸酯类农药多残留的测定》
		5	氧乐果（omethoate）	
		6	甲氰菊酯（fenpropathrin）	
		7	氰戊菊酯（fenvalerate）	
		8	氯氟氰菊酯（cyhalothrin）	GB/T 5009.146《植物性食品中有机氯和拟除虫菊酯类农药多种残留量的测定》
		9	氯氰菊酯（cypermethrin）	
		10	氟虫腈（fipronil）	GB/T 20769《水果和蔬菜中450种农药及相关化学品残留量的测定 液相色谱-串联质谱法》
		11	吡虫啉（imidacloprid）	GB/T 23379《水果、蔬菜及茶叶中吡虫啉残留的测定 高效液相色谱法》

产品类别	适用产品	序号	检测项目	检测方法
四、叶菜类蔬菜	绿叶类［菠菜、普通白菜（小白菜、小油菜、青菜）、苋菜、蕹菜、茼蒿、大叶茼蒿、莴苣、莴笋、苦苣、落葵、油麦菜、叶芥菜等］、叶柄类（芹菜、小茴香、球茎茴香等）和大白菜	12	阿维菌素（abamectin）	SN/T 1973《进出口食品中阿维菌素残留量的检测方法 高效液相色谱-质谱/质谱法》
		13	铅（以 Pb 计）	GB 5009.12《食品安全国家标准 食品中铅的测定》
		14	镉（以 Cd 计）	GB/T 5009.15《食品中镉的测定》
五、芸苔属类蔬菜	结球芸苔属（结球甘蓝、球茎甘蓝、抱子甘蓝、赤球甘蓝等）、头状花序芸苔属（花椰菜、青花菜等）和茎类芸苔属（芥蓝、菜薹、茎芥菜等）	1	克百威（carbofuran）	NY/T 761《蔬菜和水果中有机磷、有机氯、拟除虫菊酯和氨基甲酸酯类农药多残留的测定》
		2	氧乐果（omethoate）	
		3	甲氰菊酯（fenpropathrin）	
		4	氰戊菊酯（fenvalerate）	
		5	三唑酮（triadimefon）	
		6	联苯菊酯（bifenthrin）	GB/T 5009.146《植物性食品中有机氯和拟除虫菊酯类农药多种残留量的测定》
		7	氯氟氰菊酯（cyhalothrin）	
		8	氯氰菊酯（cypermethrin）	
		9	毒死蜱（chlorpyrifos）	GB 23200.8《食品安全国家标准 水果和蔬菜中500种农药及相关化学品残留量的测定 气相色谱-质谱法》
		10	氟虫腈（fipronil）	GB/T 20769《水果和蔬菜中450种农药及相关化学品残留量的测定 液相色谱-串联质谱法》
		11	啶虫脒（acetamiprid）	GB/T 23584《水果、蔬菜中啶虫脒残留量的测定 液相色谱-串联质谱法》
		12	苯醚甲环唑（difenoconazole）	SN/T 1975《进出口食品中苯醚甲环唑残留量的检测方法 气相色谱-质谱法》
		13	铅（以 Pb 计）	GB 5009.12《食品安全国家标准 食品中铅的测定》
		14	镉（以 Cd 计）	GB/T 5009.15《食品中镉的测定》
六、根茎类和薯芋类蔬菜	根茎类（萝卜、胡萝卜、根甜菜、根芹菜、根芥菜、姜、辣根、芜菁、桔梗等）、马铃薯和其他薯芋类（山药、牛蒡、芋、葛、魔芋等）	1	克百威（carbofuran）	NY/T 761《蔬菜和水果中有机磷、有机氯、拟除虫菊酯和氨基甲酸酯类农药多残留的测定》
		2	氧乐果（omethoate）	
		3	涕灭威（aldicarb）	
		4	氰戊菊酯（fenvalerate）	
		5	毒死蜱（chlorpyrifos）	GB 23200.8《食品安全国家标准 水果和蔬菜中500种农药及相关化学品残留量的测定 气相色谱-质谱法》
		6	甲基异柳磷（isofenphos-methyl）	GB/T 5009.144《植物性食品中甲基异柳磷残留量的测定》
		7	阿维菌素（abamectin）	SN/T 1973《进出口食品中阿维菌素残留量的检测方法 高效液相色谱-质谱/质谱法》

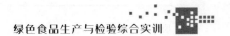
产品类别	适用产品	序号	检测项目	检测方法
六、根茎类和薯芋类蔬菜	根茎类（萝卜、胡萝卜、根甜菜、根芹菜、根芥菜、姜、辣根、芜菁、桔梗等）、马铃薯和其他薯芋类（山药、牛蒡、芋、葛、魔芋等）	8	烯酰吗啉（dimethomorph）	GB/T 20769《水果和蔬菜中450种农药及相关化学品残留量的测定 液相色谱-串联质谱法》
		9	铅（以Pb计）	GB 5009.12《食品安全国家标准 食品中铅的测定》
		10	镉（以Cd计）	GB/T 5009.15《食品中镉的测定》
		11	甲拌磷（phorate）	GB 23200.8《食品安全国家标准 水果和蔬菜中500种农药及相关化学品残留量的测定 气相色谱-质谱法》
		12	涕灭威（aldicarb）	NY/T 761《蔬菜和水果中有机磷、有机氯、拟除虫菊酯和氨基甲酸酯类农药多残留的测定》
		13	克百威（carbofuran）	
		14	溴氰菊酯（deltamethrin）	
		15	灭线磷（ethoprophos）	
		16	甲基异柳磷（isofenphes-methyl）	GB/T 5009.144《植物性食品中甲基异柳磷残留量的测定》
		17	辛硫磷（phoxim）	GB/T 5009.102《植物性食品中辛硫磷农药残留量的测定》
		18	铅（以Pb计）	GB 5009.12《食品安全国家标准 食品中铅的测定》
		19	镉（以Cd计）	GB/T 5009.15《食品中镉的测定》
七、鳞茎类蔬菜	鳞茎葱类（大蒜、洋葱、薤等）和绿叶葱类（韭菜、葱、青蒜、蒜薹等）和百合	1	甲拌磷（phorate）	GB/T 19648《水果和蔬菜中500种农药及相关化学品残留量的测定 气相色谱-质谱法》
		2	毒死蜱（chlorpyrifos）	
		3	腐霉利（procymidone）	
		4	克百威（carbofuran）	NY/T 761《蔬菜和水果中有机磷、有机氯、拟除虫菊酯和氨基甲酸酯类农药多残留的测定》
		5	氧乐果（omethoate）	
		6	氯氰菊酯（cypermethrin）	GB/T 5009.146《植物性食品中有机氯和拟除虫菊酯类农药多种残留量的测定》
		7	多菌灵（carbendazim）	GB/T 20769《水果和蔬菜中450种农药及相关化学品残留量的测定 液相色谱-串联质谱法》
		8	氟虫腈（fipronil）	
		9	阿维菌素（abamectin）	SN/T 1973《进出口食品中阿维菌素残留的检测方法 高效液相色谱-质谱/质谱法》
		10	铅（以Pb计）	GB 5009.12《食品安全国家标准 食品中铅的测定》
		11	镉（以Cd计）	GB/T 5009.15《食品中镉的测定》
		12	总砷（以As计）	GB/T 5009.11《食品中总砷及无机砷的测定》

产品类别	适用产品	序号	检测项目	检测方法
八、茎类蔬菜	芦笋、朝鲜蓟、大黄等	1	甲拌磷（phorate）	GB 23200.8《食品安全国家标准 水果和蔬菜中500种农药及相关化学品残留量的测定 气相色谱-质谱法》
		2	毒死蜱（chlorpyrifos）	
		3	克百威（carbofuran）	NY/T 761《蔬菜和水果中有机磷、有机氯、拟除虫菊酯和氨基甲酸酯类农药多残留的测定》
		4	氧乐果（omethoate）	
		5	三唑酮（triadimefon）	
		6	多菌灵（carbendazim）	GB/T 20769《水果和蔬菜中450种农药及相关化学品残留量的测定 液相色谱-串联质谱法》
		7	苯醚甲环唑（difenoconazole）	SN/T 1975《进出口食品中苯醚甲环唑残留的检测方法 气相色谱-质谱法》
		8	铅（以Pb计）	GB 5009.12《食品安全国家标准 食品中铅的测定》
		9	镉（以Cd计）	GB/T 5009.15《食品中镉的测定》
九、其他多年生蔬菜	黄花菜、竹笋、仙人掌等	1	甲拌磷（phorate）	GB/T 19648《水果和蔬菜中500种农药及相关化学品残留量的测定 气相色谱-质谱法》
		2	克百威（carbofuran）	NY/T 761《蔬菜和水果中有机磷、有机氯、拟除虫菊酯和氨基甲酸酯类农药多残留的测定》
		3	氧乐果（omethoate）	
		4	铅（以Pb计）	GB 5009.12《食品安全国家标准 食品中铅的测定》
		5	镉（以Cd计）	GB/T 5009.15《食品中镉的测定》
		6	二氧化硫（以SO$_2$计）	GB/T 5009.34《食品中亚硫酸盐的测定》
十、水生类蔬菜	茎叶类（水芹、豆瓣菜、茭白、蒲菜等）、果实类（菱角、芡等）和根类（莲藕、荸荠、慈姑等）	1	克百威（carbofuran）	NY/T 761《蔬菜和水果中有机磷、有机氯、拟除虫菊酯和氨基甲酸酯类农药多残留的测定》
		2	氧乐果（omethoate）	
		3	甲基异柳磷（isofenphes methyl）	GB/T 5009.144《植物性食品中甲基异柳磷残留量的测定》
		4	辛硫磷（phoxime）	GB/T 5009.102《植物性食品中辛硫磷农药残留量的测定》
		5	铅（以Pb计）	GB 5009.12《食品安全国家标准 食品中铅的测定》
		6	镉（以Cd计）	GB/T 5009.15《食品中镉的测定》
十一、食用菌	蘑菇类（香菇、金针菇、平菇、茶树菇、竹荪、草菇、羊肚菌、牛肝菌、口蘑、松茸、双孢蘑菇、猴头、白灵菇、杏鲍菇等）和木耳类（木耳、银耳、金耳、毛木耳、石耳等）	1	氧乐果（omethoate）	NY/T 761《蔬菜和水果中有机磷、有机氯、拟除虫菊酯和氨基甲酸酯类农药多残留的测定》
		2	克百威（carbofuran）	
		3	百菌清（chlorothalonil）	
		4	溴氰菊酯（deltamethrin）	
		5	氯氟氰菊酯（cyhalothrin）	GB/T 5009.146《植物性食品中有机氯和拟除虫菊酯类农药多种残留量的测定》
		6	氯氰菊酯（cypermethrin）	
		7	乐果（dimethoate）	GB/T 5009.145《植物性食品中有机磷和氨基甲酸酯类农药多种残留的测定》
		8	腐霉利（procymidone）	GB/T 19648《水果和蔬菜中500种农药及相关化学品残留量的测定 气相色谱-质谱法》

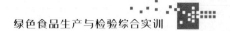

续表

产品 类别	适用产品	序号	检测项目	检测方法
十一、 食用菌	蘑菇类（香菇、 金针菇、平菇、 茶树菇、竹荪、 草菇、羊肚菌、 牛肝菌、口蘑、 松茸、双孢蘑 菇、猴头、白 灵菇、杏鲍菇 等）和木耳类 （木耳、银耳、 金耳、毛木耳、 石耳等）	9	咪鲜胺（prochloraz）	NY/T 1456《水果中咪鲜胺残留量的测定 气相色谱法》
		10	总砷（以 As 计）	GB/T 5009.11《食品中总砷及无机砷的测定》
		11	铅（以 Pb 计）	GB 5009.12《食品安全国家标准 食品中铅的测 定》
		12	镉（以 Cd 计）	GB/T 5009.15《食品中镉的测定》
		13	二氧化硫（以 SO$_2$ 计）	GB/T 5009.34《食品中亚硫酸盐的测定》

任务一 镉的测定（石墨炉原子吸收光谱法）

(一)原理

试样经灰化或酸消解后，注入一定量样品消化液于原子吸收分光光度计石墨炉中，电热原子化后吸收 228.8 nm 共振线，在一定浓度范围内其吸光度值与镉含量成正比，采用标准曲线法定量。

(二)试剂

除非另有说明，本方法所用试剂均为分析纯，水为 GB/T 6682 规定的二级水。

① 硝酸：优级纯。

② 盐酸：优级纯。

③ 高氯酸：优级纯。

④ 过氧化氢（30%）。

⑤ 磷酸二氢铵。

⑥ 硝酸溶液（1%）：取 10.0 mL 硝酸加入 100 mL 水中，稀释至 1000 mL。

⑦ 盐酸溶液（1+1）：取 50 mL 盐酸慢慢加入 50 mL 水中。

⑧ 硝酸-高氯酸混合溶液（9+1），取 9 份硝酸与 1 份高氯酸混合。

⑨ 磷酸二氢铵溶液（10 g/L）：称取 10.0g 磷酸二氢铵，用 100 mL 硝酸溶液（1%）溶解后定量移入 1000 mL 容量瓶，用硝酸溶液（1%）定容至刻度。

⑩ 金属镉（Cd）标准品：纯度为 99.99% 或经国家认证并授予标准物质证书的标准物质。

⑪ 镉标准储备液（1000 mg/L）：准确称取 1 g 金属镉标准品（精确至 0.0001 g）于小烧杯中，分次加 20 mL 盐酸溶液（1+1）溶解，加 2 滴硝酸，移入 1000 mL 容量瓶中，用水定容至刻度，混匀；或购买经国家认证并授予标准物质证书的标准物质。

⑫ 镉标准使用液（100 ng/mL）：吸取镉标准储备液 10.0 mL 于 100 mL 容量瓶中，用硝酸溶液（1%）定容至刻度，如此经多次稀释成每毫升含 100.0 ng 镉的标准使用液。

⑬ 镉标准曲线工作液：准确吸取镉标准使用液 0、0.50 mL、1.0 mL、1.5 mL、2.0 mL、3.0 mL 于 100 mL 容量瓶中，用硝酸溶液（1%）定容至刻度，即得到含镉量分别为 0、

0.50 ng/mL、1.0 ng/mL、1.5 ng/mL、2.0 ng/mL、3.0 ng/mL 的标准系列溶液。

(三)仪器

所用玻璃仪器均需以硝酸溶液（1+4）浸泡 24 h 以上，用水反复冲洗，最后用去离子水冲洗干净。

① 原子吸收分光光度计，附石墨炉。

② 镉空心阴极灯。

③ 电子天平：感量为 0.1 mg 和 1 mg。

④ 调温式电热板、可调温式电炉。

⑤ 马弗炉。

⑥ 恒温干燥箱。

⑦ 压力消解器、压力消解罐。

⑧ 微波消解系统：配聚四氟乙烯或其他合适的压力罐。

⑨ 打浆机。

⑩ 实验室常规仪器。

(四)分析步骤

1.试样制备

用食品加工机打成匀浆或碾磨成匀浆，储于洁净的塑料瓶中，并标明标记，于 -18～ -16 ℃ 冰箱中保存备用。

2.试样消解

可根据实验室条件选用以下任何一种方法消解，称量时应保证样品的均匀性。

(1) 压力消解罐消解法　称取鲜（湿）试样 1～2 g（精确到 0.001 g）于聚四氟乙烯内罐，加硝酸 5 mL 浸泡过夜。再加过氧化氢溶液（30%）2～3 mL（总量不能超过罐容积的 1/3）。盖好内盖，旋紧不锈钢外套，放入恒温干燥箱，120～160 ℃保持 4～6h，在箱内自然冷却至室温，打开后加热赶酸至近干，将消化液洗入 10 mL 或 25 mL 容量瓶中，用少量硝酸溶液（1%）洗涤内罐和内盖 3 次，洗液合并于容量瓶中并用硝酸溶液（1%）定容至刻度，混匀备用；同时做试剂空白试验。

(2) 微波消解　称取鲜（湿）试样 1～2g（精确到 0.001 g）置于微波消解罐中，加 5 mL 硝酸和 2 mL 过氧化氢。微波消化程序可以根据仪器型号调至最佳条件。消解完毕，待消解罐冷却后打开，消化液呈无色或淡黄色，加热赶酸至近干，用少量硝酸溶液（1%）冲洗消解罐 3 次，将溶液转移至 10 mL 或 25 mL 容量瓶中，并用硝酸溶液（1%）定容至刻度，混匀备用；同时做试剂空白试验。

(3) 湿式消解法　称取鲜（湿）试样 1～2g（精确到 0.001 g）于锥形瓶中，放数粒玻璃珠，加 10 mL 硝酸-高氯酸混合溶液（9+1），加盖浸泡过夜，加一小漏斗在电热板上消化，若变棕黑色，再加硝酸，直至冒白烟，消化液呈无色透明或略带微黄色，放冷后将消化液洗入 10～ 25 mL 容量瓶中，用少量硝酸溶液（1%）洗涤锥形瓶 3 次，洗液合并于容量瓶中并用硝酸溶液（1%）定容至刻度，混匀备用；同时做试剂空白试验。

(4) 干法灰化　称取鲜（湿）试样 1～2 g（精确到 0.001 g）、液态试样 1～2g（精确到 0.001 g）于瓷坩埚中，先小火在可调式电炉上炭化至无烟，移入马弗炉 500 ℃灰化 6～8h，冷却。若个别试样灰化不彻底，加 1 mL 混合酸在可调式电炉上小火加热，将混合酸蒸干后，再转入马弗炉中 500 ℃继续灰化 1～2h，直至试样消化完全，呈灰白色或浅灰色。放冷，用硝酸溶液（1%）将灰分溶解，将试样消化液移入 10 mL 或 25 mL 容量瓶中，用少量硝酸溶液（1%）洗涤瓷坩埚 3 次，洗液合并于容量瓶中并用硝酸溶液（1%）定容至刻度，混匀备用；同时做试剂空白试验。

注意：实验要在通风良好的通风橱内进行。

3. 标准曲线的制作

将标准曲线工作液按浓度由低到高的顺序各取 20 μL 注入石墨炉，测其吸光度值。以标准曲线工作液的浓度为横坐标、相应的吸光度值为纵坐标，绘制标准曲线并求出吸光度值与浓度关系的一元线性回归方程。

标准系列溶液应不少于 5 个点的不同浓度的镉标准溶液，相关系数不应小于 0.995。如果有自动进样装置，也可用程序稀释来配制标准系列。

4. 试样溶液的测定

于测定标准曲线工作液相同的实验条件下，吸取样品消化液 20 μL（可根据使用仪器选择最佳进样量），注入石墨炉，测其吸光度值。代入标准系列的一元线性回归方程中求样品消化液中镉的含量，平行测定次数不少于两次。若测定结果超出标准曲线范围，用硝酸溶液（1%）稀释后再行测定。

5. 基体改进剂的使用

对有干扰的试样，和样品消化液一起注入石墨炉 5 μL 基体改进剂磷酸二氢铵溶液（10 g/L），绘制标准曲线时也要加入与试样测定时等量的基体改进剂。

(五)结果计算

试样中镉含量按下式进行计算：

$$X = \frac{(c_1 - c_0) \times V}{m \times 1000}$$

式中　　X——试样中镉含量，mg/kg 或 mg/L；

c_1——试样消化液中镉含量，ng/mL；

c_0——空白液中镉含量，ng/mL；

V——试样消化液定容总体积，mL；

m——试样重量或体积，g 或 mL；

1000——换算系数。

以重复性条件下获得的两次独立测定结果的算术平均值表示，结果保留两位有效数字。

(六)精密度

在重复性条件下获得的两次独立测定结果的绝对差值不得超过算术平均值的 20%。

(七)其他

方法检出限为 0.001 mg/kg，定量限为 0.003 mg/kg。

任务二　有机磷农药多残留检测方法

本任务也适用于水果。

(一)原理

试样中有机磷农药经乙腈提取，提取溶液经过滤、浓缩后，再用丙酮定容，注入气相色谱仪，农药组分经毛细管柱分离，用火焰光度检测器（FPD 磷滤光片）检测，保留时间定性，外标法定量。

(二)试剂

① 标准品：氧乐果（100 μg/mL，丙酮），甲拌磷（100 μg/mL，丙酮），毒死蜱（100 μg/mL，丙酮），三唑酮（100 μg/mL，丙酮）。

② 乙腈。

③ 丙酮。

④ 氯化钠，140℃烘烤 4 h。

⑤ 铝箔。

(三)仪器

① 食品加工器。

② 分散机（匀浆机）。

③ 氮吹仪。

④ 气相色谱仪带 FPD 或 PFPD 检测器。

⑤ 色谱柱：HP-5 石英毛细管柱（30 m×0.25 mm）。

⑥ 实验室常规仪器。

(四)样品的制备

抽取蔬菜、水果样品，取可食部分，经缩分后，将其切碎，充分混匀放入食品加工器粉碎，制成待测样。放入分装容器中，于 −20～−16℃条件下保存备用。

(五)检测步骤

1. 农药标准溶液的配制

用 100 μg/mL 的农药标准样品配制，用丙酮作溶剂，根据需要以及各农药在 FPD 检测器上的响应值配制成所需浓度的多种农药混合标准工作液。

2. 提取和净化

准确称取 25.0 g 试样放入匀浆机中，加入 50.0 mL 乙腈，在匀浆机中高速匀浆 2 min 后用滤纸过滤，滤液收集到装有 5～7 g 氯化钠 100 mL 具塞量筒内，收集滤液 40～50 mL，盖上塞子，剧烈振荡 1 min 后，在室温下静置 30 min，使水和乙腈相分层。

从量筒中准确吸取 10.00 mL 上层乙腈溶液，放到 150 mL 烧杯中，将烧杯放在 80℃水浴中加热，缓慢通入氮气或空气流，蒸发至近干，加入 2.0 mL 丙酮。

将上述备用液完全转移至 15 mL 刻度离心管中，再用约 3 mL 丙酮分 3 次冲洗烧杯，并转移至离心管，最后定容至 5.0 mL，在漩涡混合器上混匀，待测。

如定容后的样品溶液过于浑浊，应用 0.2 μm 滤膜过滤后再进行测定。

3. 测定

（1）参考色谱条件

载气　高纯氮气：10 mL/min

氢气：75 mL/min

空气：100 mL/min

进样口温度　220℃（不分流进样）

检测器温度　250℃

柱温　150℃（保持 2 min）$\xrightarrow{8℃/min}$250℃（保持 12 min）

进样量　1 μL

（2）色谱分析　分别吸取 1.0 μL 标准混合溶液和净化后的样品溶液进样。根据保留时间定性，以样品溶液峰面积与标准溶液峰面积比较定量。

（六）检测数据处理

$$X_i = \frac{A \times V_2 \times \rho \times f}{A_s \times m}$$

式中　X_i——试样中该农药残留量，mg/kg；

A——该农药色谱峰面积；

V_2——试样的定容体积，μL；

ρ——该农药标准浓度，mg/L；

A_s——该农药标准的峰面积；

m——试样称样量，g；

f——稀释倍数。

（七）检测结论判定

根据 NY/T 761.1—2008 附录 A 中各农药残留的检出限。

两次平行分析相对偏差小于 20％。

任务三 有机氯类、拟除虫菊酯类农药多残留检测方法

（一）原理

试样中有机氯类、拟除虫菊酯类农药经乙腈提取，提取溶液经过滤、浓缩后，采用固相萃取柱分离、净化，淋洗液经浓缩后，被注入气相色谱仪，农药组分经毛细管柱分离，用电子俘获检测器（ECD）检测，保留时间定性，外标法定量。

（二）试剂

① 标准品：百菌清（100 μg/mL，正己烷）；氰戊菊酯（100 μg/mL，正己烷）；氯氰菊酯（100 μg/mL，正己烷）。

② 乙腈。

③ 丙酮。

④ 正己烷。

⑤ 氯化钠，140℃烘烤 4 h。

⑥ 弗罗里矽柱，容积 6 mL，填充物 1000 mg。

(三)仪器

① 食品加工器。
② 分散机（匀浆机）。
③ 氮吹仪。
④ Varian CP3800 气相色谱仪带 ECD 检测器。
⑤ 色谱柱：cp-24 石英毛细管柱（30 m×0.32 mm）。
⑥ 实验室常规仪器。

(四)样品的制备

抽取蔬菜、水果样品，取可食部分，经缩分后，将其切碎，充分混匀放入食品加工器粉碎，制成待测样。放入分装容器中，于−20～−16℃条件下保存备用。

(五)检测步骤

1.农药标准溶液的配制

用 100 μg/mL 的农药标准样品配制，用正己烷作溶剂，根据需要以及各农药在 ECD 检测器上的响应值，配制成所需浓度的多种农药混合标准工作液。

2.提取和净化

准确称取 25.0 g 试样放入匀浆机中，加入 50.0 mL 乙腈，在匀浆机中高速匀浆 2 min 后用滤纸过滤，滤液收集到装有 5～7 g 氯化钠 100 mL 具塞量筒内，收集滤液 40～50 mL，盖上塞子，剧烈振荡 1 min 后，在室温下静置 30 min，使水和乙腈相分层。从量筒中准确吸取 10.00 mL 上层乙腈溶液，放到 150 mL 烧杯中，将烧杯放在 80℃水浴中加热，缓慢通入氮气或空气流，蒸发至近干，加入 2.0 mL 正己烷，盖上铝箔，待净化。

将弗罗里矽柱依次用 5.0 mL 丙酮＋正己烷（10＋90）、5.0 mL 正己烷预淋洗，当溶剂液面到达柱吸附层表面时，立即倒入上述待净化溶液，用 15 mL 刻度试管接收洗脱液，用 5 mL 丙酮＋正己烷（10＋90）冲洗烧杯后淋洗弗罗里矽柱，并重复一次，将盛有淋洗液的试管置于氮吹仪上，在水浴温度 50℃条件下氮吹蒸发至小于 5 mL，用正己烷定容至 5.0 mL，在漩涡混合器上混匀，待测。

3.测定

（1）色谱参考条件

预柱：1.0 m（0.25 mm 内径，脱活石英毛细管柱）。

分析柱：100％聚甲基硅氧烷柱 30 m×0.25 mm×0.25 μm。

载气：高纯氮气 1 mL/min。

进样口温度：200℃。

检测器温度：320℃。

柱温：150℃（1 min，保持 2 min）$\xrightarrow{6℃/min}$270℃（保持 8 min，测定溴氰菊酯保持 23 min）。

分流比：10∶1。

（2）色谱分析　由自动进样器分别吸取 1.0 μL 标准混合溶液和净化后的样品溶液进样。根据保留时间定性，以获得的样品溶液峰面积与标准溶液峰面积比较定量。

(六)检测数据处理

$$X_i = \frac{A \times V_2 \times \rho \times f}{A_s \times m}$$

式中　X_i——试样中该农药残留量，mg/kg；

　　　A——该农药色谱峰面积；

　　　V_2——试样的定容体积，μL；

　　　ρ——该农药标准浓度，mg/L；

　　　A_s——该农药标准的峰面积；

　　　m——试样称样量，g；

　　　f——稀释倍数。

(七)检测结论判定

两次平行分析相对偏差小于10%。

任务四　氨基甲酸酯类农药多残留检测方法

(一)原理

试样中氨基甲酸酯类农药经乙腈提取，提取溶液经过滤、浓缩后，采用固相萃取柱分离、净化，淋洗液经浓缩后，使用荧光检测器和柱后衍生系统的高效液相色谱进行检测。保留时间定性，外标法定量。

(二)试剂和材料

① 标准品：克百威（100 μg/mL，甲醇）、三羟基克百威（100 μg/mL，甲醇），涕灭威（100 μg/mL，甲醇）。

② 乙腈。

③ 丙酮，重蒸。

④ 甲醇：色谱纯。

⑤ 氯化钠，140℃烘烤4 h。

⑥ 柱后衍生试剂：0.05 mol/L NaOH溶液，OPA稀释溶液，邻苯二甲醛，巯基乙醇。

⑦ 固相萃取柱：氨基柱，容积6 mL，填充物500 mg。

⑧ 滤膜，0.2μm，0.45μm，溶剂膜。

(三)仪器

① 食品加工器。

② 分散机（匀浆机）。

③ 氮吹仪。

④ 液相色谱仪，可进行梯度洗脱，配有柱后衍生反应装置和荧光检测器（FLD）。

⑤ 实验室常规仪器。

(四)样品的制备

抽取蔬菜、水果样品，取可食部分，经缩分后，将其切碎，充分混匀放入食品加工器粉碎，制成待测样。放入分装容器中，于-20～-16℃条件下保存备用。

(五)检测步骤

1.农药标准溶液的配制

用100 μg/mL的农药标准样品配制，用甲醇作溶剂，根据需要以及各农药在仪器上的响应值配制成所需浓度的多种农药混合标准工作液。

2. 提取和净化

准确称取 25.0 g 试样放入匀浆机中，加入 50.0 mL 乙腈，在匀浆机中高速匀浆 2 min 后用滤纸过滤，滤液收集到装有 5～7 g 氯化钠 100 mL 具塞量筒内，收集滤液 40～50 mL，盖上塞子，剧烈振荡 1 min 后，在室温下静置 30 min，使水和乙腈相分层。从量筒中准确吸取 10.00 mL 上层乙腈溶液，放到 150 mL 烧杯中，将烧杯放在 80℃ 水浴中加热，缓慢通入氮气或空气流，蒸发至近干，加入 2.0 mL 甲醇＋二氯甲烷 （1＋99） 溶解残渣，盖上铝箔，待净化。

将氨基柱用 4.0 mL 甲醇＋二氯甲烷 （1＋99） 预洗条件化，当溶剂液面到达柱吸附层表面时，立即倒入上述待净化溶液，用 15 mL 离心管收集洗脱液，用 2 mL 甲醇＋二氯甲烷 （1＋99） 洗烧杯后过柱，并重复一次，将离心管置于氮吹仪上，在水浴温度 50℃ 条件下氮吹蒸发至近干，用甲醇定容至 2.5 mL，在漩涡混合器上混匀，用 0.2 μm 滤膜过滤，待测。

3. 测定

（1）参考色谱条件　色谱柱：C_{18} 预柱 4.6 mm×4.5 cm；分析柱：C_8 4.6 mm× 25 cm，5 μm 或 C_{18}，4.6 mm×25 cm，5 μm。

（2）柱温　42℃。

（3）荧光检测器　λex 330 nm，λem 465 nm

（4）溶剂梯度和流速

时间/min	水/%	甲醇/%	流速/（mL/min）
0.00	85	15	0.5
2.00	75	25	0.5
8.00	75	25	0.5
9.00	60	40	0.8
10.00	55	45	0.8
19.00	20	80	0.8
25.00	20	80	0.8
26.00	85	15	0.5

（5）柱后衍生

0.05 mol/L NaOH 溶液，流速 0.3 mL/min。

OPA 试剂，流速 0.3 mL/min。

反应器温度，100℃；衍生温度，室温。

4. 色谱分析

分别吸取 20.0 μL 标准混合溶液和净化后的样品溶液注入色谱仪中，保留时间定性，以样品溶液峰面积与标准溶液峰面积比较定量。

（六）结果计算

试样中被测农药残留以质量分数 ω 计，单位以毫克每千克 （mg/kg） 表示，按公式计算

$$\omega = \frac{V_1 \times A \times V_3}{V_2 \times A_s \times m} \times \rho$$

式中　ω——试样中该农药残留量，mg/kg；

A——该农药色谱峰面积；

A_s——该农药标准的峰面积；

V_1 —— 提取溶剂体积，mL；

V_2 ——吸取用于检测的提取溶液体积，mL；

V_3 ——样品溶液定容体积，mL；

ρ ——标准溶液中农药质量浓度，mg/L；

m ——试样重量，g。

计算结果保留两位有效数字，当结果大于 1 mg/kg 时保留三位有效数字。

(七)精密度

两次平行分析相对偏差小于 10%。

附录一 常见标准滴定溶液配制和标定

一、盐酸标准滴定溶液

1. 配制

配盐酸滴定液（1.0 mol/L）：取盐酸 90 mL 注入 1000 mL 水中，摇匀；滴定液（0.5 mol/L）：取盐酸 45 mL 注入 1000 mL 水中，摇匀；滴定液（0.1 mol/L）：取盐酸 9 mL 注入 1000 mL 水中，摇匀。

2. 标定

标定 1.0 mol/L 盐酸滴定液时，称取于 270～300℃高温炉中灼烧至恒重的工作基准试剂无水碳酸钠 1.9 g，溶于 50 mL 水中，加 10 滴溴甲酚绿-甲基红指示液，用配制好的盐酸溶液滴定至溶液由绿色变为暗红色，煮沸 2 min，冷却后继续滴定至溶液再呈暗红色，煮沸 2 min，冷却后继续滴定至溶液再呈暗红色。同时做空白试验。如标定 0.5 mol/L、0.1 mol/L，基准无水碳酸钠改为 0.95 g、0.2 g

标准滴定溶液的浓度[$c(\text{HCl})$]，数值以摩尔每升（mol/L）表示，按式（1）计算：

$$c(\text{HCl}) = \frac{m \times 1000}{(V_1 - V_2)M} \tag{1}$$

式中　m——无水碳酸钠的重量的准确数值，g；

　　　V_1——盐酸溶液体积的数值，mL；

　　　V_2——空白试验盐酸溶液的体积，mL；

　　　M——无水碳酸钠的摩尔质量，（g/mol）$\left[M\left(\frac{1}{2}\text{Na}_2\text{CO}_3\right) = 52.944\right]$。

二、硫酸标准滴定溶液

1. 配制

配制 1.0 mol/L 硫酸溶液，取硫酸 30 mL；配制 0.5 mol/L 溶液，取硫酸 30 mL；缓缓注入 1000 mL 水中，冷却，摇匀。

2. 标定

标定 $c\left[\frac{1}{2}\text{H}_2\text{SO}_4\right]$ 1.0 mol/L 滴定溶液，称取于 270～300℃高温炉中灼烧至恒重的工作基准试剂无水碳酸钠 1.9 g，溶于 20 mL 水中，加 10 滴溴甲苯酚绿-甲基红指示液，用配制好的硫酸钠溶液滴定至溶液由绿色变为暗红色，煮沸 2 min，冷却后继续滴定至溶液再呈暗红色。同时做空白试验。如标定 0.5 mol/L，0.1 mol/L，基准无水碳酸钠改为 0.95 g，0.2 g。

标准滴定溶液的浓度 $\left[c\left(\frac{1}{2}\text{H}_2\text{SO}_4\right)\right]$，数值以摩尔每升（mol/L）表示，按式（2）计算：

$$c\left[\frac{1}{2}(\text{H}_2\text{SO}_4)\right] = \frac{m \times 1000}{(V_1 - V_2)M} \tag{2}$$

式中　m——无水碳酸钠的质量的准确数值，g；

　　　V_1——硫酸溶液的体积，mL；

　　　V_2——空白试验硫酸溶液的体积，mL；

M——无水碳酸钠的摩尔质量的数值，单位为克每摩尔（g/mol）$\left[M\left(\dfrac{1}{2}Na_2CO_3\right)=52.994\right]$。

三、重铬酸钾标准滴定溶液 $\left[c\left(\dfrac{1}{6}K_2Cr_2O_7\right)=0.1\ mol/L\right]$

1. 配制

称取 5g 重铬酸钾，溶于 1000 mL 水中，摇匀。

2. 标定

量取 35.00～40.00 mL 配制好的重铬酸钾溶液，置于碘量瓶中，加 2 g 碘化钾及 20 mL 硫酸溶液（20%），摇匀，于暗处放置 10 min。加 150 mL 水（15～20℃），用硫代硫酸钠标准滴定溶液 $[c(Na_2S_2O_3)=0.1\ mol/L]$ 滴定，近终点时加 2 mL 淀粉指示液（10 g/L），继续滴定至溶液由蓝色变为亮绿色。同时做空白试验。

标准滴定溶液的浓度 $\left[c\left(\dfrac{1}{6}K_2Cr_2O_7\right)\right]$，数值以摩尔每升（mol/L）表示，按式（3）计算：

$$c\left(\frac{1}{6}K_2Cr_2O_7\right)=\frac{(V_1-V_2)c_1}{V} \tag{3}$$

式中　V_1——硫代硫酸钠标准滴定溶液的体积的数值，mL；

　　　V_2——空白试验硫代硫酸钠标准滴定溶液的体积的数值，mL；

　　　c——硫代硫酸钠标准滴定溶液的浓度的准确数值，mol/L；

　　　V——重铬酸钾溶液的体积的准确数值，mL。

四、硫代硫酸钠标准滴定溶液 $c(Na_2S_2O_3)=0.1\ mol/L$

1. 配制

称取 26 g 硫代硫酸钠（$Na_2S_2O_3\cdot5H_2O$）（或 16g 无水硫代硫酸钠），加 0.2 g 无水碳酸钠，溶于 1000 mL 水中，缓缓煮沸 10 min 冷却。放置两周后过滤。

2. 标定

称取 0.18 g 于 120℃±2℃ 干燥至恒重的工作基准试剂重铬酸钾，置于碘量瓶中，溶于 25 mL 水，加 2 g 碘化钾及 20 mL 硫酸溶液（20%），摇匀，于暗处放置 10 min。加 150 mL 水（15～20℃），用配制好的硫代硫酸钠溶液滴定，近终点时加 2 mL 淀粉指示液（10 g/L），继续滴定至溶液由蓝色变为亮绿色。同时做空白试验。

标准滴定溶液的浓度 $[c(Na_2S_2O_3)]$，数值以摩尔每升（mol/L）表示，按式（4）计算：

$$c(Na_2S_2O_3)=\frac{m\times1000}{(V_1-V_2)M} \tag{4}$$

式中　m——重铬酸钾含量的准确数值，g；

　　　V_1——硫代硫酸钠溶液的体积，mL；

　　　V_2——空白试验硫代硫酸钠溶液的体积，mL；

　　　M——重铬酸钾的摩尔质量，g/mol $\left[M\left(\dfrac{1}{6}K_2Cr_2O_7\right)=49.031\right]$。

五、碘标准滴定溶液 $\left[c\left(\dfrac{1}{2}I_2\right)=0.1 \ \text{mol/L}\right]$

1. 配制

称取 13 g 碘及 35 g 碘化钾，溶于 100 mL 水中，稀释至 1000 mL，摇匀，储存于棕色瓶中。

2. 标定

量取 35.00～40.00 mL 配制好的碘溶液，置于碘量瓶中，加 150 mL 水（15～20℃），硫代硫酸钠标准滴定溶液[$c(Na_2S_2O_3)=0.1$ mol/L]滴定，近终点时加 2 mL 淀粉指示液（10 g/L），继续滴加至溶液蓝色消失。

同时做水所消耗碘的空白试验：取 250 mL 水（15～20℃），加 0.05～0.20 mL 配制好的碘溶液及 2 mL 淀粉指示液（10 g/L），用硫代硫酸钠标准滴定溶液[$c(Na_2S_2O_3)=0.1$ mol/L]滴定至溶液蓝色消失。

标准滴定溶液的浓度 $\left[c\left(\dfrac{1}{2}I_2\right)\right]$，数值以摩尔每升（mol/L）表示，按式（5）计算：

$$c\left(\frac{1}{2}I_2\right)=\frac{(V_1-V_2)c_1}{V_3-V_4} \tag{5}$$

式中 V_1——硫代硫酸钠标准滴定溶液的体积，mL；

$\quad\quad V_2$——空白试验硫代硫酸钠标准滴定溶液的体积，mL；

$\quad\quad c_1$——硫代硫酸钠标准滴定溶液的浓度的准确数值，mol/L；

$\quad\quad V_3$——碘溶液的体积的准确数值，mL；

$\quad\quad V_4$——空白试验中加入的碘溶液的体积的准确数值，mL；

六、高锰酸钾标准滴定溶液 $\left[c\left(\dfrac{1}{5}KMnO_4\right)=0.1 \ \text{mol/L}\right]$

1. 配制

称取 3.3 g 高锰酸钾，溶于 1050 mL 水中，缓缓煮沸 15 min，冷却，于暗处放置两周，用已处理过的玻璃滤锅过滤。储存于棕色瓶中。

玻璃滤锅的处理是指玻璃滤锅在同样浓度的高锰酸钾溶液中缓缓煮沸 5 min。

2. 标定

称取 0.25 g 于 105～110℃电烘箱中干燥至恒重的工作基准试剂草酸钠，溶于 100 mL 硫酸溶液（8＋92）中，用配制好的高锰酸钾溶液滴定，近终点时加热至约 65℃，继续滴定至溶液呈粉红色，并保持 30 s。同时做空白试验。

标准滴定溶液的浓度 $\left[c\left(\dfrac{1}{5}KMnO_4\right)\right]$，数值以摩尔每升（mol/L）表示，按式（6）计算：

$$c\left(\frac{1}{5}KMnO_4\right)=\frac{m\times 1000}{(V_1-V_2)M} \tag{6}$$

式中 m——草酸钠含量的准确数值，g；

$\quad\quad V_1$——高锰酸钾溶液的体积，mL；

$\quad\quad V_2$——空白试验高锰酸钾溶液的体积，mL；

$\quad\quad M$——草酸钠的摩尔质量，g/mol $\left[M\left(\dfrac{1}{2}Na_2C_2O_4\right)=66.999\right]$。

七、硫酸亚铁标准滴定溶液$\{c[(NH_4)_2Fe(SO_4)_2]=0.1\ mol/L\}$

1. 配制

称取 40 g 硫酸亚铁铵$[(NH_4)_2Fe(SO_4)_2 \cdot 6H_2O]$，溶于 300 mL 硫酸溶液（20%）中，加 700 mL 水，摇匀。

2. 标定

量取 35.00～40.00 mL 配制好的硫酸亚铁铵溶液，加 25 mL 无氧的水，用高锰酸钾标准滴定溶液$\left[c\left(\frac{1}{5}KMnO_4\right)=0.1\ mol/L\right]$滴定至溶液呈粉红色，并保持 30 s。临时前标定。

硫酸亚铁标准滴定溶液的浓度$c[(NH_4)_2Fe(SO_4)_2]$，数值以摩尔每升（mol/L）表示，按式（7）计算：

$$c[(NH_4)_2Fe(SO_4)_2]=\frac{V_1c_1}{V} \tag{7}$$

式中　V_1——高锰酸钾标准滴定溶液的体积，mL；

　　　c_1——高锰酸钾标准滴定溶液的浓度的准确数值，mol/L；

　　　V——硫酸亚铁溶液的体积的准确数值，mL。

八、乙二胺四乙酸二钠（EDTA）标准滴定溶液

1. 配制

配制 0.1 mol/L 的 EDTA 标准滴定溶液，称取乙二胺四乙酸二钠 40 g；配制 0.05mol/L 溶液，称取乙二胺四乙酸二钠 20 g；配制 0.02 mol/L 溶液，称取乙二胺四乙酸二钠 8 g；加 1000 mL 水，加热溶解，冷却，摇匀。

2. 标定

乙二胺四乙酸二钠标准滴定溶液的浓度$[c(EDTA)]=0.1\ mol/L$、$[c(EDTA)=0.05\ mol/L]$

标定 0.1 mol/L 的 EDTA 滴定溶液，称取于 800℃±50℃ 的高温炉中灼烧至恒重的工作基准试剂氧化锌 0.3 g，用少量水湿润，加 2 mL 盐酸溶液（20%）溶解，加 100 mL 水，用氨水溶液（10%）调节溶液 pH 值至 7～8，加 10 mL 氨-氯化钠缓冲溶液甲（pH≈10）及 5 滴铬黑 T 指示剂（5g/L），用配制好的乙二胺四乙酸二钠溶液滴定至溶液由紫色变成纯蓝色。同时做空白试验。滴定 0.05 mol/L 的 EDTA 滴定溶液，称取基准试剂氧化锌 0.15 g。

标准滴定溶液的浓度$[c(EDTA)]$，数值以摩尔每升（mol/L）表示，按式（8）计算：

$$c(EDTA)=\frac{m \times 1000}{(V_1-V_2)M} \tag{8}$$

式中　m——氧化锌含量的准确数值，g；

　　　V_1——乙二胺四乙酸二钠溶液的体积，mL；

　　　V_2——空白试验乙二胺四乙酸二钠溶液的体积，mL；

　　　M——氧化锌的摩尔质量的数值，g/mol[$M(ZnO)=81.39$]。

附录二　常用指示剂的配制

1. 0.5%酚酞乙醇溶液

取 0.5 g 酚酞，用乙醇溶解，并稀释至 100 mL。变色范围 pH 8.3~10.0（无色→红）。

2. 0.1%甲基橙的配制

称取 0.1 g 甲基橙加蒸馏水 100 mL，热溶解，冷却后过滤备用。变色范围 pH 3.2~4.4（红→黄）。

3. 甲基红指示液

取甲基红 0.1 g，加 0.05 mol/L 氢氧化钠溶液 7.4 mL 使溶解，再加水稀释至 200 mL。变色范围 pH 4.2~6.3（红→黄）。

4. 溴甲酚绿指示液

取溴甲酚绿 0.1 g，加 0.05 mol/L 氢氧化钠溶液 2.8mL 使溶解，再加水稀释至 200 mL。变色范围 pH 3.6~5.2（黄→蓝）。

5. 甲基红-溴甲酚绿混合指示液

取 0.1%甲基红的乙醇溶液 20 mL，加 0.2%溴甲酚绿的乙醇溶液 30 mL，摇匀。

6. 铬黑 T 指示剂

取铬黑 T 0.1 g，加氯化钠 10 g，研磨均匀，即得。

7. 铬酸钾指示液

取铬酸钾 10 g，加水 100 mL 使溶解。

8. 碘化钾淀粉指示液

取碘化钾 0.2 g，加新制的淀粉指示液 100 mL 使溶解。

9. 0.5 g/L 淀粉指示剂

称取 0.5 g 可溶性淀粉放入 50 mL 烧杯，量取 100 mL 蒸馏水，先用数滴把淀粉调至成糊状，再取约 90 mL 水在电炉上加热至微沸时，倒入糊状淀粉，再用剩余蒸馏水冲洗 50 mL 烧杯 3 次，洗液倒入烧杯，然后再加入 1 滴 10%盐酸，微沸 3 min，加热过程中要搅拌。

附录三　观测锤度温度校正表（标准温度 20℃）

观测锤度

温度/℃	0	1	2	3	4	5	6	7	8	9	10	11	12	13	14	15	16	17	18	19	20	21	22	23	24	25	30
0	0.30	0.34	0.36	0.41	0.45	0.49	0.52	0.55	0.59	0.62	0.65	0.67	0.70	0.72	0.75	0.77	0.79	0.82	0.84	0.87	0.89	0.91	0.93	0.95	0.97	0.99	1.08
5	0.36	0.38	0.40	0.43	0.45	0.47	0.49	0.51	0.52	0.54	0.56	0.58	0.60	0.61	0.63	0.65	0.67	0.68	0.70	0.71	0.73	0.74	0.75	0.76	0.77	0.80	0.86
10	0.32	0.33	0.34	0.36	0.37	0.38	0.39	0.40	0.41	0.42	0.43	0.44	0.45	0.46	0.47	0.48	0.49	0.50	0.50	0.51	0.52	0.53	0.54	0.55	0.56	0.57	0.60
10.5	0.31	0.32	0.33	0.34	0.35	0.36	0.37	0.38	0.39	0.40	0.41	0.42	0.43	0.44	0.45	0.46	0.47	0.48	0.48	0.49	0.50	0.51	0.52	0.52	0.53	0.54	0.57
11	0.31	0.32	0.33	0.33	0.34	0.35	0.36	0.37	0.38	0.39	0.40	0.41	0.42	0.42	0.43	0.44	0.45	0.46	0.46	0.47	0.48	0.49	0.49	0.50	0.50	0.51	0.55
11.5	0.30	0.31	0.31	0.32	0.32	0.33	0.34	0.35	0.36	0.37	0.38	0.39	0.40	0.40	0.41	0.42	0.43	0.43	0.44	0.44	0.45	0.46	0.46	0.47	0.47	0.48	0.52
12	0.29	0.30	0.30	0.31	0.31	0.32	0.33	0.34	0.35	0.35	0.36	0.37	0.38	0.38	0.39	0.40	0.41	0.41	0.42	0.42	0.43	0.44	0.44	0.45	0.45	0.46	0.50
12.5	0.27	0.28	0.28	0.29	0.29	0.30	0.31	0.32	0.32	0.33	0.34	0.35	0.35	0.36	0.36	0.37	0.38	0.38	0.39	0.39	0.40	0.41	0.41	0.42	0.42	0.43	0.47
13	0.26	0.27	0.27	0.28	0.28	0.29	0.30	0.30	0.31	0.31	0.32	0.33	0.33	0.34	0.34	0.35	0.36	0.36	0.37	0.37	0.38	0.39	0.39	0.40	0.40	0.41	0.44
13.5	0.25	0.25	0.26	0.26	0.27	0.27	0.28	0.28	0.29	0.29	0.30	0.31	0.31	0.32	0.32	0.33	0.34	0.34	0.35	0.35	0.36	0.36	0.37	0.37	0.38	0.38	0.41
14	0.24	0.24	0.24	0.25	0.25	0.26	0.27	0.27	0.28	0.28	0.29	0.29	0.30	0.30	0.31	0.31	0.32	0.32	0.33	0.33	0.34	0.34	0.35	0.35	0.36	0.36	0.38
14.5	0.22	0.22	0.23	0.23	0.24	0.24	0.25	0.25	0.26	0.26	0.27	0.27	0.28	0.28	0.29	0.29	0.30	0.30	0.31	0.31	0.32	0.32	0.33	0.33	0.33	0.33	0.35
15	0.20	0.20	0.20	0.20	0.21	0.22	0.22	0.23	0.23	0.24	0.24	0.24	0.25	0.25	0.26	0.26	0.26	0.27	0.27	0.28	0.28	0.28	0.29	0.29	0.30	0.30	0.32
15.5	0.18	0.18	0.18	0.18	0.19	0.20	0.20	0.21	0.21	0.22	0.22	0.22	0.23	0.23	0.24	0.24	0.24	0.24	0.25	0.25	0.25	0.25	0.26	0.26	0.27	0.27	0.29
16	0.17	0.17	0.17	0.18	0.18	0.18	0.18	0.19	0.19	0.20	0.20	0.20	0.21	0.21	0.22	0.22	0.22	0.22	0.23	0.23	0.23	0.23	0.24	0.24	0.25	0.25	0.26
16.5	0.15	0.15	0.15	0.16	0.16	0.16	0.16	0.16	0.17	0.17	0.17	0.17	0.18	0.18	0.19	0.19	0.19	0.19	0.20	0.20	0.20	0.20	0.21	0.21	0.22	0.22	0.23
17	0.13	0.13	0.13	0.14	0.14	0.14	0.14	0.14	0.15	0.15	0.15	0.15	0.16	0.16	0.16	0.16	0.16	0.16	0.17	0.17	0.18	0.18	0.18	0.18	0.19	0.19	0.20
17.5	0.11	0.11	0.11	0.12	0.12	0.12	0.12	0.12	0.12	0.12	0.12	0.12	0.12	0.13	0.13	0.13	0.13	0.13	0.14	0.14	0.15	0.15	0.15	0.16	0.16	0.16	0.16
18	0.09	0.09	0.09	0.10	0.10	0.10	0.10	0.10	0.10	0.10	0.10	0.10	0.10	0.11	0.11	0.11	0.11	0.11	0.12	0.12	0.12	0.12	0.12	0.13	0.13	0.13	0.13

观测锤度数

温度高于 20℃ 时读数应加之数

续表

观测锤度

温度/℃	0	1	2	3	4	5	6	7	8	9	10	11	12	13	14	15	16	17	18	19	20	21	22	23	24	25	30
	温度低于 20℃时读数应减之数																										
18.5	0.07	0.07	0.07	0.07	0.07	0.07	0.07	0.07	0.07	0.07	0.07	0.07	0.07	0.08	0.08	0.08	0.08	0.08	0.09	0.09	0.09	0.09	0.09	0.09	0.09	0.09	0.10
19	0.05	0.05	0.05	0.05	0.05	0.05	0.05	0.05	0.05	0.05	0.05	0.05	0.05	0.06	0.06	0.06	0.06	0.06	0.06	0.06	0.06	0.06	0.06	0.06	0.06	0.06	0.07
19.5	0.03	0.03	0.03	0.03	0.03	0.03	0.03	0.03	0.03	0.03	0.03	0.03	0.03	0.03	0.03	0.03	0.03	0.03	0.03	0.03	0.03	0.03	0.03	0.03	0.03	0.03	0.04
20	0	0	0	0	0	0	0	0	0	0	0	0	0	0	0	0	0	0	0	0	0	0	0	0	0	0	0
	温度高于 20℃时读数应加之数																										
20.5	0.02	0.02	0.02	0.03	0.03	0.03	0.03	0.03	0.03	0.03	0.03	0.03	0.03	0.03	0.03	0.03	0.03	0.03	0.03	0.03	0.03	0.03	0.03	0.03	0.04	0.04	0.04
21	0.04	0.04	0.04	0.05	0.05	0.05	0.05	0.05	0.06	0.06	0.06	0.06	0.06	0.06	0.06	0.06	0.06	0.06	0.06	0.06	0.06	0.06	0.06	0.07	0.07	0.07	0.07
21.5	0.07	0.07	0.07	0.08	0.08	0.08	0.08	0.08	0.09	0.09	0.09	0.09	0.09	0.09	0.09	0.09	0.09	0.09	0.09	0.09	0.09	0.09	0.09	0.10	0.10	0.10	0.10
22	0.10	0.10	0.10	0.10	0.10	0.10	0.10	0.10	0.11	0.11	0.11	0.11	0.11	0.12	0.12	0.12	0.12	0.12	0.12	0.12	0.12	0.12	0.12	0.13	0.13	0.13	0.13
22.5	0.13	0.13	0.13	0.13	0.13	0.13	0.13	0.13	0.14	0.14	0.14	0.14	0.14	0.15	0.15	0.15	0.15	0.15	0.16	0.16	0.16	0.16	0.16	0.17	0.17	0.17	0.17
23	0.16	0.16	0.16	0.16	0.16	0.16	0.16	0.16	0.17	0.17	0.17	0.17	0.17	0.17	0.17	0.17	0.17	0.18	0.18	0.19	0.19	0.19	0.19	0.20	0.20	0.20	0.20
23.5	0.19	0.19	0.19	0.19	0.19	0.19	0.19	0.19	0.20	0.20	0.20	0.20	0.20	0.21	0.21	0.21	0.21	0.22	0.22	0.23	0.23	0.23	0.23	0.24	0.24	0.24	0.24
24	0.21	0.21	0.21	0.22	0.22	0.22	0.22	0.22	0.23	0.23	0.23	0.23	0.23	0.24	0.24	0.24	0.24	0.25	0.25	0.26	0.26	0.26	0.26	0.27	0.27	0.27	0.27
24.5	0.24	0.24	0.24	0.25	0.25	0.25	0.26	0.26	0.26	0.27	0.27	0.27	0.27	0.28	0.28	0.28	0.28	0.28	0.29	0.29	0.29	0.29	0.29	0.30	0.31	0.31	0.31
25	0.27	0.27	0.27	0.28	0.28	0.28	0.28	0.29	0.29	0.30	0.30	0.30	0.30	0.31	0.31	0.31	0.31	0.31	0.32	0.32	0.32	0.32	0.33	0.33	0.34	0.34	0.34
25.5	0.30	0.30	0.30	0.31	0.31	0.31	0.31	0.32	0.32	0.33	0.33	0.33	0.33	0.34	0.34	0.34	0.34	0.35	0.35	0.36	0.36	0.36	0.36	0.37	0.37	0.37	0.37
26	0.33	0.33	0.33	0.34	0.34	0.34	0.34	0.35	0.35	0.36	0.36	0.36	0.36	0.37	0.37	0.37	0.38	0.38	0.39	0.39	0.40	0.40	0.40	0.40	0.40	0.40	0.40
26.5	0.37	0.37	0.37	0.38	0.38	0.38	0.38	0.38	0.39	0.39	0.39	0.39	0.40	0.40	0.41	0.41	0.41	0.42	0.42	0.43	0.43	0.43	0.43	0.44	0.44	0.44	0.44
27	0.40	0.40	0.40	0.41	0.41	0.41	0.41	0.41	0.42	0.42	0.42	0.42	0.43	0.43	0.44	0.44	0.44	0.45	0.45	0.46	0.46	0.46	0.47	0.47	0.48	0.48	0.48
27.5	0.43	0.43	0.43	0.44	0.44	0.44	0.44	0.45	0.45	0.46	0.46	0.46	0.47	0.47	0.48	0.48	0.48	0.49	0.49	0.50	0.50	0.50	0.51	0.51	0.52	0.52	0.52
28	0.46	0.46	0.46	0.47	0.47	0.47	0.47	0.48	0.48	0.49	0.49	0.49	0.50	0.50	0.51	0.51	0.52	0.52	0.53	0.53	0.54	0.54	0.55	0.55	0.56	0.56	0.56
28.5	0.50	0.50	0.50	0.51	0.51	0.51	0.51	0.52	0.52	0.53	0.53	0.53	0.54	0.54	0.55	0.55	0.56	0.56	0.57	0.57	0.58	0.58	0.59	0.59	0.60	0.60	0.60

续表

观测锤度

温度高于 20℃时读数应加之数

温度/℃	0	1	2	3	4	5	6	7	8	9	10	11	12	13	14	15	16	17	18	19	20	21	22	23	24	25	30
29	0.54	0.54	0.54	0.55	0.55	0.55	055	0.55	0.56	0.56	0.56	0.57	0.57	0.58	0.58	0.59	0.59	0.60	0.60	0.61	0.61	0.61	0.62	0.62	0.63	0.63	0.63
29.5	0.58	0.58	0.58	0.59	0.59	0.59	0.59	0.59	0.60	0.60	0.60	0.61	0.61	0.62	0.62	0.63	0.63	0.64	0.64	0.65	0.65	0.65	0.66	0.66	0.67	0.67	0.67
30	0.61	0.61	0.61	0.62	0.62	0.62	0.62	0.62	0.63	0.63	0.63	0.64	0.64	0.65	0.65	0.66	0.66	0.67	0.67	0.68	0.68	0.68	0.69	0.69	0.70	0.70	0.70
30.5	0.65	0.65	0.65	0.66	0.66	0.66	0.66	0.66	0.67	0.67	0.67	0.68	0.68	0.69	0.69	0.70	0.70	0.71	0.71	0.72	0.72	0.73	0.73	0.74	0.74	0.75	0.75
31	0.69	0.69	0.69	0.70	0.70	0.70	0.70	0.70	0.71	0.71	0.71	0.72	0.72	0.73	073	0.74	0.74	0.75	0.75	0.76	0.76	0.77	0.77	0.78	0.78	0.79	0.79
31.5	0.73	0.73	0.73	0.74	0.74	0.74	0.74	0.74	0.75	0.75	0.75	0.76	0.76	0.77	0.77	0.78	0.79	0.79	0.80	0.80	0.81	0.81	0.82	0.82	0.83	0.83	0.83
32	0.76	0.80	0.81	0.77	0.78	0.78	0.78	0.78	0.79	0.79	0.79	0.80	0.80	0.81	0.81	0.82	0.83	0.83	0.84	0.84	0.85	0.85	0.86	0.86	0.87	0.87	0.87
32.5	0.80	0.84	0.85	0.81	0.82	0.82	0.82	0.83	0.83	0.83	0.83	0.84	0.84	0.85	0.85	0.86	0.87	0.87	0.88	0.88	0.89	0.90	0.90	0.91	0.91	0.92	0.92
33	0.84	0.91	0.92	0.85	0.85	0.85	0.86	0.86	0.86	0.86	0.86	0.88	0.88	0.88	0.89	0.90	0.91	0.91	0.92	0.92	0.93	0.94	0.94	0.95	0.95	0.96	0.96
34	0.91	0.99	1.00	0.92	0.93	0.93	0.93	0.94	0.94	0.94	0.94	0.96	0.96	0.96	0.97	0.98	0.99	1.00	1.00	1.01	1.02	1.02	1.03	1.03	1.04	1.04	1.04
35	0.99	1.43	1.44	1.00	1.01	1.01	1.01	1.01	1.02	1.02	1.02	1.04	1.05	1.05	1.05	1.06	1.07	1.08	1.08	1.09	1.10	1.11	1.11	1.12	1.12	1.13	1.13
40	1.42	1.43	1.44	1.44	1.45	1.45	1.45	1.46	1.47	1.47	1.47	1.49	1.50	1.50	1.50	1.51	1.52	1.53	1.53	1.54	1.54	1.55	1.55	1.56	1.56	1.57	1.57

参 考 文 献

[1] 魏明奎，段鸿斌.食品微生物检验技术［M］.北京：化学工业出版社，2008.

[2] 万萍.食品微生物基础与实验技术（第二版）［M］.北京：科学出版社，2010.

[3] 雅梅.食品微生物检验技术［M］.北京：化学工业出版社，2012.

[4] 侯建平，纪铁鹏.食品微生物［M］.北京：科学出版社，2010.

[5] 范建奇.食品微生物基础与实验技术［M］.北京：中国质检出版社，2012.

[6] 李志香，张家国.食品微生物学及其技能训练［M］.北京：中国轻工业出版社，2011.

[7] 范建奇.食品药品微生物检验技术［M］.杭州：浙江大学出版社，2013.

[8] 周丽红，张滨，刘素纯.食品微生物检验实验技术［M］.北京：中国质检出版社.中国标准出版社，2012.

[9] 董明盛，贾英民.食品微生物学［M］.北京：中国轻工业出版社，2008.

[10] 钱存柔，黄仪秀.微生物实验教程［M］.北京：北京大学出版社，2008.

[11] 王一凡.食品检验综合技能实训.北京：化学工业出版社，2009.

[12] 国家食品安全风险评估中心，食品安全国家标准评审委员会秘书处.食品安全国家标准汇编 检验方法.北京：中国人口出版社，2014.

[13] 中华人民共和国标准.食品卫生检验方法（理化部分）.北京：中国标准出版社，2012.

[14] 国家质量监督检验总局质量监督司.食品质量安全市场准入审查指南：肉制品、罐头食品分册.北京：中国标准出版社，2005.

[15] 国家质量监督检验总局质量监督司.食品质量安全市场准入审查指南：糖果制品、啤酒、葡萄酒、黄酒分册.北京：中国标准出版社，2005.

[16] 国家质量监督检验总局质量监督司.食品质量安全市场准入审查指南：酱腌菜、蛋制品、水产加工品、淀粉及淀粉制品分册.北京：中国标准出版社，2005.

[17] 国家质量监督检验总局质量监督司.食品质量安全市场准入审查指南：糕点、豆制品、蜂产品、果冻、挂面、鸡精调味料、酱类分册.北京：中国标准出版社，2006.

[18] 郑晓杰，陈显群.食品加工实训.北京：北京师范大学出版社，2013.

[19] GB 5009.15—2014 食品安全国家标准 食品中镉的测定.北京：中国标准出版社，2015.

[20] NY/T 761—2008 蔬菜和水果中有机磷、有机氯、拟除虫菊酯、氨基甲酸酯类农药多残留测定.北京：中国农业出版社，2008.